# Plantas Medicinais

**Dados Internacionais de Catalogação na Publicação (CIP)**
**(Câmara Brasileira do Livro, SP, Brasil)**

Costa, Eronita de Aquino
Plantas medicinais / Eronita de Aquino Costa. – Petrópolis, RJ : Vozes, 2019.

Bibliografia.
ISBN 978-85-326-6201-9

1. Ervas – Uso terapêutico – Manuais, guias etc. 2. Fitoterapia 3. Medicina alternativa 4. Plantas medicinais – Uso terapêutico 5. Saúde – Promoção I. Título.

19-27267 CDD-615.321

Índices para catálogo sistemático:
1. Plantas : Poder de cura : Ervas medicinais : Ciências médicas 615.321

Maria Alice Ferreira – Bibliotecária – CRB-8/7964

ERONITA DE AQUINO COSTA

# Plantas Medicinais

Petrópolis

Rua Frei Luís, 100
25689-900 Petrópolis, RJ
www.vozes.com.br
Brasil



---

*Editoração*: Ana Lucia Q.M. Carvalho
*Diagramação*: Sheilandre Desenv. Gráfico
*Revisão gráfica*: Nilton Braz da Rocha / Nivaldo S. Menezes
*Capa*: Estúdio 483
*Ilustração*: © kerdkanno | iStock

ISBN 978-85-326-6201-9

Editado conforme o novo acordo ortográfico.

Este livro foi composto e impresso pela Editora Vozes Ltda.

# Agradecimentos

Em primeiro lugar agradeço a Deus.

Agradecimento especial à Dra. Ingrid Barros, engenheira agrônoma, professora da Universidade Federal do Rio Grande do Sul – UFRGS, que gentilmente me ofereceu a oportunidade de voltar a estudar junto a seus alunos doutorandos, reciclando o conhecimento das plantas medicinais, seus benefícios e também os perigos do uso indiscriminado sem orientação de um profissional. Ingrid, este livro não é meu, é nosso. Procurei condensar nele seus conhecimentos e sua sabedoria. Minha gratidão a você não tem dimensão. Continue sendo aquela mestra dedicada e amiga, e terá o mundo a seus pés.

Meus agradecimentos ao Sr. Cicero Alvarez N. Filho, responsável pelo Decordi, que gentilmente me recebeu, dando toda orientação e assessoria para reingresso como aluna especial.

Agradeço à querida professora de Bioquímica dos Alimentos, Cristine Matté. Aprendi muito com você.

Agradeço a Viviane Pimentel pela ajuda na organização do livro.

E a meus filhos, netos e bisnetos, que complementam a minha felicidade.

# Sumário

# Apresentação

A terapia com plantas medicinais foi uma das primeiras técnicas de cura e prevenção de doenças utilizada pelo homem. Quando falamos de conhecimento de plantas medicinais e seus benefícios à saúde humana, temos que mencionar a importância do povo indígena nas descobertas das propriedades curativas das mesmas. Não devemos esquecer que foram os índios que descobriram a capacidade medicinal das plantas. E os europeus, quando chegaram ao Brasil, aprenderam muito com os indígenas. Os pajés das tribos indígenas são os grandes conhecedores das ervas e plantas medicinais. Assim, sob o nome complicado de fitoterapia, esconde-se na verdade a forma de tratamento mais natural, com conhecimentos empíricos adquiridos no dia a dia.

# Introdução

Desde os primórdios, o homem soube usar com proveito os recursos medicamentosos de certas plantas escolhidas na abundante flora que o cercava como recurso de sanar, prevenindo ou curando, as doenças que surgiam naquela época. No antigo Egito, na Assíria, no Oriente, os eruditos utilizavam as plantas classificadas por eles como medicinais. Após, vieram os gregos e depois os romanos, liberando essas práticas puramente empíricas. Veio o século XVIII, idade do ouro dos botânicos, quando surgiram as grandes classificações das famílias vegetais. No século XIX, os progressos da química levaram às experiências da extração dos princípios ativos das plantas.

No século XX, o uso das plantas perdeu terreno para a supremacia dos medicamentos sintéticos. A Medicina torna-se Ciência, reduzindo o uso das plantas medicinais, com o desenvolvimento científico e tecnológico na área da saúde, combatendo a prática de cura por pessoas leigas, desqualificando a sabedoria popular, exaltando o conhecimento científico como o único conhecimento correto e confiável, desenvolvendo a indústria farmacêutica, mercantilização da saúde.

Até hoje continua com as indústrias farmacêuticas no mundo todo. Mas apesar de todo o progresso da Medicina, atualmente ainda há uma série de medicamentos muito importantes que são extraídos ou derivados de substâncias retiradas das plantas. Os exemplos são numerosos: a morfina, um dos mais poderosos remédios contra a dor, é extraída da papoula (*papaver somniferum*); a digitalina, que é um tônico para o coração, é encontrada na dedaleira (*digitalis purpurea*); a aspirina, um derivado do ácido salicílico, é encontrada no salgueiro ou salso chorão (*salix babylonico*), e assim por diante.

## Tomada da fitoterapia

Década de 1960, marco de mudanças. Estudos científicos que comprovavam a eficiência, segurança e efetividade das substâncias presentes nas plantas. De 1960 a 1970, houve questionamentos sobre os medicamentos de síntese: monopólio, efeitos colaterais e acessibilidade. Em 1978, a Resolução 31,33 da Organização Mundial da Saúde (OMS) reconhece a importância das plantas medicinais nos cuidados com a saúde e dá recomendações; entre outros aspectos, a criação de programas globais para a identificação, validação, preparação, cultivo e conservação das plantas utilizadas na medicina tradicional, bem como assegurar o controle de qualidade dos fitoterápicos.

Na década de 1980, programas de desenvolvimento agrícola e industrial em países com tradição na fitoterapia. No ano de 1984, a Resolução n. 6, de 11 de abril, do Ministério da Educação e Cultura, estabeleceu a inclusão da disciplina sobre Plantas Medicinais no currículo do Curso de Agronomia. Em 1987, a Resolução 40,33 da Assembleia da OMS reafirma a Resolução de 1978, com ressalva de princípios gerais de conhecimento das plantas medicinais, que são constituídas de folhas, flores, botões florais, látex, frutos, cascas, raízes, caule, tubérculos e sementes.

Quando utilizamos de maneira correta, sabemos que algumas destas substâncias produzidas pelas plantas podem ter ação no organismo humano, podendo também atuar como medicamentos, sejam preventivos ou curativos. Essas substâncias são chamadas de "princípios ativos", que conferem às plantas diversas propriedades medicinais. Mas nem sempre esses princípios responsáveis pela atividade da planta são conhecidos. Por este motivo, é exigido que a pessoa que trabalha com plantas medicinais – como, por exemplo, os herveiros que fornecem aos laboratórios – necessite destes conhecimentos. A medicina alopática, depois de descobrir o princípio ativo de uma planta, extrai e purifica esse princípio, e consegue produzi-lo em laboratório com técnicas cada vez mais sofisticadas.

### Princípios gerais de secagem das plantas

As folhas devem ser colhidas com aspecto sadio, secar à sombra em área coberta, limpa e ventilada. As cascas devem ser colhidas de plantas adultas e sadias. As raízes, logo ao arrancar do solo, lavar rapidamente em água corrente. Raízes com partes atacadas por fungos ou vermes apresentando nódulos não devem ser usadas. As sementes, que são as de mais durabilidade, devem ser colhidas dos frutos maduros, sadios e limpos, com ventilação, ou lavadas e secas ao sol, guardadas ao abrigo da umidade e de insetos.

# Plantas medicinais: nomes populares e científicos

# Abacaxi

## Abacaxizeiro / *Bromeliaceae*

### Características

Planta perene herbácea, espinhenta, quase acaule, de 60 a 90cm de altura. Folhas longas e canaliculadas, com espinhos nas margens, dispostos em rosetas na base da planta. Flores de cor lilás, de longo pendão floral. Após a fecundação, os frutos jovens se fundem na infrutescência, formando um fruto composto que é o abacaxi comestível. Multiplica-se pelos brotos do ápice dos frutos e pela brotação da base.

Nativa do Brasil, uma fruta popular, tropical, cultivada em clima subtropical, hoje cultivada no mundo inteiro. Possui uma polpa doce com baixas calorias. Pesquisas revelam que existem cerca de 150 espécies diferentes de abacaxis. Os espanhóis que estiveram no Brasil na época do descobrimento experimentaram o fruto, gostaram demais do sabor, colheram brotos e levaram para a Espanha e Filipinas, onde batizaram com o nome de pina.

### Constituintes

A maior virtude dessa fruta está na quantidade de bromelina extraída do talo do abacaxi, enzima capaz de degradar matérias albuminoides, como proteína solúvel em água, em protease e peptonas; dissolve gorduras, principalmente das carnes. A bromelina é encontrada no miolo do fruto, onde se concentra a maior quantidade desta enzima, ou seja, na parte central, que muita gente retira e joga fora por ser uma parte dura, não sabendo que está perdendo a melhor parte medicinal.

A enzima bromelina, além de outros benefícios, possui ação mucolítica – dissolve o muco dos pulmões, facilitando a expectoração e ajudando no trânsito intestinal; é anti-inflamatória, age no estômago desdobrando as proteínas alimentares, favorecendo a digestão pesada. Tem ação anorexígena para quem faz dieta de emagrecimento em caso de obesidade.

## Ações

O cálcio do abacaxi é um elemento vital para a formação de ossos e dentes; o fósforo é um elemento muito importante que atua nos tecidos cerebrais; o iodo é elemento necessário ao organismo para abastecer a glândula tireoide; o cobre é ótimo remédio contra dor de cabeça (enxaqueca); o manganês mantém ossos fortes; o ferro atua no fígado, ossos e medula óssea.

## Propriedades

Suas propriedades são muitas: contém muita pectina, que por ser anti-inflamatória é um poderoso remédio para combater a artrite que se caracteriza por inflamação ou dor muito forte nas juntas, nos joelhos, cotovelos e dedos tanto dos pés quanto das mãos. Elimina o ácido úrico pela urina – quem for diagnosticado de problema de gota e ácido úrico alto poderá fazer um tratamento por 30 dias com três fatias de abacaxi, pela manhã, tarde e noite – não quero dizer com isso que abandone o tratamento médico. É considerado um remédio na medicina tradicional popular, é reconhecido por muitas pesquisas, atua na prevenção de muitas doenças.

O suco do abacaxi é diurético e um laxante suave. Para quem tem tosse rebelde, bater duas fatias da fruta com duas colheres de mel e tomar de 2 em 2 horas uma colher de sopa (sem aquecimento, porque o calor destrói as propriedades das enzimas); fazer e deixar num recipiente fechado com tampa. O manganês que contém previne a osteoporose e fraturas ósseas, assim como dissolve os coágulos sanguíneos, reduz a inflamação e promove a cicatrização de tecidos lesados; é antiviral e antibacteriano. Possui em suas propriedades os sais minerais: cálcio, cloro, cobre, ferro, flúor, fósforo, magnésio, manganês, potássio, sódio e zinco, e as vitaminas A, B1, B2, B3, B5, B6, B9, e C, ácidos graxos, pouca proteína, pouca gordura, pectina, carboidratos e fibras.

### Indicações

Hemorroidas, infecções da garganta, faringe, laringe, gastrite, úlcera, acidez estomacal, insônia, neurastenia, depressão, tosse rebelde, difteria, constipação intestinal, problemas renais; ativa a memória, é um tônico na debilidade física e na convalescença.

### Dosagens

Para tosses e resfriados, tomar o suco sem gelo, com mel de abelha (uma colher de sopa de 2 em 2 horas); como alimento, pode ser usado à vontade no almoço, ou o suco preparado na hora, dois copos ao dia. Nunca esqueça: esta fruta não deve ser aquecida porque perde com o calor todo o valor medicinal. Pode ser usada como geleia ou conserva, só que seu valor é mínimo.

# Abutua

*Menispermaceae / Chododendron platyhyllum*

## Características

Arbusto, trepadeira, polimorfo, cipó originário da Floresta Amazônica, com caule lenhoso cilíndrico. Folhas longo-pecioladas, alternas-ovadas ou codiformes, de 20 a 30cm de comprimento. Flores de doze pétalas e quase outras tantas dispostas em racimos ou espigas amareladas. Fruto composto de três a seis drupas, polpa vermelha, envolvendo uma semente sem albúmen e de sabor amargo. Contém um alcaloide, a pelosina, e um óleo gorduroso.

Nativa da Amazônia, geralmente é cultivada como planta ornamental. As cascas e raízes moídas são usadas pelos indígenas da América do Sul há centenas de anos para curar inúmeras doenças. Estanca hemorragias internas, previne risco de aborto, é analgésica e usa-se contra febres. Nos dias atuais, na medicina tradicional, usa-se na forma de chá das raízes como diurético, expectorante, emenagogo, febrífugo. De agradável paladar, age sobre as fibras musculares, que tonificam todo o organismo; também é anti-inflamatório, atua no sistema gastrointestinal, facilitando a digestão.

Suas folhas, frutos e sementes não são indicados para uso interno, por serem tóxicos e, portanto, perigosos ao ser humano. Somente deverão ser utilizadas a raiz e a casca do caule.

## Constituintes

Os principais constituintes da abutua são: amido, abutina, metilamina, pirrol, pelosina, alcaloides, ácido araquídeo, curine, óleo essencial, dicentrine, grandirubrine, dimethyltetrandrinium, alcaloide pareirubrine, pareitropone, quercitol, ácido esteárico, tetrandine. Esta planta foi descoberta pelos missionários portugueses no Brasil. Originária da Amazônia, no século XVII foi levada para Lisboa pelos jesuítas, ganhando fama antimalárica, e dali ficou conhecida no mundo todo.

Em 1688 foi levada para Paris, e a partir daí começou a ser divulgada e utilizada como diurética, e para tratar doenças dos rins e da bexiga. Em 1689 já era tão popular a aceitação da planta, que podia ser encontrada em quase todas as boticas portuguesas. Em 1710 esta planta adquiriu mais valores, por meio de relatos de experiências positivas feitas por um professor de Medicina e Farmácia no Collège de France.

## Ações

Suas raízes possuem ações especiais sobre as fibras musculares, que tonificam o organismo; atuam no sistema gastrointestinal facilitando a digestão, aliviam dores, são diuréticas, previnem anemia, clorose, esclerose, catarro vesical e mucosa; atuam no nervosismo e ansiedade.

## Propriedades

Tendo chegado à Europa em 1688, essa planta ganhou notoriedade em pesquisas científicas devido às suas propriedades terapêuticas, provocando importantes investigações químicas e fisiológicas. Aqui no Brasil, suas raízes geralmente são comercializadas em forma de fragmentos irregulares. Está presente nos estados do Rio de Janeiro, Mato Grosso, Bahia, São Paulo, Espírito Santo e Minas Gerais. Também são encontradas algumas variedades no Estado do Amazonas.

É uma planta antirreumática, analgésica, antitumoral, antibacteriana, anticonvulsiva, anti-inflamatória, antisséptica, antileucêmica, antimalárica, carminativa, diurética, citotóxica, emenagoga, expectorante, hepatoprotetora, hipotensora, estomática, tônica, afrodisíaca. Também é analgésica nas cólicas e inflamações das vias urinárias, elimina cálculos renais. Atua na mucosa uterina, na menstruação difícil e dolorosa. Age igualmente na inflamação crônica dos testículos – nesse caso faz-se o cozimento de raiz e casca do tronco, adicionando-se um pouco de álcool e farinha de linhaça; deve ser administrada em forma de cataplasma sobre o escroto. Para dispepsia (deficiência de suco gástrico), febre, hidropisia (acúmulo anormal de líquido seroso em tecidos e cavidades do organismo) e nefrolitíase (cálculos renais), utiliza-se chá fraco da casca do tronco e da raiz.

### Indicações

Dispepsia atônica, má digestão, obstipação intestinal, hidropisia, tonturas, sono após as refeições, reumatismo, deficiência de suco gástrico, afecções hepáticas e nefropatias.

### Dosagens

4 a 5g da raiz e casca do tronco, em decocção cinco a dez minutos em meio litro de água, dividida em duas xícaras ao dia (tomar frio). Pode ser usada em tintura preparada em farmácia, uma colher de chá em 15ml de água quente, duas vezes ao dia, ou de acordo com a orientação do profissional.

# Açafrão-da-índia

## *Zingiberaceae* / Curcuma longa

### Características

Planta herbácea, perene, caducifólia, aromática, anual. Folhas grandes, longamente pecioladas. Flores amareladas, pequenas, expostas em espigas compridas, com rizoma principal longo, com várias ramificações menores, todos marcados em anéis de bractas secas. Cada rizoma mede 10cm de comprimento e, quando cortado, mostra uma superfície de cor vermelho-alaranjada, com cheiro forte, agradável e sabor aromático e picante. Originária da Índia, introduzida nas Antilhas e na Europa por meio dos navegadores, e cultivada em todo o mundo de clima tropical.

Seu uso é milenar na medicina tradicional da Índia e da China. No Brasil ela adaptou-se muito em solo úmido, rico e arenoso, e se tornou comum no Nordeste brasileiro. Seu rizoma vem sendo utilizado como tempero de alimentos. Mas o maior uso é tanto na medicina popular como na fitoterapia científica. A coleta é feita após alguns meses, logo que as folhas começam a secar, e também logo em seguida começam novo plantio.

### Constituintes

Entre os constituintes fixos, os principais são os cuminoides, a curcumina é a principal; ocorre também peptídio, turmerina (forte agente oxidante), além de polissacarídeos de grande atividade imunoestimulante. Contém um óleo essencial rico em cetonas sesquiterpênicas oxigenadas, é uma substância corante avermelhada, a curcumina, além de artumerona e o ukonan A. Ensaios farmacológicos demonstraram sua atividade anti-inflamatória, análoga à da fenil-butazona. É colerética, antilipidêmica, imuno-modeladora e antitóxica. O extrato aquoso desta planta inibiu uma neurotoxina do veneno da cobra *Naja siamensis* em ensaios com animais de laboratório, diminuindo o efeito hemorrágico do veneno da jararaca, e o efeito letal do veneno da cascavel. Em outras experiências, foi demonstrada a atividade citológica para células de linfomas reduzindo o crescimento de tumores, sendo seu principal componente ativo a curcumina.

## Ações

A ação dessa planta vem desde os tempos mais remotos. No Brasil seu cultivo é feito desde os tempos coloniais como planta medicinal excelente. Usada contra a histeria, gastralgia, coqueluche e na dentição das crianças; ação anti-inflamatória, problemas de fígado e vesícula biliar; pela presença de cumarina reduz o colesterol e lipídios totais no sangue.

## Propriedades

Suas propriedades terapêuticas são muitas, tais como antioxidante, hipolipidêmica, colagoga, colerética, estomáquica, antiespasmódica, anti-hepatóxica e anti-inflamatória. Sua absorção no organismo é processada mediante fórmula de pó diluído, que auxilia na digestão, melhorando o apetite; é usada nas disfunções hepáticas, prevenindo cálculos biliares e icterícia. Análises apresentaram atividades de ação hipoglicemiante. Em seus rizomas encontrou-se um óleo essencial de 1,3 a 5,5%. Sua coloração amarelo-laranja tem sabor picante e odor característico, sendo rico em cetona sesquiterpênica monocíclica a 59%, predominando as turmeronas e o zingibereno.

Entre seus constituintes fixos os principais são os curcuminoides dos quais a curcumina avermelhada é a principal; agentes oxidantes digestivos aceleram a circulação geral. Ensaios farmacológicos revelam uma propriedade que, sem dúvida, justifica seu uso como medicamento. Seu óleo essencial apresenta propriedades histamínica e antimicrobiana, contra bactérias gram-positivas e gram-negativas, atua sobre alguns fungos patogênicos e germes envolvidos em colecistites.

## Indicações

No tratamento de prisão de ventre habitual, estimula a secreção biliar, melhora as dificuldades de digestão, da alívio às dores de doenças com inflamações reumáticas, controla a glicemia, histeria, coqueluche, menstruação difícil; muito útil também como calmante das dores e cólicas.

## Dosagens

Pode ser usado em estado fresco como parte de salada de verduras na dose de 10 a 20g/dia; a tintura pode ser usada na dose 2 a 5ml com pouca água adoçada, até três vezes ao dia. Há pessoas que fazem a tintura do rizoma triturado em maceração no álcool diluído, mas eu não aconselho ninguém a fazer – tintura deve ser preparada em laboratório de farmácia de manipulação.

# Açaí

Euterpe / *Oleraceae*

## Características

O açaí é fruto de uma delicada palmeira de estirpe elevada e esguia, terminando por uma coroa de folhas pinatissectas, altamente ornamental, de múltiplos troncos de até 20m de altura, levemente curva e com raízes visíveis na base, caule liso. Seus frutos nascem em cachos com três a oito por planta. Originária da Floresta Amazônica, onde seu consumo remonta aos tempos pré-colombianos. Hoje é cultivado não só na Região Amazônica, mas em diversos estados brasileiros, sendo introduzido nacionalmente nas décadas de 1980 e 1990. Os estados do Amazonas, Maranhão, Amapá e Pará são os maiores produtores de açaí no Brasil, e são responsáveis por mais de 85% da produção mundial.

Suas palmeiras podem crescer até 20m, possui pequenas flores marrom-arroxeadas e produz grandes cachos de frutos comestíveis. Quando maduros, possuem uma fina camada de polpa deliciosa que circunda uma semente grande. Após maduros, são colhidos, e sua polpa é processada para ficar mais concentrada como pó para ser consumido. Devem ser primeiramente despolpados em máquina própria ou amassados manualmente (depois de ficarem de molho na água), para que a polpa se solte; misturados com água se transformam em um suco grosso, de que pode ser preparado também o conhecido vinho de açaí.

## Constituintes

O açaí é constituído por altos níveis de ácidos graxos essenciais como: ômega-3, ômega-6, ômega-9 e ácido oleico monoinsaturado, rico em pigmentos antioxidantes notáveis. Seus frutos têm uma capacidade de absorção mais alta do que outras frutas, por sua concentração de fenóis e antocianinas antioxidantes, responsáveis por um papel fundamental na neutralização de radicais livres (oxigênios agressores). De acordo com pesquisas recentes, ele poderá ajudar no trabalho regenerador de produção de células-tronco, e se transformar em qualquer célula necessária.

Por este motivo, essa fruta é reconhecida pela capacidade de proteção, transformação e rejuvenescimento dentro do nosso organismo, ajudando a curar mais rápido as doenças. Possui grande quantidade de esteróis vegetais, especialmente betassitosteróis. Os esteróis vegetais são compostos que ocorrem naturalmente em certas plantas e que inibem a absorção de colesterol de origem animal no trato gastrointestinal. O açaí contém 19 diferentes aminoácidos necessários para formar proteínas saudáveis para o nosso corpo, além das fibras dietéticas excelentes que auxiliam na digestão.

## Ações

Planta de clima específico, muito concentrada em regiões tropicais próximo ao Equador, porque os trópicos equatorianos são uma das zonas mais severas e de intensa radiação UV do planeta. De maneira a proteger-se do sol, o açaí produz altas quantidades de seu "próprio" protetor solar de UV, substâncias que conhecemos como antioxidantes. Mas o açaí possui outras ações, por exemplo, usos comerciais: suas folhas podem servir de matéria-prima para construir chapéus, esteiras, cestos, vassouras, telhado para casas e madeira para construção.

## Propriedades

É rico em antioxidantes. Age protegendo o organismo contra placas de gordura, baixa o nível de glicemia do diabético, é um suplemento alimentar para pessoas fracas, com fadiga, cansaço fácil; estimulante de energia que ajuda aumentar a função nervosa e cerebral, o sistema cardiovascular, sistema imunológico, melhora a resistência e desenvolvimento muscular e auxilia a digestão; previne e ajuda no tratamento da osteoporose, por seu alto nível de ferro.

Previne e cura a anemia ferropriva, recupera as energias físicas e mentais. Estudos feitos sobre esta fruta referem-se ao alto nível de sais minerais como: cálcio, ferro, fósforo, sódio, potássio, betacaroteno, vitamina A, B1, B2, B3 e C. Além de todas essas propriedades, em certas regiões, preparam-se pratos muito apreciados e bebidas preparadas com açúcar; sua planta possui um saboroso palmito que vem sendo industrializado nos últimos anos.

## Indicações

Fraqueza geral, anemia, osteoporose, cansaço físico e mental, diabetes, sistema cardiovascular e digestivo.

## Dosagens

O suco pode ser de dois a três copos ao dia, o palmito usa-se nas refeições de acordo com o cardápio, mas também temos produtos preparados com esta deliciosa fruta que são: geleias, doces, sorvetes, e também podemos usar no preparo de bolos.

# Acerola

*Malpighiaceae / Malpighia emarginata*

## Características

Acerola ou cereja-das-antilhas, árvore pequena ou arbusto grande, cresce no máximo até 5m de altura, copa arredondada e densa. Folhas verde-escuras, cereáceas e brilhantes. Flores de cor rosa, esbranquiçadas, dispostas em cachos. O fruto, por ser muito rústico e resistente, espalha-se por várias áreas tropicais e subtropicais. Originária das Antilhas, norte da América do Sul e América Central, foi introduzida em Pernambuco em 1955, procedente de Porto Rico, onde é muito cultivada, como também no Hawaí, Cuba, Flórida, Jamaica.

É uma fruta atrativa pelo seu sabor agradável e destaca-se por seu reconhecido valor nutricional, principalmente como alta fonte de vitaminas C, A, betacaroteno e outros carotenoides, assim como todas as vitaminas do complexo B, além dos sais minerais, cálcio, fósforo e ferro. Pode ser consumida tanto *in natura* como industrializada, sob a forma de sucos, sorvetes, geleias, xaropes, licores, doces em calda, entre outros. A forte demanda nutricional, aliada às condições climáticas favoráveis do Brasil, tem gerado oportunidades importantes para o cultivo.

Processamento e comercialização desta fruta: o grande sucesso da acerola deve-se principalmente aos elevados teores de vitaminas amplamente divulgados na mídia, e também por sua participação como antioxidante no sistema biológico. Quando adulta esta planta frutifica três a quatro vezes por ano. Embora possa ser cultivada facilmente por sementes, sua multiplicação deve ser feita por estaquia, para garantir a qualidade dos frutos.

## Constituintes

A variedade genética, as condições e cultivo, processamento e estocagem são muito importantes para garantir o acúmulo e estabilidade dos carotenoides na fruta e em seus produtos derivados. Foi verificado que a polpa mantida congelada perde lentamente a vitamina C, enquanto as frutas inteiras podem ser congeladas e não perdem essa vitamina, sendo também mais fácil separá-las para uso diário. O Brasil, por ser um país tropical com grande incidência luminosa, apresenta uma grande variedade de frutas com destacados teores e diversidade de carotenoides.

Considerando uma mesma variedade, as frutas cultivadas em locais de clima quente, como no Nordeste do Brasil, geralmente apresentam teores mais elevados de caroteno. Mas a acerola não é constituída só por vitamina C e caroteno; possui outras vitaminas, como as do complexo B, tiamina, riboflavina e niacina, carboidratos, mucilagem, rutina, hesperidina e outros bioflavonoides. O maior teor de vitamina está nas frutas quase maduras, amarelas, embora o sabor da fruta madura seja mais agradável.

Observação: se for para uso imediato, a colheita da acerola deve ser feita quando a fruta estiver completamente madura; no caso de ser transportada, deve estar com a cor amarelo-rosada. Nessa hipótese, as frutas devem ser acondicionadas em recipientes que não permitam entrada de ar e logo colocadas em geladeira, se possível à temperatura de aproximadamente 7°C.

## Ações

Antiescorbútica, diurética, emoliente, laxante suave, antioxidante, anti-infecciosa, hidratante, condicionador capilar, diarreias agudas ou crônicas; fortalecedora do cérebro, ativa a memória.

## Propriedades

A vitamina C é a principal propriedade da acerola, que desempenha importante papel de proteção ao organismo contra as infecções. Aumenta a resistência, atenua os efeitos do estresse, tornando-se também um suplemento desta vitamina um excepcional antiescorbútico. Pesquisas na área de cosmetologia indicam a inclusão de ácido ascórbico em produtos contra o envelhecimento celular graças a sua ação antioxidante e sequestrante de radicais livres. Seus sais minerais lhe conferem a propriedade remineralizante em peles cansadas e estressadas. As mucilagens e proteínas são responsáveis pelas ações de hidratação e condicionamento capilar. Por ser antioxidante, fortalece o cérebro.

Ativa a memória e o sistema nervoso central, deixando a pessoa bem tranquila. Previne a gripe e resfriado, atua nas afecções pulmonares, problemas de fígado e da vesícula biliar, hepatite virótica, poliomielite, fadiga física, acidez gástrica. O chá das folhas e flores contém as mesmas propriedades da fruta. Pode ser usado o chá, que também protege o organismo contra infecções, previne os cálculos hepáticos e a icterícia, desintoxica o sistema urinário, elimina as toxinas, os cálculos e areia dos rins e da bexiga, cura tosses, bronquites e catarros pulmonares; suas folhas e flores também têm poderes antioxidantes que eliminam os radicais livres.

## Indicações

Estado de carência de vitamina C, estresse, fadiga, gravidez, gripe, resfriado, afecções pulmonares, problemas de fígado e da vesícula biliar, hepatite virótica, varicela, poliomielite, cansaço físico e mental, envelhecimento precoce.

## Dosagens

Sua fruta pode ser consumida como qualquer fruta comestível, ou em forma de suco. Crianças de até um ano podem tomar o suco, mas consumirem apenas uma fruta ao dia; até dez anos, duas ao dia; para o adulto, duas a quatro frutas diárias. Enquanto remédio, quatro frutas ao dia são suficientes, pois são muito ricas em vitamina A, ferro e cálcio (essa dose é para uso contínuo), embora as doses pareçam mínimas. No caso de resfriado ou gripe, convalescença ou recaída frequente de gripe ou outras doenças infecciosas, ou trabalho que exige muito esforço físico ou mental, pode-se tomar diariamente um copo de suco da fruta como refresco.

# Ágar-ágar

Coloide hidrofílico / *Gelidum corneum*

## Características

É uma hemicelulose, substância mucilaginosa extraída de diversas algas marinhas originárias dos mares da China e do Japão. Essas algas são abundantes nos mares, junto às costas e em diversas regiões do globo. Considerada uma gelatina de origem vegetal que possui pouquíssima proteína, mas de grande valor medicinal, é um estabilizador de emulsões, constituído por dois polissacarídeos (a agarose e a agaropectina), minerais como: ferro, fósforo, cloro, iodo e potássio, celulose, mucilagem, fibras, anidrogalactose e vitaminas.

É usada como agente espessante, emprega-se como meio de cultura para microrganismos, utilizada em alimentos como gelificante, não contém sulfato na molécula, é formada por ácido pirúvico na forma acética; o iodo que ela contém supre às necessidades de energia física e mental, atua no metabolismo da tireoide, seu valor nutricional garante sangue limpo e constante circulação normal pelos tecidos, prevenindo varizes; atua como tranquilizante natural e protetor contra as infecções de todo o organismo.

## Constituintes

Ágar-ágar possui uma estrutura básica denominada agaroide. É constituída por unidades de Beta1 D-galactose e Alfa1 L-galactose alternadas, possuindo padrões de substituições variáveis, de acordo com a fonte vegetal utilizada e o procedimento de obtenção. Esses polissacarídeos dispersam-se coloidalmente em meio aquoso e quente, formando por resfriamento um gel espesso não absorvível, não fermentável, atóxico, utilizado como laxativo mecânico por sua capacidade de aumentar o volume e hidratação do bolo fecal, regularizando o trânsito intestinal.

Os agaroides diferem-se estruturalmente quanto ao teor de radical sulfato, piruvato e outros substituintes. Embora tenha largo emprego nas indústrias médicas e farmacêuticas, onde ele é utilizado como substrato na presença de meios de cultura bacteriana em microbiologia, é um agente terapêutico no tratamento e prevenção como protetor das veias, artérias e capilares, atua auxiliando tratamento de varizes e hipotireoidismo; podem ser tratados com preparações farmacêuticas, com comprimidos ou cápsulas.

## Ações

Ágar-ágar é encontrada na forma de pós ou tabletes. O pó pode ser incorporado a sucos, sopas, no preparo de gelatinas caseiras para dar consistência a recheios, tortas e geleias; atua de forma demulcente, promove sensação de saciedade. Usa-se como conservante de carnes e bebidas.

## Propriedades

Sua propriedade é ser insolúvel em água fria, porém expande-se consideravelmente e absorve uma quantidade de água de mais ou menos vinte vezes o seu peso formando gel não absorvível, não fermentável com importante característica de ser atóxico. A ágar-ágar é utilizada para proteger a parede do estômago contra substâncias químicas que atuam danificando a mucosa gástrica e intestinal. A estimulação aumenta a motilidade e torna um laxante suave e mecânico que regula a função intestinal. Também aumenta a saciedade reduzindo a fome, atua contra a obesidade.

Mas é preciso ter cuidado em não utilizá-la com a finalidade de emagrecer. Usando de forma exagerada, priva-se o organismo de nutrientes importantes, ocasionando desnutrição. Com intenção de emagrecer, todo cuidado é pouco. Sempre que desejar fazer uso de produtos sem ter o necessário conhecimento, procure um profissional competente para orientá-lo.

## Indicações

Previne varizes, controla o metabolismo endócrino, melhora o aspecto dos cabelos, fortalece as unhas e ossos, auxilia na menstruação escassa e dolorosa; ótima no combate ao hipotireoidismo, na constipação intestinal severa (prisão de ventre), obesidade, varizes, má circulação periférica, protege veias, artérias e capilares, elimina edemas dos membros inferiores.

## Dosagens

Como alimento, já foi descrito como deve ser usada. Para tratamento usa-se o pó preparado em laboratório, 500mg ingerindo uma vez ao dia, com dois copos de água.

# Alcachofra

*Asteraceae / Cynara scolymus*

## Características

Planta herbácea, vivaz, com até 1m de altura, de talo erguido pouco ramificado. Folhas compostas e espinhosas, sendo as superiores bem menores do que as da base. Flores volvidas por grandes brácteas que são a parte comestível da inflorescência. Fruto oval, com apêndice plumoso. É originária da região do Mediterrâneo, cultivada em todos os países de clima subtropical. É mundialmente difundida, principalmente com a finalidade alimentícia, devendo ser cozida rapidamente para se tornar mais digerível. Segundo a literatura etnofarmacológica, suas folhas são um ótimo medicamento para ativar a vesícula biliar, proteger o fígado e normalizar os níveis de colesterol, triglicerídeos e glicose no sangue.

Melhora o funcionamento dos rins, facilita a digestão, previne cálculos da vesícula e dos rins. Seu uso é internacionalmente aprovado como eficiente medicamento do fígado e da vesícula. Na França, a legislação sobre medicamentos à base de plantas permitiu a utilização das folhas da alcachofra em chá, droga moída ou extratos alcoólicos. O estudo fitoquímico das folhas registrou a presença de óleo essencial contendo betasselineno e cariofileno, e seus compostos fixos são representados pelo seu princípio ativo, a cinarina e a cinaropicrina, principal componente da mistura de substâncias amargas, corantes antocianidínicos, flavonoides livres e glicosilados.

## Constituintes

O uso terapêutico da alcachofra é muito antigo. Na Idade Média já se conhecia a sua influência na formação da bílis. No século XIX realizaram-se numerosas investigações sistemáticas sobre o extrato desta planta, que deram os resultados principais. O extrato complexo de alcachofra fresco atua especialmente para regular diversas funções hepáticas, sobretudo a formação da bílis e as funções antitóxicas. Em sua constituição contém cinarina, ácido clorogênico, diéster de ácido cafeico, químicos e orgânicos, sais minerais, tanino, ácido málico, glicérico, glicólico, sucínico, cítrico, lático, e tânico, compostos flavônicos, glicosídeos A e B da alcachofra.

A cinarina constitui ação anti-hepatóxica, que estimula a função do fígado com propriedade protetora e reguladora dos hepatócitos, estimula a síntese enzimática básica do metabolismo hepático. Na uremia, a cinarina melhora a excreção de amônia por provocar um aumento da produção do ácido úrico pelo epitélio renal. A ação diurética auxilia na eliminação de ureia e de substâncias tóxicas decorrentes do metabolismo celular, com ação depurativa. Também exerce uma ação reguladora sobre os rins devido à maior eliminação de água. Estudos farmacológicos confirmam que seu extrato possui ação hepatoprotetora, capaz de diminuir os danos causados no fígado por agentes tóxicos.

## Ações

A alcachofra possui uma ação anti-inflamatória, colagoga, colerética, diurética, laxativa, depurativa e hipoglicemiante; alivia a insuficiência hepática, a colite ulcerativa, cura a icterícia, dispepsia, diarreias, gases, inflamação dos rins e da bexiga; normaliza as taxas de colesterol, triglicerídeos e açúcar no sangue, reduz as taxas de albumina e ureia no organismo e aumenta o colesterol HDL.

## Propriedades

Em análise das propriedades dessa planta que compõem a fruta, foram encontrados insulina, açúcares, tanino, fermentos inulase, invertase e coalho. Em 100g de substância fresca encontramos 3.000 UI de vitamina A, e 100mg de vitaminas B1 e B2; os minerais são semelhantes a outras verduras, sendo superior o conteúdo de potássio, cálcio e magnésio, sobretudo o manganês que atinge 20% da percentagem que não é igualada por nenhuma outra fruta ou legume; contém proteína, hidrato de carbono, 0,1% de gordura, 82% de água e pouca caloria. Investigações francesas encontraram, em 1934, uma substância ativa específica – cinarina – que conseguiram isolar e cristalizar.

Posteriormente descobriram outra composição química que foi chamada de ácido dicafeilquínico. A cinarina é derivada da luteolina, principal responsável pelas atividades colagoga e colerética da droga, que provocam o aumento da secreção biliar; controla as taxas de colesterol do sangue de maneira significativa através de uma estimulação metabólica enzimática. A alcachofra não dissolve os cálculos biliares; só previne, diminui as cólicas, exercendo um efeito preventivo em pessoas predispostas a desenvolver litíase hepática. A eficiência metabólica do fígado deve-se aos componentes polifenoicos que fazem a diminuição plasmática de colesterol.

## Indicações

Todas as indicações hepatobiliares, problemas de má digestão em geral, principalmente vômitos, enjoos, náuseas e dores de estômago. O chá ou a tintura dessa planta tonificam o organismo debilitado e promovem também um emagrecimento lento e agradável do obeso.

## Dosagens

Infuso: duas colheres de folhas picadas para um litro de água fervente, usar morno três xícaras ao dia. Para problemas mais sérios pode-se usar a fruta como legume ou mesmo em saladas. Só é impróprio para nutrizes, pois poderá coagular o leite materno. Uso externo para adultos: para problemas na pele, usa-se o chá morno em forma de compressas duas a três vezes ao dia.

# Alcaçuz

*Fabaceae / Glycyrrhiza glabra*

## Características

Arbusto perene, planta leguminosa, que cresce espontaneamente em terreno argiloso da Itália Meridional, sua altura não passa de 1,5m. Folhas esparsas, composta por folíolos. As flores reunidas em espigas axilares, de cor lilás com corola papilionada. Os frutos são constituídos por vagens que possuem de duas a seis sementes. As raízes e os estolões contêm tanino, asparagina, açúcar e ácido glicérico. Nativa da Europa Meridional e Oriente. Os babilônicos, gregos, romanos, indianos, chineses e egípcios dos tempos antigos já conheciam os valores medicinais do alcaçuz.

Foi muito usado terapeuticamente em Roma e na China antiga, para curar problemas respiratórios e intestinais; para os chineses ela possui um poder cicatrizante. As raízes da planta têm sido usadas para tratar esses e outros problemas. Seus grandes fornecedores são a Turquia, o Iraque, a Rússia, a Síria e a Itália. A indústria farmacêutica utiliza-as em grande escala, assim como a indústria do cigarro, as fábricas de bombons e de algumas bebidas como a cerveja. O ingrediente ativo do alcaçuz, a glicirrizina, é cinquenta vezes mais doce do que o açúcar, mas seu sabor não é muito agradável.

## Constituintes

Seus princípios ativos são: glicosídios do grupo das flavonas, saponinas, taninos, enzimas, sucrose, óleo essencial, goma, fitosteróis, cumarinas e 5 a 10% de glicirrizina. O termo *glycirriza* é de origem grega e significa raiz doce. O alcaçuz já era utilizado pelos gregos como edulcorante e bebida, como expectorante e para o tratamento de úlceras. É uma planta mais comumente usada nas prescrições chinesas tradicionais, em doenças alérgicas, distúrbios inflamatórios e úlceras gastrointestinais. Porém, essa planta produz efeitos do tipo mineralocorticoides, pode causar retenção de sódio e perda de potássio.

Pode também levar ao desenvolvimento de efeitos adversos como aumento de pressão sanguínea, motivo pelo qual devemos ter cuidado, observando as dosagens indicadas; é preferível usar menos do que superar a dose, evitando problemas. Preparações desglicirrizinadas normalmente não têm sido associadas a esses efeitos colaterais. A saponina predominante é a glicirrizina, apresenta sabor cerca de cinquenta vezes maior que a sacarose. Ao sofrer hidrose, o heterosídeo fornece uma aglicona, que não possui sabor doce, e mais duas moléculas de ácido D-glicurônico. A droga vegetal é caracterizada ainda pela presença de glicosídeos, de flavononas, flavonóis e isoflavonas.

## Ações

Possui ações estimulantes das suprarrenais, preserva as vias respiratórias de inflamações, atua sobre o estômago dando proteção à mucosa gástrica, formando barreiras, diminuindo os espasmos, reduzindo o ácido estomacal prevenindo a pirose, protege e promove as células que revestem o trato intestinal, intensificando o fluxo sanguíneo que chega a elas e prolongando a vida.

## Propriedades

Regulador hormonal, expectorante, antitussígeno, antiúlcera, laxante, anti-histamínico. A composição química do alcaçuz dá a ele um grande valor de propriedades. Centenas de estudos já comprovaram sua ação no tratamento de doenças do fígado, úlceras pépticas, suprarrenais e desequilíbrio hormonal. Na China, onde é uma das ervas mais utilizadas, é indicada para prevenir ou tratar doenças como do baço, rins e fígado. No Japão costuma-se fazer um preparado com alcaçuz para tratar a hepatite. Estudos mostram que o uso dessa planta ajuda o fígado a combater toxinas produzidas por difteria, tétano, cocaína e estriquinina, e aumenta a estocagem de glicogênio.

Trabalhos feitos em laboratório conseguiram extrair das raízes dessa planta uma pasta, com a qual se obtém o alcaçuz negro que todos conhecem e que se encontra à venda em bastõezinhos, pastilhas e caramelos. São preparados que conservam intactas suas virtudes. Dissolvido lentamente na boca, mantém a voz limpa, preserva as vias respiratórias de inflamações, acalma as membranas e mucosas irritadas. Contém 9 expectorantes naturais diferentes que desfazem o muco e aliviam a tosse. É eficiente contra gripes, protege o estômago dos efeitos corrosivos de medicamentos como a aspirina.

Propriedades medicinais dizem que o alcaçuz é por vezes uma faca de dois gumes na medicina natural, porque doses elevadas necessárias, algumas vezes, para gerar efeitos terapêuticos, podem causar efeitos secundários indesejados, como: uma tensão arterial elevada, retenção de líquidos, inchaços dos tecidos, ganho de peso, dor de cabeça, letargia, níveis de sódio e potássio distorcidos. Por esse motivo devemos ter cuidado em obedecer às doses certas e saber a quem vão ser dadas como tratamento; o que para uma pessoa é ótimo, para outra pode não ser bom, sendo necessária uma orientação do profissional.

## Indicações

Nas conjuntivites, doenças do fígado, suprarrenais, baço, rins, úlceras pépticas, garganta, tétano, difteria, hepatite, desequilíbrios hormonais, tosse e toxinas, eczemas, prisão de ventre, halitose, úlceras duodenais.

## Dosagens

Decocção: ferver duas colheres de sopa de raiz picada para um litro de água fervente por dez minutos; tomar uma xícara de chá morno sem adoçantes pelo tempo necessário. Uso externo: compressas de cinco a seis colheres de sopa e igual volume de água – não se deve tomar no chimarrão. Proibida para quem sofre de insuficiência cardíaca, congestiva e hepática, e quem toma digitálicos.

# Alecrim

*Lamiaceae / Rosmarinus officinalis*

## Características

Arbusto aromático, perene, de numerosas folhas verde-prateadas, estreitas e duras, em forma de agulhas. Flores de cor malva-pálido, com intenso perfume. Pode crescer até 2m de altura. Propaga-se em solos secos, bem drenados e pobres em matéria orgânica. Essa planta pode viver até nove anos e pode-se cultivá-la em vasos, desde que seja exposta à luz solar. Adapta-se melhor em clima subtropical, sempre exalando um aroma forte e agradável. Seu nome científico deriva do fato de sua preferência a regiões expostas à atmosfera marinha – *rosa-marinha*.

É originária da Europa, região do Mediterrâneo. Possui vários campos de ação na medicina tradicional, mas devemos ter cuidado quando usarmos como fitoterápico (não utilizar doses excessivas que podem causar irritação no sistema digestivo, como gastroenterite, problemas de próstata e dermatose). Usar sob a orientação de um profissional competente e em pequenas doses.

## Constituintes

Sua maior constituição química é o óleo essencial, que é em geral incolor ou amarelo-claro, com odor forte e penetrante e uma leve fragrância agradável; é um ótimo óleo genérico que está particularmente associado à estimulação da mente, promovendo ideias claras e visão interior. Seu óleo é produzido principalmente na França, na Espanha e na Turquia. Componentes dessa planta são produzidos de derivados monoterpênicos, diterpenos, terpeniol, eucaliptol, cineol, borneol, pineno, cafeno, ácido cafeico, acetato de bornila, cânfora, ácidos orgânicos, saponina, traços de alcaloides, colina, flavonoides, ácido ferrólico e clorogênico. As folhas e sumidades floridas do alecrim possuem vários compostos. Primeiro atuam no aparelho gastrointestinal, atenuando espasmos em geral. Ele é carminativo, estimulante vulnerário, antisséptico pulmonar e béquico, antiespasmódico, antioxidante que eleva a prostaglandina, reduz os leucotrienos B4 e inibe o superóxido no sistema xantina oxidase. É emenagogo, antirreumático, estomáquico, narcótico e aromático. Muito utilizado na fabricação de cosméticos e água de colônia.

## Ações

Atribui-se a essa planta um antioxidante. Ela tem ação tônica e estimulante, cicatrizante, antimicrobiana, ótima na menstruação irregular e dolorosa, alivia as cólicas e o estado nervoso na tensão pré-menstrual e também na menopausa. Os ácidos fenólicos são responsáveis por suas ações colerética e colagoga, anti-inflamatória, anticarcinogênica, antimutagênica, hepatoprotetora, no sistema hepatogástrico e analgésica.

## Propriedades

Suas propriedades estimulantes e medicinais atuam no sistema nervoso, dando força e vigor aos que sentem fraqueza ou exaustão por uma intensa vida física e intelectual, além de possuir propriedades antiespasmódicas estomacais, hepatoprotetor no caso de hepatite viral, colelitíase crônica; antibactericida e fungicida, possui vários campos medicinais, impedindo o desenvolvimento de bactérias prejudiciais ao organismo humano. Relacionado ao sistema circulatório exerce função nas paredes dos vasos sanguíneos, aumentando a irrigação periférica e controlando a pressão arterial; auxilia na prevenção de problemas relacionados ao sistema renal.

É excelente nas afecções reumáticas e articulares, previne a inflamação impedindo que as bactérias prejudiciais se desenvolvam, inibindo assim o crescimento de salmonelas, *escherichia coli* e estafilococos. Funciona contra a falta de apetite do idoso, utilizado como tônico do sistema nervoso central, esgotamento cerebral e depressão. Pelas suas propriedades excelentes, as farmácias e perfumarias preparam em forma de óleo, sabonetes, loções e água de colônia, todos maravilhosos produtos. Além da parte medicinal que conhecemos, ainda temos produtos contra caspa e queda de cabelo, em loções capilares, dentifrícios e banhos estimulantes.

## Indicações

É indicado em caso de febres intermitentes, dores de cabeça de origem digestiva, inapetência, fadiga mental, exaustão nervosa, clorose, histeria, debilidade cardíaca, gases intestinais, colite, distúrbios hepáticos e gastrointestinais. É considerado tônico para o fígado e a vesícula biliar, reumatismo, gripe, resfriados, problemas respiratórios, tosse, bronquites, asma. É usado também como tempero de carne de cordeiro e de porco, é aromatizante nas batatas assadas. Também pode ser usado em armários de cozinha e sachês para roupeiro.

## Dosagens

Infuso: de seis a dez folhas para uma xícara de água fervente (ou seca moída uma colher de chá), uma ou duas xícaras ao dia. Contraindicado para gestantes e lactantes, assim como se deve ter cuidado com doses altas, porque podem causar irritação no estômago e intestino.

# Alfavaca

*Lamiaceae / Ocimum basilicum*

## Características

Árvore pequena, subarbusto aromático, anual, ereto. Ramificada, com folhas simples, flores pequenas, brancas, solitárias e perfumadas, reunidas em racemos curtos. Nativa da África e Ásia Tropical. Introduzida no Brasil pela colônia italiana, sendo muito cultivada em quase todo o país; é regularmente empregada na medicina tradicional caseira na Região Norte do Brasil, hábito este herdado de grupos indígenas da Guiana e norte da Amazônia. Essa planta inteira é considerada tônica, sendo sudorífica e estimulante.

Suas folhas são consideradas na medicina tradicional como emenagogas, diuréticas, resolutivas e peitorais. O suco das folhas e ramos novos é usado para problemas oculares, preparadas compressas do seu chá, assim como contra cólicas de qualquer natureza. As raízes são aromáticas e consideradas um remédio febrífugo, diaforético e expectorante. As sementes são utilizadas pelo povo indígena contra mordedura de cobra.

## Constituintes

Em termos biológicos, o constituinte mais importante da alfavaca é seu óleo essencial, pois contém cerca de 70 a 80% de eugenol, timol e geraniol. O eugenol é também usado na fabricação de produtos dentais, por ser antisséptico é analgésico. Seu óleo essencial relaxa os músculos do intestino delgado, o que reforça a sua utilização para o tratamento de distúrbios gastrointestinais. O xarope, tanto das folhas quanto da raiz, é eficaz contra tosse, bronquite, gripe e dores de cabeça. O chá da raiz é ótimo no tratamento de reumatismo, paralisia, epilepsia, doenças mentais, problemas digestivos, pruridos, estresse, fadiga, como sedativo e expectorante.

O óleo das inflorescências tem ação antibacteriana de amplo aspecto associado com antibiótico, ou em preparações de uso tópico em lesões infectadas, principalmente por *staphylococcus aureos*, cepa causadora de infecções cutâneas. Apesar de ainda não haver a comprovação científica da eficácia e segurança terapêutica quanto ao uso dessa planta, várias de suas preparações caseiras da medicina tradicional são indicadas com sucesso no tratamento da depressão, insuficiência das funções cerebrais, insônia nervosa ou sonolência após as refeições, espasmo do piloro e cansaço resultante do excesso de trabalho.

## Ações

Antisséptica, diurética, tônica estomacal, carminativa, estimulante, galactógena, emenagoga, estomáquica, anti-helmíntica, antigripal, antibiótica, antiestresse.

## Propriedades

A alfavaca possui propriedades restaurativas, que aliviam espasmos, baixam a febre, melhoram a digestão, além de ser efetiva contra infecções bacterianas, parasitárias e intestinais; seu chá é considerado estimulante digestivo, antiespasmódico, galatógeno, béquico, antirreumático, combate as contrações bruscas do estômago e os gases intestinais, produz ácido rosmarínico que, no organismo atua como adstringente, antioxidante, antimutagênico, antibacteriano, anti-inflamatório e antiviral.

A ação antibacteriana é reforçada pelos fenóis contidos nos óleos essenciais da planta, que têm ação contra bactérias do gênero *Proteus*, *Klebsiella*, *Salmonela*, *Escherichia coli* e *Shigella*. Devido a essa atividade ela faz parte da relação nacional de plantas medicinais de interesse do SUS, constituídas de espécies vegetais com potencial de avançar nas etapas da cadeia produtiva e de gerar produtos supereficientes com preços reduzidos.

## Indicações

Espasmos gástricos, flatulência, digestão pesada, dispepsia, enxaqueca, afecções respiratórias, oliguria, cálculos renais, febre, insônia, problemas nervosos, cólicas, nefrite, cistite, prostatite, hepatite.

## Dosagens

20g da planta para um litro de água fervente: tomar 3 xícaras ao dia. Tintura: uma colher de sopa de 8 em 8 horas. Preparada em farmácia. Uso externo: gargarejo, compressas e cataplasma da planta.

# Algas calcáreas

*Rhodophyceae* ou vermelhas /
*Lithothamnium calcareum*

## Características

São algas fósseis colhidas de rochas do fundo do mar. Possuem coloração avermelhada quando de sua coleta, também um material esquelético resistente formado pela precipitação superficial de carbonato de magnésio. Sabe-se que as algas calcárias retêm elevado índice de elementos minerais do meio marinho, além de quantidades de substâncias nutritivas. O *Lithothamnium* pertence ao grupo das algas rodofíceas, de aspecto calcário, pois absorve carbonato de cálcio e de magnésio. Existem mais de 30 mil espécies de algas de água-doce ou salgada com baixo teor calórico, ricas em minerais, e vitaminas, em especial o betacaroteno e vitaminas do complexo B, proteínas e fibras, além de apresentar os minerais em quantidade suficiente, e mais importante, para neutralizar os radicais livres (RL), pois ela é mais alcalinizante do que qualquer alimento terrestre; fortalece o sistema imunológico; com capacidade de limpar o corpo de toxinas, possui efeito anti-inflamatório em diversos tecidos, o que está relacionado a uma substância ligada ao iodo que depende da quantidade deste na alga.

## Constituintes

Seus principais constituintes em grande número são os minerais, em primeiro lugar o cálcio com 33%, e mais o magnésio, iodo, ferro, alumínio, cloro, potássio, silício, enxofre e zinco. A absorção de cálcio e magnésio é prejudicada por uma dieta rica em ácidos graxos saturados e à base de fibras insolúveis. A proteína aumenta a absorção, mas em excesso pode causar efeito inverso. O ácido fítico, presente especialmente em cereais integrais como farelos, germe de trigo, amendoim e nozes, pode reduzir a absorção por formação de compostos não assimiláveis como esses minerais.

No entanto, tem-se demonstrado que pessoas que consomem constantemente esses alimentos desenvolvem enzimas capazes de decompor os compostos formados. Essa alga possui grande efeito nos lipídeos, baixa os triglicerídeos e quilomicrons, ativa a lipase e lipoproteína que hidrolisa os triglicerídeos liberando os ácidos graxos para serem absorvidos pelas células.

## Ações

Suplemento alimentar mineral para caso de carência dos mesmos em gestantes, nutrizes, crianças, adolescentes e idosos; a criança recebe através da mãe o que é recomendado para suprir o cálcio e o magnésio nos últimos meses de gestação. Mas para uma perfeita assimilação do cálcio no organismo, é necessário possuir quantidade suficiente de vitamina D, tanto na alimentação como pela exposição ao sol, não esquecendo que pela manhã é até às 9h e à tarde só após às 16h (20 minutos diariamente é o suficiente). Não esqueçam que nosso organismo por si só não forma essa vitamina.

## Propriedades

As algas calcárias apresentam em suas propriedades um alto índice de cálcio e magnésio, e uma pequena porcentagem de ferro, o que determina a cor levemente ocre do produto. Os micronutrientes como o cálcio e o magnésio têm como função principal a de ativar os processos enzimáticos, que por sua vez cuidam dos processos metabólicos. O cálcio é um elemento indispensável para a coagulação do sangue, contração dos músculos, fortalecimento dos glóbulos brancos. A insuficiência de cálcio, principalmente nas dietas pobres desse mineral, desprotege os ossos e dentes, provocando problemas sérios e irreparáveis na sua formação.

Leva também a uma diminuição da elasticidade dos músculos e artérias, algo com que se deve ter cuidado desde a infância até a adolescência. O cálcio atua também na manutenção da hipoalcalinidade sanguínea, evitando dessa maneira problemas nervosos. O magnésio atua na síntese da proteína, ativa o metabolismo dos glicídeos e das gorduras, diminuindo a excitabilidade dos músculos e nervos. Atua favoravelmente sobre a função do sistema circulatório. É responsável pela distribuição celular de cálcio, sódio e potássio, muito importante no armazenamento, liberação, ação e reativação de neurotransmissores.

## Indicações

No reumatismo, artrite, raquitismo, osteomalácea, osteoporose, auxilia no tratamento de fraturas, combate o estresse e tensão nervosa.

## Dosagens

5g/dia podendo ser dividida em duas ou três doses. Não há quaisquer restrições no uso prolongado. Superdosagem é muito difícil ocorrer, pois todo o cálcio e o magnésio em excesso são rapidamente excretados pela urina, fezes e suor.

Precaução de armazenamento da alga: deve ser em recipiente hermeticamente fechado, ambiente seco e arejado ao abrigo de luz solar.

# Algas marinhas

*Phacophytae / Macrocystis pyrifera*

## Características

Algas marinhas são plantas que vivem sobre a superfície da água do mar, de onde tiram todos os nutrientes para sua formação, absorvendo e concentrando quantidades de elementos nutritivos essenciais à vida na terra. As algas possuem importante papel na biosfera. Acredita-se que foram elas as primeiras produtoras de oxigênio no nosso planeta. No presente elas são responsáveis pela maior parte da produção nos ecossistemas aquáticos; como produtores primários, elas formam a base da cadeia alimentar desses ecossistemas. As algas marinhas são empregadas na medicina popular chinesa há 3.000 anos. Antigamente as algas eram consideradas uma erva daninha do mar, até descobrirem sua capacidade alimentar e medicinal.

Mas o que se sabe é que, cientificamente, foram aprovados seus estudos que datam da Segunda Guerra Mundial, e no Brasil foi aceita somente em 1960. As algas crescem fixadas a substratos submersos por segmentos basais, não possuindo raízes, flores nem frutos. A *Macrocystis pyrifera* é a maior alga aquática do mundo e a que mais rapidamente se desenvolve, crescendo até 30cm por dia, alcançando centenas de metros de comprimento. As algas são consideradas vegetais versáteis e saborosos. No Japão a alga marinha compõe 25% de todo o alimento consumido na dieta local, e também para realçar o sabor de vários pratos, como saladas, sopas, carnes e frutos do mar.

## Constituintes

Pela sua composição constitui-se complemento alimentar revigorante. Mas especialmente atua como remineralizante e ativador das funções cerebrais, promovendo ao organismo um estado de bem-estar duradouro e equilibrado. Seus constituintes apresentam em média as seguintes composições: proteínas isoladas, vitaminas: A, B, C, D, E, F, K e os sais minerais: iodo, cálcio, magnésio, ferro, potássio, fósforo, sódio, cobre, manganês, silício, enxofre; gorduras, pigmentos, polissacarídeos, arginatos, poligalactosídeos-sulfatados, pró-vitaminas, ergosterol e carotenoides, elementos que recondicionam várias carências nutricionais das células epiteliais. Os compostos orgânicos iodizados se combinam com a proteína da pele, transformando-a em um complexo iodo-proteína, eliminado pelo organismo. Esses complexos orgânicos iodizados excitam o metabolismo celular, produzindo através da oxidação a redução do tecido adiposo. A ação vasodilatadora leva a um estímulo da circulação local, sendo, portanto, útil no tratamento da queda e auxiliar no crescimento dos cabelos.

## Ações

Suplemento nutricional que não engorda, é remineralizante, tônico, ativador das funções cerebrais, estimulante do sistema circulatório e das glândulas endócrinas, principalmente da glândula tireoidiana; emoliente e suavizante.

## Propriedades

As algas marinhas representam um alimento completo. Pelas excelentes vitaminas que possuem, promovem um perfeito funcionamento do sistema nervoso periférico, do trato gastrointestinal e do sistema cardiovascular. A vitamina B1 é a principal atuante na manutenção dos tecidos de suporte mesenquimatosos como ossos, cartilagens e tecido conjuntivo, e especialmente na síntese do colágeno. A vitamina C possui ação antioxidante. A vitamina E age sobre a integridade do tecido epitelial, assim como os elementos minerais presentes atuam no equilíbrio dos líquidos orgânicos, participando da estrutura do organismo, ativando as enzimas e sistemas de desintoxicação. Estimulam o organismo a realizar as trocas de íons, favorecem a respiração e a circulação sanguínea em geral. Apesar de ainda não completamente determinada, possuem função terapêutica contra o reumatismo.

## Indicações

Distúrbios nervoso e circulatório, problemas respiratórios, bronquite, asma, disfunção gastrointestinal, constipação intestinal, diarreia, má digestão, hipotireoidismo, raquitismo, fadiga.

## Dosagens

Usar até 8g do pó ao dia nas refeições, com dois copos de água.

Uso externo: gel e cremes para massagem, no tratamento de celulite e obesidade, loções hidratantes e xampus.

# Alho-comum

*Angiospermae Alliaceae / Allium sativum*

## Características

Planta bulbosa, pequena, de cheiro forte, formada por oito a doze bulbinhos (dentes). Folhas longas. Flores brancas ou avermelhadas, dispostas em umbela. O fruto é uma cápsula loculicida com uma a duas sementes em cada loja. Seu bulbo, formado por gomos (dentes), constituídos por uma massa consistente de cheiro e sabor muito fortes, sempre foi empregado como condimento e como remédio caseiro. Pouco se sabe de sua procedência – há quem suponha que proceda do deserto da Ásia Central. Mas sua origem perdeu-se no tempo, pois vem sendo cultivado nos países do Mediterrâneo como o Egito, na China e na Índia, desde a mais remota antiguidade.

Cresce espontaneamente na Cilícia e em muitos países da Europa, sendo amplamente conhecido e muito utilizado no Brasil. Habitualmente os trabalhadores egípcios, que construíram as pirâmides, utilizavam diariamente alho cru como proteção das infecções; mais tarde foi usado pelos trabalhadores e soldados romanos. Gravações muito antigas demonstram que ele é usado como remédio desde os tempos antes de Cristo pelos babilônicos, chineses, gregos e romanos. Os russos e os búlgaros adquiriram o hábito de ingerir o alho, e a principal causa era por sua vitalidade e saúde. Durante a Primeira Guerra Mundial, as forças armadas britânicas usavam o alho para impedir infecções.

## Constituintes

O alho é constituído de um heteriosídeo sulforado, alicina, aliina, disultato de etila, trisulfeto de aliina, ajoeno e composto sulforado do tipo isotiociânico. Em seu princípio ativo, além de outras vitaminas, predomina a vitamina C com 17mg, e mais as vitaminas, A, B1, B2 e os minerais cálcio, ferro, sódio, iodo, enxofre, flúor, silício, ácido fosfórico livre, e óxido-dialildissulfeto. A alicina é considerada a substância precursora dos componentes de enxofre orgânico, terapeuticamente ativos no alho. Além desses componentes enxofrados, também contém carboidratos, enzima aliinase, catalase, proteínas, aminoácidos livres como a arginina, polofenóis, fitosteróis e lipídios. É rico em componentes que ativam o sistema imunológico, combate vírus, bactérias e fungos.

Age como coadjuvante de resfriados, gripes e aftas, e graças aos componentes fitoquímicos (alicina e ajoeno) consegue baixar os níveis de açúcar no sangue, tendo ação importante no controle e prevenção de tumores. Um estudo realizado na Alemanha chegou à conclusão de que 1g de alho consumido ao dia reduz em 80% o volume de placas de gordura nas artérias, prevenindo arteriosclerose.

Pesquisadores recentes mostraram que a alicina inibe uma bactéria que causa úlcera gástrica, reduz a pressão arterial, protege o coração, diminui as taxas de colesterol LDL e aumenta o HDL. A alinase destrói os grupos teólicos e a proliferação das bactérias, constitui ação bacteriostática e bactericida sobre as bactérias gram-positivas e gram-negativas.

## Ações

O alho possui ação ótima sobre o sistema imunológico, combatendo vírus, bactérias e fungos que causam infecções. A alicina inibe uma bactéria causadora de úlcera gástrica, elimina as toxinas e bactérias patogênicas que afetam a flora intestinal normal, atua contra o herpes simples e como inibidor da agregação plaquetária, elimina a gripe, resfriados, afecções pulmonares, tosse, catarro, rouquidão, bronquite, asma, modifica as secreções brônquicas, ajuda a desobstruir as vias aéreas, fluidificando as secreções respiratórias; auxilia o diabético na manutenção da glicemia, elimina cálculos da bexiga e dos rins, cura a afta, escorbuto, hidropisia, febre e elimina o ácido úrico em excesso (que causa o reumatismo).

## Propriedades

As propriedades do alho são muito conhecidas. Numerosas pesquisas farmacológicas têm mostrado a existência das propriedades antitrombólica, antibacteriana, hepatoprotetora, cardioprotetora, hipotensora, antioxidante, hipoglicemiante, antitumoral, particularmente em caso de câncer de cólon. O alho tem poder antifúngico, antibiótico e germicida contra bactérias como estafilococos, estreptococos, salmonelas e demais germes que causam infecções por fungos como a candidíase e herpes simples tipo 1 e 2. Possui propriedades de controlar os níveis de triglicérides, colesterol LDL, reduzindo seus níveis plasmáticos, inibindo a agregação plaquetária, protege contra a trombose coronariana.

Por meio do óxido dialildissulfeto, previne a formação de placas de gordura nas artérias; por ser um vasodilatador atua também na circulação periférica prevenindo e auxiliando na cura de tromboses dos membros inferiores; previne a formação de toxinas no intestino, eliminando o mecanismo endógeno de defesa, inibindo a formação de radicais livres (RL) e a peroxidação lipídica. Atua nas funções respiratórias em geral, como: gripes, tosses, resfriados, rouquidão e problemas de brônquios; combate a areia e cálculos dos rins e da bexiga, diminuindo as gorduras circulantes, aumentando o teor das lipoproteínas de alta densidade; ativa a circulação cardíaca e periférica.

## Indicações

Como analgésico, expectorante, febrífugo, atua na gripe, resfriado, febre alta, dor de garganta, tosse, respiração difícil, bronquite, corrimentos vaginais, colesterol alto, areia e cálculos nos rins e na bexiga, flatulência, congestão alimentar e verminoses.

## Dosagens

Pode ser ingerido diariamente no mínimo um dente de alho como preventivo de acidente vascular cerebral (AVC) em pessoas idosas ou safenadas. O alho deve ser amassado (a trituração e o cozimento decompõem rapidamente o princípio ativo). Amassar e usar rapidamente na hora de servir a refeição. Pode ser usado como chá quente com mel para problemas respiratórios (colocar água fervente sobre ele e abafar por uns cinco minutos, e adicionar o mel); de preferência, tomar à noite. Em uso externo é um ótimo remédio; em caso de ferimentos infectados, faz-se triturado com água, colocando como compressas no local afetado.

# Alho-poró

*Liliaceae / Allium*

## Características

Hortaliça deliciosa cultivada em toda a Itália e dotada de um odor delicado, possui flores esféricas grandes e compactas que se erguem em hastes de até 60cm de comprimento. A planta apresenta-se provida de várias brácteas, folhares reunidas em uma única haste. Na medicina familiar caseira, o alho-poró é conhecido por suas indiscutíveis propriedades diuréticas e alimentares. Possui baixas calorias, fornece grandes quantidades de minerais e fibras, além de alta taxa de vitamina C, sendo que meia xícara de alho picado e cozido, servido ao natural, contém somente 15 calorias e 25mg de vitamina C, 16mg de cálcio além de niacina.

Possui efeito protetor contra o câncer de estômago, reduz o colesterol total e o LDL e aumenta o HDL. Possui ótima fonte de manganês, vitamina C, vitamina B6, folato e ferro. Essa combinação especial de nutrientes faz com que ele seja particularmente útil na estabilização do açúcar no sangue, prevenindo ou controlando o diabetes, uma vez que não só retarda a absorção dos açúcares no trato intestinal, mas ajuda a assegurar que estes sejam devidamente assimilados no organismo.

## Constituintes

Na Inglaterra e nos Estados Unidos o alho-poró é considerado um legume, já em países da Europa Continental, especialmente na França, é usado como ocorre no Brasil. Essa planta cultivada, possivelmente derivou do *Allium*, possui variedade silvestre que cresce na costa do sul do País de Gales e Grã-Bretanha até o Irã.

No entanto, o alho-poró é um vegetal tão antigo que ninguém sabe ao certo a sua origem. Seguramente era cultivado no Egito, na época dos faraós, e foi usado mais tarde pelos romanos, que segundo algumas anotações levaram-no para a Grã-Bretanha.

Hoje, muitas variedades dessa planta são cultivadas por quase toda a Europa, embora sejam menos populares nos Estados Unidos. Os tipos variam de alho-poró gigante cultivado para competições no norte da Inglaterra, até variedades pequenas, tenras e delicadas, prediletas na Europa Continental. Algumas têm a base bulbosa, outras são retas. São plantas bienais, suportam as más condições, mas crescem melhor em solos ricos com bastante fosfato. Algumas variedades são resistentes, mas não considere o tamanho, e sim a extensão da parte branca que se utiliza.

## Ações

O alho-poró tem a reputação de ser difícil de limpar. Use o seguinte: pegue um talo de cada vez, elimine as raízes e a parte verde das folhas, retire a camada ou película externa do talo e faça dois cortes em ângulo reto em cima, lave bem em água corrente e pode prepará-lo.

## Propriedades

O consumo regular de alho-poró na alimentação, duas ou três vezes por semana, é suficiente para prevenir o câncer de próstata e de cólon; descobriu-se através de estudos que o conjunto de compostos encontrado nesse alimento pode proteger as células do cólon de toxinas causadoras do câncer, além de interromper o crescimento e a propagação de todas as células cancerosas que possam se desenvolver. Assim como também é um preventivo contra o desenvolvimento de placas de gordura nas artérias que, com o tempo, podem se transformar em ateromas.

Mas além das propriedades medicinais, temos que valorizar a sua capacidade na culinária – é útil em uma variedade de pratos deliciosos, pode ser fervido e peneirado com batatas, servir com sopa, refogado em caldo sem gordura para servir quente ou pincelar levemente com azeite de oliva e grelhá-lo, servir com legumes, carnes, frutos do mar e peixes. Só uma observação: não deve ser cortado muito tempo antes de se levar ao fogo para cozinhar ou refogar.

### Indicações

Colesterol alto, aterosclerose, anemias, diabetes, problemas digestivos, previne o câncer, elimina as gorduras das veias e artérias.

### Dosagens

Uma pequena porção diária, ou três vezes por semana, é o suficiente, no caso como alimento e prevenção; em caso de tratamento, deve ser uma boa porção diariamente até a melhora do problema, e após, usar como prevenção.

# Amaranto

*Amarantaceae / Amaranthus caudotus*

## Características

Planta herbácea anual, ereta, pouco ramificada, altura de 40 a 100cm. Folhas simples, alternas, de 6 a 13cm de comprimento e com mancha violácea no centro da folha. Flores muito pequenas, de cor esverdeada, reunidas em panículas racemosas. Originária da região dos Andes, já era cultivada pelas civilizações inca e asteca há mais de 2.000 anos. É considerado um alimento sagrado pelos povos andinos. O amaranto é considerado um alimento de ótima qualidade para todas as idades.

É um alimento rico em fibras, possui grande fonte de cálcio, ferro, fósforo e zinco, alta porcentagem de ácidos graxos insaturados, recomendado para pacientes diabéticos, obesos, hipertensos e contra a constipação intestinal. Porém, é contraindicado a pessoas com problemas estomacais comprovados, como gastrite ou úlcera. Hoje é amplamente disseminado em áreas abertas e lavouras agrícolas do Brasil. As folhas e flores dessa planta contêm uma substância mucilaginosa, laxativa e diurética.

Essa planta é versátil e resistente, está repleta de vitaminas, sais minerais e proteínas. Atua contra os resfriados, tosses com ou sem catarro, hidropisia, inflamação do nervo ciático, edema dos membros inferiores e cansaço fácil. São utilizadas as folhas, que devem ser colhidas no outono e serem secadas à sombra, longe do pó. As folhas frescas são úteis para compressas e cataplasmas. Suas flores, quando cortadas, duram muitos meses, conservando sua cor intacta, o que lhes confere um aspecto frágil e delicadíssimo.

## Constituintes

Erva plorífera e muito vigorosa, foi considerada uma "planta daninha" em lavouras agrícolas, principalmente anuais, de quase todo o Brasil. Também era considerada alimento de suínos. A planta inteira hoje é empregada na medicina caseira não só no Brasil como no exterior. As folhas e raízes são consideradas emolientes; as raízes são empregadas em uso externo contra eczemas e outros problemas de pele. Um estudo fitoquímico com plantas pesquisando o amaranto encontrou em suas folhas espinasterol, que é uma saponina derivada do ácido oleanólico.

Essa planta é muito consumida no Peru desde os tempos dos incas, que a consideram uma planta sagrada. Para eles este é o alimento mais antigo do mundo, pois nele foi encontrada altíssima taxa de proteína, além das vitaminas A e C e muitos minerais; dizem que seu poder está nas flores carregadas de sementes. Afirmam ainda que, além da grande quantidade de proteínas de alto valor biológico que possui, tem grande quantidade de cálcio, ferro, fósforo e zinco, além de outros minerais. Possui muita fibra que faz reduzir os níveis de colesterol LDL do sangue.

## Ações

Suas ações baseiam-se nos diversos estudos e trabalhos relacionados às sementes de amaranto. Descobriu-se que os astecas há muitíssimos anos usavam essa semente em forma de chá para curar problemas de estômago, e faziam uma pasta das sementes para oferecer aos deuses. Sua eficiência foi comprovada por combater o colesterol LDL, afastando ou prevenindo as doenças coronarianas e arteriais como aterosclerose, e ainda controlar o diabetes.

## Propriedades

Essa planta se diferencia de outros cereais como o trigo justamente por suas propriedades nutritivas. Com mais ferro do que qualquer outro cereal, também é fonte de lisina, que segundo pesquisadores é um aminoácido que falta na maioria dos grãos.

O balanço de aminoácidos presentes no grão do amaranto faz dele um alimento equilibrado em termos nutricionais. Segundo o Departamento da Agricultura dos Estados Unidos, cada 100g de grãos de amaranto cozidos contém 4g de proteínas, 2g de ferro, 47g de cálcio, 0,86g de zinco, além de magnésio, manganês, fósforo e potássio e 2,1g de fibras. E ainda possui a vantagem de ser menos calórico do que os outros grãos.

Mas apesar de todas essas vantagens, apenas há vinte anos a ciência brasileira descobriu seus benefícios, e só há pouco tempo ele começou a aparecer nos supermercados brasileiros, sendo que esse cereal já era usado no continente americano há muitos séculos. Os astecas e incas utilizavam-no do México e os maias na Guatemala. Com a chegada dos espanhóis, que descobriram o alimento em 1516, o cereal então começou a se espalhar. Porém, o amaranto não é exatamente um cereal como chamamos, ele é um pseudocereal como a quinoa e o trigo sarraceno, pois não são gramíneas, mas suas propriedades e utilização propriamente alimentares são superiores às dos outros cereais.

## Indicações

Elimina o colesterol total e o LDL e também a gordura dos vasos sanguíneos, desobstruindo as artérias e veias; é ótimo para o diabético e também auxilia na dieta do obeso; sacia a fome, é bom para vários problemas, é um complemento alimentar excelente, mas não deve ser substituído pelos alimentos de origem animal como carnes, peixes, ovos e leite (só mesmo se a pessoa for vegetariana).

## Dosagens

Pode-se usar uma a duas colheres de sopa da semente ou do pó uma ou duas vezes ao dia; pode ser nas batidas de frutas, ou junto com o alimento do almoço; é ótimo na mistura com farinha de trigo para fazer o pão ou biscoitos.

# Ameixa

*Rosaceae / Prunus domestica*

## Características

Planta caducifólia descrita como uma pequena árvore ou arbusto grande, de copa irregular e rala, com 4 a 6m de altura. Folhas simples opacas e ásperas de 6 a 12cm de comprimento. As flores são solitárias, brancas ou rosadas. A fruta é uma drupa violácea roxa-escura, com polpa doce, tenra e suculenta, e aloja um caroço contendo semente. Muito indicada para a produção de passas (as famosas ameixas-pretas). É uma fruta largamente consumida, seja fresca, seca, crua ou com fins medicinais; pode ser utilizada em qualquer um desses estados. Originária da Europa, América do Norte e Ásia, amplamente cultivada nos Estados Unidos, Europa, Japão e China.

Ameixa-preta, planta brasileira, como é chamada por ser muito cultivada em todos os estados do Brasil. Em países da América Central há várias outras espécies de ameixas como a do Japão, aclimatada no Brasil, que produz frutos vermelhos com polpa amarela muito saborosa. Existem várias espécies, todas com propriedades medicinais e nutritivas. Sua propagação é feita por mudas enxertadas, prefere clima frio, deve ser plantada entre junho e agosto, exige podas de formação e maturação. Produz frutos, em média, após três anos de plantio.

## Constituintes

Há alguns séculos, os agricultores sírios em torno de Damasco iniciaram o cultivo da ameixa, o que alcançou grande fama, através dos gregos e dos romanos, só que para nós chegou mais tarde, através de inúmeras gerações.

Está provado que as ameixas-pretas secas são um laxante suave, eficiente e inócuo, utilizado de formas diversas para atonia digestiva e obstipação intestinal; a grande capacidade de absorção das matérias análogas como a pectina que se encontra nessa ameixa e o considerável conteúdo em alimentos similares à celulose que excita a mucosa intestinal tornam mais fácil a evacuação. A ameixa é uma fruta de baixas calorias, não contém gorduras saturadas, mas possui numerosos compostos que promovem a saúde, como os minerais e os aminoácidos.

As vitaminas e as fibras dietéticas, juntamente com a isatina e sorbitol, conhecidos por regular a função digestiva e controlar o intestino, evitam ou previnem a obstipação intestinal. A ameixa fresca é um magnífico agente terapêutico contra as enfermidades causadas pelos ácidos associados às hiperlipidemias, principalmente pelo ácido úrico, que atacam o reumatismo, a artrite, a gota, a aterosclerose e a nefrite. É depurativa do sangue, desintoxica o fígado e o sistema gastrointestinal, atua nas vias respiratórias, tosses, bronquites e resfriados, fortalece o cérebro, atua no sistema nervoso, fraqueza, cansaço, febre, pelagra e atonia gastrointestinal.

## Ações

Nos resfriados, regula as funções gástricas e intestinais, problemas respiratórios, tosses, depurativa do sangue, antioxidante, elimina os radicais livres.

## Propriedades

A composição química da ameixa é de 70 calorias, contendo proteínas, hidratos de carbono, sais minerais, vitaminas, flavonoides poliantioxidantes fenólicos, tais como a luteína, criptoxantina e zeaxantina, em quantidades significativas. Compostos estes que eliminam os radicais livres e espécies reativas de oxigênio que atuam em processos de envelhecimento e de várias doenças; os carotenoides se concentram na mácula lútea da retina, onde proporcionam funções antioxidantes e protegem a retina dos raios ultravioleta.

As fibras dietéticas ajudam a regular o funcionamento intestinal, o betacaroteno e vitamina A, além de serem essenciais para a visão e também necessárias para a manutenção da membrana mucosa e da pele saudável. Previnem câncer pulmonar e da cavidade oral. A vitamina E é um poderoso antioxidante natural, ajuda o corpo a desenvolver resistência contra agentes infecciosos, inflamações, e varre os radicais livres nocivos. As vitaminas do complexo B, tais como a niacina, vitamina B6 e ácido pantotênico atuam como cofatores e ajudam o corpo a metabolizar os carboidratos, proteínas e gorduras. Essa fruta ainda contém cerca de 5% de RDA de vitamina essencial para a função de muitos fatores de coagulação do sangue, metabolismo ósseo e redução do Mal de Alzheimer em idosos.

São frutas abundantes em minerais como o fluoreto de potássio e ferro. O ferro é necessário para a formação de glóbulos vermelhos e o potássio é um componente importante dos fluidos das células e do corpo, que ajuda a controlar a frequência cardíaca e a pressão sanguínea.

## Indicações

Problemas intestinais, gástricos, respiratórios e cansaço cerebral.

## Dosagens

Na tosse e resfriados, picar algumas ameixas secas e colocar água fervente e uma colher de mel, e tomar quente. Para o intestino, deixar de véspera algumas ameixas e comer na manhã seguinte. As ameixas cruas podem ser consumidas à vontade por cada pessoa como alimento.

# Amora-branca

*Moraceae / Morus alba*

## Características

Árvore de porte médio, que pode atingir cerca de 4 a 5m de altura, possui casca ligeiramente rugosa, escura e de copa grande. Folhas de coloração mais ou menos verde, com uma leve polosidade que as torna ásperas. Flores de tamanho reduzido de cor branco-amarelada. Os frutos são claros, quase brancos, são comestíveis e muito gostosos. As amoreiras crescem bem em todo o Brasil, seu crescimento é rápido, adapta-se a qualquer tipo de solo, mas prefere os úmidos e profundos, frutifica de setembro a novembro no Brasil e de maio a agosto em Portugal.

Nativa das regiões temperadas e subtropicais da Ásia, África e América do Norte, é um vegetal cultivado quase que exclusivamente para a criação do bicho-da-seda, pois serve de alimento a ele, sendo utilizada em fileiras. Possui folhas ovaladas, lisas e brilhantes, muito delicadas. Tanto no Brasil como em todo o mundo, esse bichinho se alimenta unicamente com a folha dessa árvore. Essa planta contém altos níveis de antocianidinas, flavonoides chamados de polifenóis que trabalham como antioxidante, ajudando as células e o colágeno contra os radicais livres.

## Constituintes

Fruta ácida adocicada, refrescante, adstringente, depurativa do sangue, diurética e digestiva, ótima como calmante, vermífuga, antisséptica. Suas folhas contêm tanino, ácidos orgânicos, especialmente o ácido lático, resina, pigmentos, pectinas, peptonas, gomas e ácidos graxos saturados, sobretudo o palmítico, que possui um óleo de cor verde-amarelado escuro devido ao seu alto conteúdo de clorofila. Tem qualidade antidiarreica, anti-inflamatória, antitérmica, expectorante e emoliente.

Usa-se no caso de irritações catarrais, inflamações das vias respiratórias, pulmonares e gastrointestinais, como as do intestino grosso (cólon), hemorroidas. Planta muito rica em cálcio, eficaz para combater a osteoporose; usando sempre o chá das folhas, controla o açúcar no sangue dos diabéticos. Muito cultivada para alimentação de animais como bovinos e caprinos, além de outros; em áreas onde as estações são secas, restringe a disponibilidade de vegetação rasteira. Os frutos também são consumidos secos ou transformados em vinhos.

## Ações

Os benefícios do uso da folha dessa árvore são mundialmente reconhecidos. Existem outras espécies de amora, mas aqui falamos da amoreira que nasce silvestre, geralmente nas matas. Quem não tem conhecimento da flora medicinal pouco valor atribui a ela, mas trata-se de um poderoso elemento na medicina popular caseira. É sedativa, tônica, anti-inflamatória.

## Propriedades

Suas propriedades medicinais são potencializadas, por conter alto teor de antioxidantes, que atinge e fortalece o sistema imunológico, previne diversas doenças virais ou infecciosas, tanto em problemas respiratórios e pulmonares como digestivos, trato urinário e renal. Rica em adenina, flavonoides, cumarina, tanino e altos níveis de sais minerais, como cálcio, fósforo, ferro, magnésio e potássio, que reduzem os riscos de degenerações ósseas assim como a osteoporose. O chá das folhas é um potente tônico muscular que ajuda a aumentar a energia e resistência, combate câimbras e doenças das articulações.

Elimina as toxinas prejudiciais que podem levar à infecção, fortalece a memória do idoso. Mas, como em todas as plantas, precisamos ter o cuidado de não fazer uso indiscriminado, como usar diariamente por muito tempo. Não se trata de receita, apenas indicamos os seus valores, que não são poucos. Exemplo: na rouquidão basta colocar água fervente sobre um bom punhado de folhas verdes, abafar e tomar quente; pode-se usar também em gargarejo. O chá, em poucas horas, tem provado sua eficiência.

### Indicações

Rouquidão, dor de garganta, problemas respiratórios, cardíacos, constipação intestinal e digestiva, febres, inapetência e falta de memória.

### Dosagens

Infuso: uma colher de chá de folhas picadas em uma xícara de água fervente (tomar até três vezes ao dia).

Uso externo: para queda de cabelo usar o chá, massageando o couro cabeludo.

# Amora-preta

*Moraceae / Morus nigra*

## Características

Planta arbustiva de porte médio, dotada de espinhos. Produz um fruto agregado, composto por frutículas, com coloração que pode ser vermelha ou negra. Sua casca é brilhante, lisa e frágil; quando madura, pode ser facilmente confundida com a framboesa. Nativa da Ásia, Europa, América do Norte e América do Sul. Cresce apenas em regiões determinadas de acordo com o clima ideal para seu desenvolvimento. Sua composição tem parte de água, proteínas, hidratos de carbono, lipídeos e fibras, várias vitaminas, cálcio, ferro, magnésio, fósforo, potássio, selênio, e possui baixa caloria (52%).

Contém vários tipos de açúcares e ácidos, os quais dão um balanço entre a acidez, sólido e solúvel, dando assim um sabor característico e delicioso. Estudos realizados em vários laboratórios demonstraram que o consumo de hortaliças e frutas como a amora, e tantas outras com coloração vermelha e roxa, possuem antiocianinas com atividades antioxidantes que atuam na prevenção e no combate de doenças degenerativas.

Recentes pesquisas têm demonstrado um maior potencial na utilização de amora-preta que vem se expandindo para fins medicinais, considerando-a como uma planta anticancerígena pela ação do ácido elágico. Devido à concentração de cálcio elevada, combate a osteoporose e também é um tônico muscular. A amora é uma planta que não necessita insumos químicos, sendo ótima para o cultivo orgânico. Além de seus valores medicinais é de fácil manejo, propícia para pequenas propriedades agrícolas.

## Constituintes

Essa fruta é constituída de antocianinas com seu alto poder antioxidante, adenina, asparagina, glicose, carbonato de cálcio, proteínas, taninos, cumarinas, açúcares, flavonoides, matérias albuminoides, ácido málico, pectina, pentose e princípio ativo. Seu fruto contém vitamina A, B1, B2, C; seus frutos bem maduros contêm 9% de açúcares (frutose e glicose). Seu ácido málico em estado livre com 1,86%, goma e materiais corantes com 85% de água. Seu fruto vermelho-escuro de sabor agridoce agradável pode ser utilizado para consumo *in natura*; aliás, esse é o melhor modo de utilizar como remédio.

Não quer dizer que não podemos usar no dia a dia as delícias preparadas com essa fruta, como sucos, geleias, sorvetes, doces, bolos, tortas, iogurtes, polpas, conservas, compotas, vinhos, licores, xaropes e fermentos. Seus frutos são depurativos do sangue, são antissépticos, vermífugos, digestivos, calmantes, diuréticos, laxativos, refrescantes e adstringentes.

Com sua poderosa propriedade antioxidante por sua combinação de vitamina C com a vitamina E, pectina em abundância, uma fibra solúvel, elimina as dores da artrite e gota.

Usa-se o suco nas afecções da garganta e problema bucal. Para problemas das vias urinárias, incluindo os rins, devemos usar o chá das flores frescas, que são diuréticas. Para diarreias, usar o chá das folhas e brotos da planta. Essa fruta conserva o equilíbrio, a memória e a coordenação motora das pessoas de idade avançada, ou mesmo em outras idades, mas que possuem esses problemas precocemente.

## Ações

As ações dessa fruta são difíceis de enumerar. De sua composição fazem parte: proteínas, carboidratos, lipídeos, fibras, aminoácidos, vitaminas, antioxidantes, e com baixas calorias é anti-inflamatório, previne e ajuda na cura de diversas doenças, desintoxica e protege o organismo, atua contra os radicais livres e controla o diabetes.

## Propriedades

As propriedades terapêuticas da amoreira residem nas folhas, nos frutos, na raiz e na casca. É laxativa, emoliente, refrescante, calmante e diurética. Na medicina popular dá-se preferência aos frutos de variedades pretas, que contêm grande quantidade de açúcares, sais ácidos, peptonas e goma.

O nosso corpo é exposto diariamente a diversos fatores que podem levar à mutação celular através de problemas internos como radicais livres, que se formam durante a nossa respiração; ou externos, como poluição, raios solares, tabaco e álcool.

Os compostos antioxidantes encontrados em frutas de cor escura, como a amora-preta, conseguem ajudar as células do organismo a se protegerem das mutações que são o primeiro passo para a formação de algum tipo de câncer, como de pele, útero, cólon, boca, mama, próstata e pulmão. O extrato da amora-preta *in natura*, sem transformações, previne ainda a formação de metástase, ou seja, evita que o câncer se espalhe para outro órgão. Quero deixar claro que se trata de fruta considerada medicinal para prevenção ou até mesmo cura de alguma doença, mas se a pessoa já está com a doença reconhecida pelo médico, a fruta deve ser usada como alimento, auxiliando o tratamento, com certeza; mas não abandone seu médico.

## Indicações

Hipertensão arterial, dores de cabeça, falta de memória, inapetência, dores reumáticas, artrite, gota, calmante, febre, problemas de garganta, rouquidão, osteoporose, dermatoses, eczemas, erupções cutâneas, inflamação bucal, envelhecimento precoce.

## Dosagens

Para hipertensos, usar o chá das folhas frescas (três xícaras ao dia, bem fraco); para constipação intestinal, ferver em meio litro de água por dez minutos 15g da raiz e casca, tomar duas vezes ao dia.

# Amor-perfeito

*Violaceae / Viola adorata*

## Características

Planta herbácea anual, perene, ereta, desprovida de caule, glabra, aveludada de cor verde-amarela de 15 a 30cm de altura. Raiz fibrosa, angulosa, lisa. Folhas simples alternas, de pecíolo triangular, obtusas crenadas. As inferiores são acompanhadas de duas estípulas opostas foliáceas lineares, lanceoladas. Flores solitárias inclinadas sobre longo pedúnculo axilar com diversas cores: amarela, violeta, roxa etc. Cálice de cinco pétalas oblongas agudas e corola de cinco pétalas irregulares. O fruto é uma cápsula ovoide oblonga, abrindo-se em sementes numerosas, pequenas, ovoides brancas.

Nativa da Europa e da Ásia, muito usada para fins ornamentais. Cultivada no sul e no sudeste do Brasil. De origem europeia, a violeta perfumada pode ser encontrada em bosques e charnecas. Pode ser cultivada facilmente aqui no Brasil, desde que seja plantada em local sombreado – o sol forte do verão pode matar a violeta –, porém ela resiste ao frio e à geada. Essa planta também é utilizada nos florais da Califórnia. Quando a violeta começa a florescer na Europa, tenha a certeza de que a primavera está chegando.

## Constituintes

Flor bela de jardim e erva medicinal que contém alcaloides, sais minerais, taninos, glicosídeos, aminoácidos, ácido ascórbico (vitamina C), ácido acetilsalicílico, saponinas, hestereosídios flavônicos, mucilagens, ácido cafeico, ácido cumarínico, ácido gentício, ácido hepatonoico, ácido hidrociânico-arabinose, óleo essencial, violanina, carotenoides, cumarinas, escoparina, galactose, glicose, orientina, rhamnose, rutina, saponaretina, alfa tocoferol, umbeliferona, uicenina, violantina, violaxantina, violutosídeo, ioimbina, antocianidina.

A raiz dessa planta tem alcaloides, odoratina e saponina.

A planta inteira é empregada na medicina caseira desde a Idade Média, havendo citações de Hipócrates e Dioscórides sobre seus valores medicinais, mas apenas no século XIX começaram a surgir em jardins. As primeiras espécies foram na década de 1820 quando dois jardineiros amadores ingleses se dedicaram ao melhoramento dessa planta. A seleção foi feita no sentido de conseguir formar cada vez maiores e melhores. Alguns anos mais tarde já se encontraram identificadas variedades de cores e tamanhos das flores, levemente perfumadas; do branco ao amarelo intenso, do lilás ao violeta profundo, do azul-celeste ao azul-noite, frequentemente na mesma flor, com pétalas de cores diferentes com matrizes de belíssimo efeito. Os povos antigos usavam essa flor sabiamente contra dores de cabeça, provocadas pela ressaca. Em 1829, um médico alemão começou utilizando a flor em homeopatia, visando o tratamento de dores de ouvido, sinusite e reumatismo; os resultados foram surpreendentes e a sua fama conhecida até hoje.

## Ações

Antisséptica, laxativa, diurética, adstringente, antirreumática, sudorífera, emoliente, calmante, anti-inflamatória e antiespasmódica.

## Propriedades

Suas principais propriedades são: adstringente, analgésica, antifúngica, anti-inflamatória, antipirética, emoliente, calmante, cicatrizante, diurética, ligeiramente laxante. Indicada nas afecções catarrais, amidalite, asfixia, asma, coqueluche, faringite, mucosidade da garganta, enfisema, gripes, laringite, inflamação bucal, resfriados, tosses com catarro ou não, sarampo, gastrite, úlceras gástricas, insônia, irritação dos olhos e da pele, hipertensão arterial, reumatismo, pruridos, e picadas de insetos. A literatura endofarmacológica cita o uso dessa planta como erva mucilaginosa, refrescante, de ação depurativa do sangue, expectorante, antisséptica e anticancerígena. Suas propriedades se encontram em suas folhas e flores.

É utilizada na homeopatia em fórmulas para tratamento de diversas condições de saúde, incluindo tensão nervosa, esgotamento físico e mental, depressão, distúrbios do aparelho digestivo, dores abdominais, edemas, azia, gases intestinais, perda de apetite, dores de garganta, tosses, rouquidão, bronquite, febres, dor de cabeça, insônia, doenças de pele, tuberculose etc. As flores dessa planta também são empregadas em confeitarias, perfumarias e no preparo de cosméticos. O amor-perfeito está entre as flores que são empregadas em cremes, sorvetes e licores, como principal aromatizante. Usa-se conservar as flores cristalizadas no açúcar; podem ser usadas para decorar saladas, ou guarnecer pratos de carne, especialmente vitela.

## Indicações

Tosses, bronquite, asma, coqueluche, gripe, resfriado, febre, dores de cabeça, ouvidos, debilidade nervosa e cansaço.

Contraindicação: seu uso como diurético no caso de hipertensão, cardiopatia ou insuficiência renal moderada ou grave, só com controle médico. Há risco de perda incontrolada de líquidos, possibilidade de produzir descompensação tensional ou eliminação excessiva de potássio, com potencialização dos efeitos de cardiotônicos.

## Dosagens

Uma colher de sopa de folhas e flores secas em uma xícara de água fervente, deixar por três minutos, tomar três vezes ao dia durante uma ou duas semanas. Pode ser usado em compressas do chá, fazer gargarejo e também lavar ferida.

# Anador

*Acanthaceae / Justicia pectoralis*

## Características

Pequena erva herbácea sempre verde, perene, ereta com até 40cm de altura. Folhas simples membranáceas estreitas e longas. Flores de coloração branca ou rósea. Frutos do tipo cápsula deiscente. Toda a planta desprende um forte cheiro de cumaru algum tempo depois de coletada. Multiplica-se facilmente por estacas ou pequenas porções de ramos já enraizados. Suas folhas e caules contêm cumarina, um muito forte anticoagulante e um alucinógeno. É largamente utilizada como planta medicinal.

Na América do Sul é usada também em rapés sagrados, feitos com as sementes de duas espécies de virola, ambas nativas do Amazonas, com aromas semelhantes. Nessa mesma região, as folhas são usadas em rituais pelos indígenas, como ingrediente aromatizante de mistura alucinogênica em inalações. Na literatura etnofarmacológica tem sido reportada como medicação contra o reumatismo, cefaleias, tosses, febres, cólicas abdominais, inflamação pulmonar. É expectorante e afrodisíaca.

Porém, a eficiência e a segurança de seu uso para algumas dessas indicações ainda não foram comprovadas cientificamente. Sua análise fitoquímica registra como principais componentes a cumarina e a umbeliferona acompanhada de menores quantidades de diidroxicumarina. Pessoas que fazem uso de anticoagulante não podem utilizar essa planta nem receber nenhum fármaco que contenha o anador, porque poderão sofrer hemorragias, muitas vezes internas, que não se identificam de imediato.

## Constituintes

A constituição química do anador (ou melhoral) é refererida a uma planta trepadeira ou rasteira, com ramos finos, com pecíolos um pouco ondulados. Originalmente usada pelos povos indígenas da Colômbia e bacia do Amazonas. Várias tribos indígenas adicionavam o pó das folhas secas ao pó das sementes que produziam assim um rapé alucinógeno. No Panamá toma-se o chá para aliviar azias e dores nas pernas. Em Porto Rico se produz um xarope expectorante famoso a partir dessa planta.

Em Guadalupe e Martinica é utilizado como extrato digestivo e misturado com óleo vegetal para problemas do pulmão; as folhas são utilizadas como curativo sobre feridas. Em Trindade o xarope é a base do melhoral (como o chamam) e usado para tosses, bronquites, gripes, febres e náuseas. No Brasil houve ensaios executados paralelamente, usando cumarina e umbeliferona dessa planta e extrato de outras plantas cumarínicas.

*Amburana cearensis* e *Mikania glomerata* sugerem que essas substâncias são em grande parte responsáveis por um conjunto de ações, e justificam que essas ações se manifestam especialmente nas atividades analgésicas e anti-inflamatórias, embora haja a participação de outros constituintes ativos que justifiquem esse potencial de qualidades. É rica em ácido palmítico, alanina, betaína, lisina, isoleucina, serina, leucina, valina, prolina, ornitina, treonina, saponina, aminas aromáticas.

## Ações

Expectorante, sedativa, anti-inflamatória, analgésica, antipirética, antirreumática, cicatrizante, broncodilatadora, tranquilizante e relaxante muscular.

## Propriedades

O nome popular "anador" que lhe é aplicado designa-se na realidade a um produto farmacêutico analgésico e antipirético à base de dipirona; foi dado pelo povo, provavelmente por causa de sua potente atividade anti-inflamatória, que, diminuindo a inflamação, faz cessar a dor. O amplo emprego dessa planta nas práticas da medicina popular caseira, e os serviços de saúde públicos que usam a fitoterapia nos programas de atenção primária de saúde, bem como os diversos trabalhos científicos, comprovam a sua eficiência. Constituem um motivo suficiente para sua escolha como estudo químico farmacológico e clínico mais aprofundado desses profissionais competentes, visando suas avaliações como medicamento seguro com muita eficácia, derivado de plantas de nossa flora medicinal, uma vez que o Brasil possui uma flora riquíssima. Várias experiências realizadas com o extrato hidrocoólico com folhas dessa planta cultivada em hortas medicinais no Nordeste comprovam suas atividades antipiréticas, analgésicas, espasmolíticas, broncodilatadoras e anti-inflamatórias.

O emprego dessa planta deve ser feito com cautela, evitando-se o uso de folhas secas quando malconservadas, pelo risco da modificação química de cumarina provocada por fungos, pois ela pode se transformar em dicumarol, substância altamente hemorrágica usada em venenos para matar ratos. Mais uma vez recomendo que quem usa anticoagulante não pode fazer uso nem da planta nem do comprimido de anador ou melhoral, pois está sujeito a hemorragias.

### Indicações

Tranquilizante, alivia as dores em geral, cólicas menstruais, febres, resfriados, gripe, tosses, dermatites, dores reumáticas e problemas inflamatórios.

### Dosagens

Uso interno: folhas e ramos, infusão em pequena quantidade em uma xícara de água quando necessário, ou comprimido de acordo com a prescrição médica. Para consumir o chá, deve-se procurar também orientação de um profissional.

# Ananás

*Bromeliaceae / Bromelia ananassa*

## Características

O ananaseiro é uma planta silvestre vivaz e herbácea, com folhas em forma de lança, que são espinhosas, recortadas, pontiagudas e duras, medem cerca de 80cm de comprimento. Suas vistosas flores vermelhas aglomeram-se em hastes que partem do meio das folhas. O ananás é um fruto de forma cônica, de cor verde, mesmo quando maduro. Assemelha-se em muitos aspectos ao abacaxi, que é uma variedade cultivada, mas tem sabor inferior, é muito mais ácido do que ele. Provavelmente pertence à família das bromeliáceas.

Alguns autores acreditam que é originária da Índia e conhecida na China desde os tempos remotos. Há quem a relacione entre as plantas nativas do Brasil; essa versão deve ser a mais correta, visto que numerosos exemplares de ananaseiros são encontrados nas florestas da América do Sul em estado selvagem. Com suas cascas produz-se um licor delicioso e uma bebida refrescante, denominada popularmente "aluá". Hoje é cultivado nos trópicos de todo o mundo, em países subtropicais. Mesmo na Europa é cultivado normalmente. Encontra-se em estado silvestre.

## Constituintes

Essa fruta é de rara estrutura e de maravilhoso aroma, de sabor ácido, cor esverdeada, nunca chega amarelar, menos suave e menos adocicada do que o abacaxi, com muito baixa caloria. Cultivada em todos os países de clima tropical e subtropical, gosta de clima seco e terreno arenoso. A perene raiz do ananás produz uma roseta que consta de um eixo central com numerosas florezinhas isoladas, cujos frutos com as folhas de recobrimento que são convertidas em pontas e o mesmo eixo constituem em fruta sem sementes. O ananás pode ser considerado como alimento e como remédio.

Em medicina caseira possui uma característica de grande valor que a distingue das outras frutas. Contém proteínas, carboidratos, gorduras e as principais vitaminas do complexo B, e a vitamina A, com 24.000 UI, vitamina B9 com 10.600mcg, vitamina C com 27mg e vitamina E, além de outras vitaminas. Sais minerais: cálcio, magnésio, manganês, ferro, fósforo, flúor, cobre e potássio. Com todos esses poderes, combate a aterosclerose, edemas, artrite reumatoide e anemias. Sua acidez favorece a digestão e a absorção do ferro.

## Ações

Sua ação é importante sobre todas as doenças gástricas, fraquezas relacionadas com a insuficiência de suco ácido gástrico; é ótimo na inapetência, seu suco melhora a digestão e protege a mucosa do estômago; atua na formação de açúcares, fermentos e enzimas.

## Propriedades

O ananás possui propriedade medicinal, combate os cálculos dos rins e da bexiga e previne os cálculos biliares; é indicado no tratamento da tuberculose pulmonar, da hidropisia, da icterícia e de outras infecções hepáticas. Possui em seu suco quantidade abundante de fermento albuminoide com propriedades de separar as proteínas dos alimentos, facilitando a digestão, trabalho este reservado aos ácidos gástricos. Ao mesmo tempo consegue-se que pessoas com problemas de estômago por carência de ácidos possam retirar das proteínas o seu valor alimentar substituindo o suco gástrico pelo suco do ananás, o que é motivo suficiente para lhes dispensarmos nosso maior interesse.

Mas vai uma observação: só o suco fresco preparado da fruta na hora de ingeri-lo possui essas características – é inútil conservas ou suco industrializado. Qualquer emprego de calor destrói a força digestiva da proteína que está relacionada com os fermentos e enzimas de grande sensibilidade. Essas orientações são somente para pessoas com problemas gástricos, que teriam que usar como remédio mesmo no mínimo dois copos ao dia por um bom espaço de tempo, como se fosse um medicamento (poderá ser antes ou após as refeições). Isso não quer dizer que pessoas sem problemas gástricos não possam fazer uso de suco industrializado, compotas, geleias, sorvetes e refrescos, só que aí seu uso seria como alimento e não como remédio.

### Indicações

Problemas gastrointestinais, inapetência, má digestão, pirose, edemas, reumatismo, artrite, anemia, aterosclerose, problemas pulmonares e infecções das vias respiratórias, acidez estomacal, cura inflamação da garganta, constipação intestinal, desobstrui o fígado, dissolve e elimina cálculos biliares, renais e da bexiga, por ser germicida; auxilia no tratamento do câncer.

### Dosagens

Um a dois copos ao dia, sempre preparado na hora de ingeri-lo; liquidificar uma fatia da fruta em um pouco de água, bem batido, não precisa coar. Tomar imediatamente, sem açúcar (para os problemas citados). Como alimento, pode ser usado como suco, refresco, geleia, sorvete e também se pode aproveitar a casca para preparar um licor. Os antigos indígenas preparavam bebida fermentada da fruta verde e também um remédio de uso externo.

# Anis-comum

*Apiaceae / Pimpinela Anízio*

## Características

Erva herbácea, aromática, de até 50cm de altura. Folhas arredondadas, compostas de várias formas. Flores brancas, compostas por uma dezena de minúsculas umbelas com perfume delicado. Logo que os talos se tornam amarelos, cortam-se os cachos de flores, colocam-se no ar para secar, em algum tempo sacode-se e obtém-se os frutos aquênios ovoides, pubescentes, de cor cinza--esverdeada, de sabor adocicado e cheiro forte.

A seguir, cortam-se os frutos, em seguida trituram-se, e obtém-se um óleo perfumado de odor doce e agradável. Seu óleo é utilizado como expectorante no combate a tosses, catarros e asma; atenua cólica estomacal. Cura enxaquecas de origem digestiva, cólicas menstruais e infantis, combate as náuseas e vômitos mesmo na gravidez, auxilia no tratamento de doenças cardiovasculares, palpitações e anginas, soluços e amenorreias.

Planta nativa da Ásia Ocidental, cultivada na Europa Meridional, Índia, Rússia e também no Brasil, especialmente no Sul. Conforme registra a literatura etnofarmacológica, seus frutos são também usados nas indústrias para produção de óleo essencial, tintura, extrato fluido, alcoolato e hidrolato, empregados também em farmácias de manipulação, por suas propriedades de sabor e odor agradáveis em muitas preparações farmacêuticas.

## Constituintes

Essa planta é constituída principalmente de metil-chavicol, gama himacholeno, P-meloxifenilacetona, neafitadieno, óleo volátil constituído de acetaldeído, alguns compostos de enxofre, pequena quantidade de álcool, glicerídeos dos ácidos graxos, ácidos graxos, palmíticos, ácidos esteárico e oleico, matéria-prima proteica, açúcares, gomas, cumarinas e aromatizantes. Em análise fitoquímica foi encontrado como um dos grandes constituintes, o óleo essencial com 90 a 95% de atenol, substância responsável pelo sabor característico da planta.

O anis ainda contém cetonas e hidrocarbonetos terpênicos. Foi identificado entre os extratos fixos 30% de óleo fixo, proteínas, carboidratos, glicosídeos, ácido málico, ácido cafeico e clorogênico, flavonoides e esteroides, além de considerável quantidade de acetilcolina e seu precursor, a colina. Essa planta é muito usada nas preparações caseiras como medicamento comum, mas precisa-se ter cautela não só na quantidade de usar, mas quem pode usar, porque na sua composição possui grande quantidade de cumarina, elemento proibido para pessoa que faz uso de anticoagulante à base de farfarina ou outros semelhantes.

## Ações

Carminativa, diurética, estomáquica, estimulante geral, atua contra cólicas, espasmos, disfunções estomacais, dispepsia, problemas cardíacos e nervosos, enxaquecas, palpitações e angina.

## Propriedades

Ensaios farmacológicos demonstraram que o extrato dos frutos e o óleo essencial são dotados de propriedade antifúngica, antiviral, repelente de insetos, expectorante e espasmolítica. Após a exposição do óleo sob a luz solar, aparece uma ação estrogênica, pela formação de dianetol, cuja estrutura é semelhante à do estilbestrol, e uma ação tóxica, devido à formação do isoanetol. O uso do chá das sementes do anis é internacionalmente aprovado como medicação simples, e indicado para tratar resfriados, tosses e bronquites; é carminativo, favorece as secreções salivares e gástricas e em consequência ativa o peristaltismo do sistema digestivo.

Essa planta é cultivada há séculos. Cerca de 1.500 a.C., os egípcios cultivavam a sua forma nativa em quantidade suficiente para produzir bebidas e medicamentos, e também como alimento a partir das folhas e sementes. Na Toscana, os romanos faziam um bolo chamado *mustaceus*, que era temperado com anis e com outras ervas digestivas, era servido como prato final nos festins, estabelecido como uma tradição. Os primeiros colonos que foram para a América do Norte levaram consigo a semente que foi cultivada em jardins de plantas medicinais pela seita religiosa americana dos *Shakers.*

## Indicações

Espasmos brônquicos, tosses rebeldes, bronquites, asma, cólicas em geral, problemas cardiovasculares, angina, acidez gástrica, náuseas, vômitos, enxaquecas de origem digestiva, dispepsia nervosa e dismenorreia. Não é aconselhado o uso exagerado da essência do anis, pois podem ocorrer efeitos tóxicos e, por sua vez, provocar embriaguez, confusão mental e tremores.

## Dosagens

Infuso: meia colher de chá das sementes por xícara de água fervente, após as refeições; pó: 0,20 a 2g por dia, em cápsula; tintura: 50 a 80 gotas ao dia; óleo essencial: 1 a 6 gotas em solução alcoólica por dia. Mas só o chá aconselhamos a tomar por conta própria. Os demais processos devem ser orientados por profissionais de saúde e preparados por farmácia de manipulação.

# Anis-estrelado

*Magnolaceae / Illicium verum*

## Características

Essa árvore perene, em estado nativo, pode chegar até 18m de altura, mas em cultivos procura-se manter a planta com um porte bem mais baixo (3 a 4m). Possui folhas largas e verdes, muito intensas. Produz pequenas flores amarelas e hermafroditas, muito perfumadas. O que mais caracteriza essa planta são os frutos em forma de estrela, composta por cápsulas que alojam sementes avermelhadas; no interior de cada "ponta" existe uma semente que contém um óleo aromático de perfume intenso.

Mas sua maior característica é que produz até 4.000 frutos por colheita, de coloração marrom. A história diz que ela é originária da Ásia Oriental e cultivada na China. Há também quem afirme que foi um navegador inglês que no fim do século XVI a levou para o oriente da Europa, e a utilizava como especiaria; e que no século XIX Lord Cavendish foi o primeiro a conhecê-la na China, e também foi quem a introduziu na Europa.

Nessa época foi muito usada na água do cozimento de frutos do mar, para evitar envenenamento causado por esses alimentos. Além da China, foi também encontrada no Vietnã. O anis-estrelado não é muito empregado no Brasil, provavelmente devido ao seu custo, ou por falta de informação, uma vez que ele não é ainda cultivado em nosso país, e tudo o que é importado torna-se de mais difícil uso. Mas na Europa é até hoje muito empregado pela indústria farmacêutica, de bebidas e perfumarias.

## Constituintes

Das sementes dessa árvore é extraído um óleo essencial medicinal, aromático de perfume e sabor bem fortes, produzido por destilação a vapor. Os frutos maduros e secos têm sabor acentuado bastante similar ao do anis-comum, só que pouco mais amargo, mas ambos contêm o mesmo óleo essencial, anetol. O anis é muito cultivado no sul da China e na região da Indochina. No Brasil foi introduzido por colonizadores, mas não ganhou importância nenhuma na época. Essa planta, por ser uma árvore de grandes raízes, prefere solos bem drenados, ricos em húmus. Tolera temperaturas mais baixas, entre 5 a 10°C, e em local de temperatura mais baixa e vento forte é necessário proteção com paredes.

Prefere ambientes bem iluminados, mas pode ser cultivado em local meio sombrio. Na China é muito cultivado para emprego na culinária e também para a extração de seu óleo essencial, que é utilizado na medicina chinesa. No Japão é cultivado ao redor de templos religiosos e cemitérios.

A multiplicação dessa árvore se dá por sementes, e não exige nenhuma técnica especial para dar a germinação; pode multiplicar-se também por estacas. Os cuidados para a sobrevivência dessa planta dependem das observações dadas anteriormente como, por exemplo, o clima.

## Ações

Antisséptica, aromática, expectorante, diurética, estimulante digestivo, espasmolítica, mucolítica, calmante; atua contra os gases intestinais; por ser relaxante, combate a insônia.

## Propriedades

Essa planta apenas existia, por muitos séculos, em quatro províncias chinesas, mas sua cultura generalizou-se no mundo ocidental. Quando chegou à Europa pelas mãos dos ingleses, era utilizada como especiaria. Mas foram conhecendo suas propriedades através de ensinamentos e estudos comprovados nas práticas caseiras, e através de seu óleo essencial utilizado hoje na medicina praticamente no mundo inteiro. É constituída de excelentes propriedades, como safrol, felandreno, terpinol e cineol. Também é rica em potente ácido antiviral, e carminativo que atua como vasodilatador, cardiotônico, antiespasmódico, antifúngico, estimulante das funções gástricas e intestinais.

Atua contra a bronquite, tosses, cansaços fáceis, problemas da bexiga, é anti-inflamatória, diurética, desintoxicante do fígado, alivia cólicas, náuseas e vômitos, problemas de garganta, relaxante do sistema nervoso, proporciona um sono tranquilo. Também temos uma forma de utilizar o vegetal, usando seus frutos com as sementes para mascar; para este fim colhem-se as frutas verdes, mas para extrair o óleo é necessário frutos sãos, maduros e secos. Suas folhas também são ricas em óleo essencial, é um poderoso remédio contra câimbras; com sua casca e o tronco preparam-se ótimos incensos.

## Indicações

Dispepsia, nervosismo, cólicas, gases intestinais, gripes e resfriados, problemas cardiovasculares e insônia.

## Dosagens

Pode ser usado como chá contra gripes (uma flor da planta, um envelope de camomila, uma colher de açúcar, queimar um pouco, colocar uma xícara de água, ferver uns 10 minutos, colocar uma colher de mel e tomar quente); melhora também a respiração, pode-se mastigar um pedacinho da flor, como de qualquer outra planta.

# Arnica

*Compositae / Arnica montana*

## Características

Planta herbácea, perene, aromática, com rizoma rastejante. Folhas ovais em forma de roseta lanceolada junto ao solo, deste ponto o caule continua por mais 10cm e termina em grossos capítulos florais. Flores amarelas semelhantes às da margarida. Essa planta cresce e se desenvolve nas pastagens alpinas, encontrada nas planícies, com caule coberto por uma lamugem fina. As populações das montanhas conhecem e apreciam essa planta desde os tempos mais remotos, por sua capacidade de curar todos os tipos de feridas dos montanheses. Motivo de ficar conhecida como arnica-das-montanhas.

Adaptam-se melhor em solos arenosos, levemente ácidos, com húmus e iluminação plena. Na França os anciãos montanheses fumam em cachimbo ou usam pulverizado aspirando como rapé, para curar tosses, catarros e asma dos idosos. Todavia, trata-se de uma planta venenosa se não souber usá-la. É necessário o máximo de cuidado na administração de medicamentos à base dessa erva; sempre é necessária a orientação de um profissional de saúde. O mais seguro é utilizar somente em uso externo, pois é um ótimo medicamento já comprovado; ou usar em homeopatia prescrita por médico homeopata.

## Constituintes

A arnica foi uma planta desconhecida dos naturalistas gregos e romanos da Antiguidade. Hipócrates, o pai da medicina (460-370 a.C.), ignora totalmente sua existência. O mesmo ocorre com outro consagrado clínico grego, Galeno (129-199). A razão da descoberta tardia dessa planta é simples: ela não cresce nos países do mediterrâneo, berço da civilização ocidental. Seu habitat natural são as regiões montanhosas do norte da Europa, motivo pelo qual sua permanência durou muitos séculos como segredo dos povos chamados bárbaros pelos romanos.

O primeiro escrito sobre os poderes curativos dessa planta apareceu na Alemanha do século XII com Santa Goettingen preconizando o emprego da arnica em ferimentos. No início do século XVIII a planta já estava consagrada pela medicina oficial e largamente empregada em toda a Europa. E continua a ser muito utilizada não só na Europa, mas em todo o mundo. Ela é utilizada principalmente em uso externo, em torções, contusões, distensões musculares e em acidente traumático.

São preparados, em laboratórios e farmácia de manipulação, cremes e pomadas para proteger e aliviar as dores de varizes e normalizar a circulação periférica, reduzindo também os edemas dos membros inferiores; é poderoso remédio contra o reumatismo, gota e problemas de coluna, não só aliviando a dor; mas, se fizer como um tratamento, poderá ficar sem o problema de dor por muito tempo ou até mesmo ficar curado para sempre.

## Ações

Antisséptico, anti-inflamatório, analgésico, tônico e estimulante do sistema nervoso, bloqueia a inflamação causada por traumatismo, incrementa a reabsorção e ação das células responsáveis pela destruição dos fragmentos de origem necrótica.

## Propriedades

Estudos revelam as importantes propriedades da arnica. Contém: um óleo essencial de 0,23 a 035% que possui ardinol, amisterina, um princípio amargo, flavonoides, isoquercitina, luteolina, glicosídeo, astragalina, taninos, resinas, cumarinas, carotenoides, insulina, arnicina e princípio tóxico alcaloide amicaina. As importantes propriedades das lactonas sesquiterpênicas e a dupla ação no núcleo alfa lactona de helenalina são responsáveis pela atividade alergizante.

Em muitas pessoas essa substância pode causar sensibilização na forma de dermatite de contato. Na atividade citotóxica ou antitumoral, assim como na antibiótica, também estaria a dupla ligação exocíclica, juntamente com a presença de um núcleo ciclopentano insaturado em alfa e beta que podem reagir com os radicais livres. Os triterpenos são espasmolíticos, no nível da musculatura lisa, principalmente na musculatura dos vasos que permitem as distensões dos tecidos sujeitos a inflamações.

Os flavonoides potencializam a atividade dos terpenos estabilizando a membrana celular, e a propriedade anti-inflamatória e analgésica da arnica se explica pela diminuição da atividade enzimática no processo inflamatório, o fitocomplexo bloqueia a inflamação do exsudato e incrementa a reabsorção e a ação das células responsáveis pela destruição dos fragmentos biológicos de origem necrótica.

## Indicações

Uso interno: deve ser usado como homeopatia sob prescrição médica por ela ser uma planta tóxica, apesar de em tempos remotos ter sido conhecida e utilizada como planta curativa, contra doenças das vias urinárias, paralisia, coqueluche, disenteria e reumatismo.

Uso externo: É um ótimo remédio contra dores reumáticas, machucaduras, traumatismos, contusões, distensões musculares, furúnculo, feridas e afecções bucais.

Como fitocosmético: o uso do chá estimula o crescimento capilar e combate o excesso de oleosidade dos cabelos.

## Dosagens

Apenas uso externo. Infuso: 20g de flores em um litro de água (usar em forma de gargarejo e banho). Tintura: 20g de flores em 100ml de álcool por 24h, diluir em 500ml de água, aplicar sobre a contusão. Cataplasma: ferver um punhado de flores e aplicar sobre a região atingida. Fitocosmético: usa-se em xampus, loções capilares, sabonetes, géis, e extrato glicólico de 2% a 10%, além de pomadas e unguentos. De preferência todos preparados em farmácia de manipulação.

# Babosa

*Asphodelaceae / Aloe vera*

## Características

Planta herbácea com até 1m de altura. Suas folhas são grossas, carnosas e suculentas, dispostas em rosetas e presas a um caule muito curto. Quando cortadas deixam escoar um suco viscoso, amarelado e muito amargo. Essa planta pertence à família das liliáceas. O gênero aloe abrange mais de duzentas espécies, que crescem no deserto e em regiões subtropicais da África, América, Ásia e Europa. As principais variedades da aloe que conhecemos são nativas do deserto da África, que agora crescem em todo o mundo.

Seu nome provém do hebraico *ala*, ou do arábico *alex*, que significa substância amarga brilhante. *Vera* vem do latim, e significa verdadeira. A babosa ainda hoje continua entre os eleitos das empresas de cosméticos, para fabricar cremes faciais, para as mãos, loções bronzeadoras, xampus etc. A babosa das ilhas de Socokorá, no Oceano Índico, produz uma bela tinta de cor violeta. *Aloe vera* é uma planta de uso tradicional mais antigo que se conhece, inclusive pelos judeus que costumavam envolver os seus mortos em lençóis embebidos no sumo de *Aloe vera* para retardar a putrefação.

Os essênios herdaram a *Aloe vera* dos egípcios, e continuaram a cultivar essa planta perto do Mar Morto. Os essênios comiam alimentos crus vivos, fundiam metais, faziam experiências químicas e consumiam *Aloe vera* como principal suplemento que cultivavam, em solo enriquecido com sal, extraído do Mar Morto. O historiador romano Flávio Josefo registrou que os essênios com frequência viviam até 125 anos em uma época que a média de vida era de 39 anos.

## Constituintes

*Aloe vera* é uma planta rica de antioxidantes vitamínicos, em especial as vitaminas C e B12, com poder curativo, desintoxicante, cicatrizante, regenerador celular, com ação antimicrobiana sobre bactérias e fungos, acelera o crescimento de novas células. A vitamina C é responsável pelo fortalecimento do sistema imunológico e pela tonicidade dos capilares, atuando como estimulante da circulação, melhorando o funcionamento do sistema cardiocirculatório e repõe os níveis de potássio; melhora e estimula o fígado e os rins, que são os principais órgãos de desintoxicação, eliminando as toxinas no nível celular; atua sobre as mucosas protegendo e prevenindo úlceras gástricas.

Análise fitoquímica de suas folhas revelou a presença de compostos antraquinônicos, a aloinax, uma mucilagem constituída de polissacarídeos de natureza complexa, chamada de aloeferon e semelhante à arabinagalactona. Contém grande quantidade de enzimas digestivas necessárias para o metabolismo dos carboidratos, gorduras e proteínas no organismo. Ela reidrata profundamente as três camadas de pele, restitui líquidos perdidos, tanto naturalmente como por deficiência de equilíbrio ou danos externos. Repara os tecidos de dentro para fora nas queimaduras de fogo ou de sol, fissuras, cortes, esfolados, perda de tecido de qualquer natureza.

## Ações

A ação nutritiva da *Aloe vera* em partes é determinada por conter 18 dos 23 aminoácidos componentes das proteínas que o organismo necessita para formação de células e tecidos. Além disso, contém enzimas necessárias para o processamento dos carboidratos, gorduras e proteínas no estômago e intestino; contém uma grande variedade de vitaminas, como a B1, B5, B12 e C, e os minerais cálcio, fósforo, cobre, manganês, magnésio, sódio e potássio.

Uma observação: pessoas que fazem uso de anticoagulante não podem tomar nada que contenha a babosa, porque o cálcio e o potássio provocam a formação de uma rede de fibras que retém eritrócitos no sangue, ajudando a coagulação imediata. Seu princípio ativo chamado de aloína contida na mucilagem que ocorre nas folhas recentemente cortadas é um composto químico de natureza antraquinônica de ação purgativa que dá ao sumo uma cor amarelada chamada de aloeferon.

## Propriedades

A babosa possui propriedade cicatrizante e antimicrobiana sobre bactérias e fungos, atua nas mucosas digestivas protegendo-as e prevenindo úlceras gástricas. Análise fotoquímica de suas folhas revelou a presença de compostos antraquinônicos, as alpinas, uma mucilagem constituída de um polissacarídeo complexo de ação cicatrizante, o aloeferon, semelhante à arabinagalactona, graças também à presença da vitamina C, necessária para estimular e melhorar a circulação e o bom funcionamento do aparelho cardiovascular.

Uma vez que essa vitamina não é produzida pelo organismo, temos que buscá-la externamente. Médicos da Universidade do Texas asseguram que a *Aloe vera* é uma arma contra o câncer do futuro. O Dr. Danhof acrescenta que essa planta pode apressar a cura de ossos quebrados, estimulando a formação de cálcio e potássio, dois minerais essenciais para o correto desenvolvimento dos ossos, assim como pode regenerar os tecidos da pele oito vezes mais rápido do que o habitual, como antibiótico, antisséptico e bactericida natural. Assegura também que essa planta evita que o sistema imunológico danifique a pele e os tecidos, pois possui um poder desintoxicante, regenerador e assimilador do potássio, melhorando e estimulando o fígado e os rins. *Aloe vera* pode resolver ampla variedade de infecções, inclusive as produzidas por fungos.

## Indicações

Laxante purificador, ótimo contra a constipação intestinal crônica, afecções biliares, icterícia, febre, ulceração causada por frio, acne, psoríase, coceiras, eczemas, dor de cabeça, bronquite, tuberculose pulmonar, problemas gástricos como gastrite e úlceras gastrointestinais e aumenta o fluxo menstrual; atua nos casos de varizes, hemorroidas, afecções renais, enterocolites, prostatite, cistite e disenterias. Mas seu uso interno prolongado pode provocar hipocalcemia, diminuir a sensibilidade do intestino, causar irritação dérmica ocular, e em caso de intoxicação aguda pode levar à morte.

É contraindicado o uso interno durante a gravidez, lactação, por provocar estímulos e contrações internas, podendo causar efeito laxativo no bebê pelo leite materno. Seu uso externo é muito mais seguro, por sua eficiência, como cicatrizante, nos ferimentos superficiais da pele, com aplicações locais do sumo fresco diretamente na parte afetada. É um remédio poderoso nas queimaduras tanto de fogo como de sol. Usando diretamente no local, abre-se a folha e derrama-se o gel sobre o ferimento.

Como fitocosmético seu uso é maravilhoso preparado em laboratório. Temos os xampus que fortalecem o couro cabeludo, para cabelos secos, ótimo contra caspa, temos cremes, loções faciais, máscaras de beleza, bronzeadores, protetor solar para o rosto e corpo, creme para as mãos, protetor dos olhos e lábios, produtos infantis para pele sensível e delicada, até 30% de gel fresco. Na forma de pó usa-se como talco e sais de banho, sabonetes e detergentes.

## Dosagens

Preparado em farmácia de manipulação. Pó: 0,002 a 0,06g como estomáquico e colagogo, 0,3g como purgativo. Extrato seco: 0,15g por dose como laxante. Tintura: 20 gotas 15 minutos antes das refeições como estomáquico. (Atenção: tudo que está neste livro são apenas pesquisas feitas de obras com credibilidade. Não receito nem aconselho ninguém utilizar de forma interna, principalmente essa planta, sem o aval de um profissional, de preferência de um médico. É uma planta maravilhosa para uso externo, que pode ser utilizada sem medo. Mas é só o que posso dizer.)

# Berinjela

*Solanaceae / Solanum melangena*

## Características

Planta arbustiva anual de quase 1m de altura. Suas folhas possuem excelente emoliente e remédio, preparada como cataplasma em queimaduras e abscessos, seu suco é diurético, calmante e sedativo. É uma hortaliça originária da Índia e da China. Cultivada na Ásia desde a Antiguidade, foi introduzida na Europa pelos árabes através da Península Ibérica. Apesar de pouco consumida no Brasil, é apreciada no mundo inteiro.

É rica em proteínas, mas pobre em vitaminas e sais minerais. A berinjela é um alimento antioxidante, alcalinizante, remineralizante, diurético, laxante suave, calmante e depurativo do sangue. Historicamente acredita-se que os padres carmelitas foram os primeiros a experimentá-la em seus conventos; e encantados com seu sabor e propriedades passaram a divulgar a sua utilização, tornando-a mundialmente famosa.

Essa planta é de clima tropical ou subtropical, desenvolvendo-se melhor em temperatura entre 8 a 25°C. Prefere solos arenosos não argilosos, bem drenados, com bastante material orgânico. Seus frutos e sementes possuem atividade estimulante e cardiotérmica. Dependendo da dosagem deve-se ter cuidado no uso simultâneo com remédios e a fruta. Seu suco deve ser preparado e ingerido imediatamente, porque perde suas propriedades com rapidez.

## Constituintes

Segundo alguns historiadores, o cultivo da berinjela começou com a planta ornamental na Índia a cerca de 4.000 anos, tendo chegado à Europa no século XIII através dos árabes da Península Ibérica, que eram e ainda são grandes apreciadores desse fruto. Ainda não se sabe o princípio ativo responsável pela redução das taxas de colesterol, mas os cientistas suspeitam de um alcaloide que existe nessa fruta. Seus constituintes são: flavonoides, lipídios, goma, fibra, mucilagem, ácido graxo, solamargina, solasonina, saponina, hidrólise de beta-sitosterol. Nessa planta, tanto as frutas quanto as folhas são excelentes, mas devemos usar com parcimônia; usar como alimento, e não esquecer o tratamento médico.

É uma fruta de excelente qualidade, deve ser empregada na dieta para tratamentos de diversas patologias. Exemplo: doenças do coração, circulação em geral, problemas dos rins, bexiga, uretra, anemia, baço, estômago, fígado, intestino, reumatismo, gota, artrite, hemorragias e inflamações gerais da pele. É ótima para reduzir a ação das gorduras no fígado e auxilia nas afecções hepáticas e digestivas. Outra recomendação: a berinjela só proporciona os efeitos benéficos se ingerida crua, como suco preparado e bebido na hora, duas a três vezes ao dia, ou uma só como prevenção. Pode ser ralada e misturada no alimento, uma vez ao dia; duas colheres de sopa.

### Ações

Diurética, colerética, colagoga, estimulante do apetite, carminativa e estomáquica.

### Propriedades

Antioxidante, carminativa, diurética, hiperlipidêmica, antidiabética, aumenta a degradação das gorduras do sangue e do fígado, cardiotônica natural, acelera o metabolismo das gorduras em geral, previne a aterosclerose, artrite reumática, gota, triglicerídeos anormais. Essa fruta tem a vantagem de economia, pois ela pode ser guardada até cinco dias na gaveta da geladeira. Ao comprar a fruta, escolha as de maior valor nutritivo que são exatamente aquelas de coloração roxa, que possuem mais elementos antioxidantes; deve ter a casca lisa e firme.

Além da sua ampla aplicação na alimentação, ela vem sendo estudada com enorme interesse na qualidade de alimento funcional. Tais estudos já permitiram descobrir que antiocianina é o pigmento responsável pela cor preto-azulada ou vermelha da casca da fruta. Tem ação direta na redução do colesterol LDL, além de atuar com segurança contra as infecções do sistema urinário; controla a glicose e triglicerídeo no sangue, isto porque a fruta impede que o organismo guarde gordura, atuando diretamente na bile que é produzida no fígado.

## Indicações

Na falta de apetite, artrose, reumatismo, problemas de estômago, fígado, rins, bexiga e coração.

## Dosagens

Tomar dois a três copos de suco ao dia como medicamento ou como prevenção; nesse caso não adianta usar cozida, pois não tem valor medicinal. Pode ser usada ralada crua, duas colheres de sopa junto com o almoço.

# Bodelha

*Fucaceae / Fucus versiculosus*

## Características

O fucus é uma espécie de macroalga castanha, com distribuição natural nas costas das regiões temperadas e frias dos oceanos Pacífico e Atlântico, incluindo o oeste do Mar Báltico. As frondes de fucus apresentam uma nervura central proeminente e vesícula de gás (aerocistos ou pneumatocistos), quase esféricos, geralmente em pares distribuídos de forma simétrica em relação à nervura do talo. Os aerocistos estão em geral ausentes nas algas jovens. A margem do talo é lisa e a fronde apresenta uma clara ramificação dicotônica. O fucus pertence a um grupo de algas multicelulares, fundamentalmente marinhas, e a sua cor castanho-amarelada deriva do pigmento fucoxantina.

Em relação a sua morfologia, apresenta-se como um talo plano e ramificado com pequenas dilatações cheias de ar (aerocistos) que asseguram a flutuação do talo. Na época de reprodução a extremidade distal dos talos fica intumescida. Nessas extremidades férteis, crivadas de orifícios minúsculos, é produzida uma geleia de coloração alaranjada ou verde-escura. O fucus é uma alga diólica. Os gametas são geralmente libertados para a água em situação de fraca ondulação; quando as correntes são fracas junto à costa, são simultaneamente produzidos e liberados ogônios e anterídios que são fertilizados externamente para produzir zigoto.

## Constituintes

O fucus é uma alga que por sua riqueza em elementos que absorve de seu meio natural, que são transferidos para o organismo humano, é usado como complemento de dietas, reduzindo o peso, aumentando a capacidade do corpo de queimar gorduras. Contém componentes importantes que atuam na função da tireoide, auxiliam no tratamento das doenças reumáticas e articulares. A partir do extrato dessa alga, em 1811 foi descoberto o elemento químico iodo, razão pela qual foi extensivamente usada em tratamento para cura do bócio, uma hipertrofia da glândula tireoide relacionada com uma crônica deficiência metabólica em iodo.

A partir de 1860 foi defendido em todos os países que o fucus era um estimulante da tireoide, e que poderia combater a obesidade principalmente de origem por hipotireoidismo, pois o iodo eleva a taxa metabólica. No Japão é usado como aditivo aromático e na Europa como suplemento alimentar. Mas vai uma resalva sobre o uso dessa maravilhosa alga: nunca faça uso sem uma orientação médica, com exames de laboratório, observando as taxas de hormônio (tireoideo). Há casos em que a pessoa pode ter tendência ao hipertireoidismo, e usar sem orientação pode ser perigoso pela alta taxa de iodo que essa alga contém.

## Ações

Sua maior ação é de atuar diretamente sobre a parte hormonal endócrina, motivo pelo qual não podemos descuidar da glândula tireoide, pois ela é a mola mestra de nosso corpo. O fucus também atua muito em nossa circulação periférica, dá proteção às veias, artérias e capilares, e elimina o edema dos membros inferiores.

## Propriedades

Essa alga é considerada medicinal, por conter substâncias bioativas com propriedades terapêuticas e profiláticas. Conhecida desde os tempos remotos e utilizada pela medicina alopática mediante o isolamento das substâncias que lhe conferem propriedades curativas com seu princípio ativo; exemplo: o iodo é matéria-prima para produção dos hormônios da tireoide, indispensáveis para a manutenção do metabolismo que regulariza ativando a produção do hormônio tireotrofina que acelera o metabolismo da glicose e dos ácidos graxos. Os diversos minerais existentes nessa alga ajudam a normalizar diversas etapas do metabolismo e ajudam o intestino a funcionar melhor.

O fucus é constituído de fucordina, iodo, ácido algínico, bromo, óleo essencial, lipídio, ácidos graxos livres, mucilagens, pectina, manitol, algina, zeaxantina, óleos voláteis, cloretos, potássio, ferro, fósforo, betacaroteno, florotânico e polissacarídeos. Todos esses elementos fazem parte da estrutura das paredes celulares dessa alga, e que em presença de determinado mineral como o cálcio ou em meio ácido como o estômago formam um gel, conhecido como alginato, que além de ajudar a proteger as mucosas da ação dos ácidos, ainda produz uma sensação de plenitude gástrica que ajuda diminuir a quantidade de alimentos que se costuma ingerir.

## Indicações

Hipotireoidismo, varizes, edema nos membros inferiores, constipação intestinal, obesidade, gases intestinais; queima as gorduras localizadas.

## Dosagens

O melhor meio de uso é preparado em farmácia de manipulação: 500mg uma ou duas vezes ao dia, antes das refeições. Mas só sob orientação do profissional de saúde.

# Boldo-do-chile

*Monimiaceae / Pneumus boldus*

## Características

Planta herbácea ou subarbustiva, fortemente aromática e pouco ramificada, altura de mais ou menos 1m. Folhas simples, verde-acinzentadas, ovais ou elípticas, cobertas por pelos verrugosos que as tornam ásperas. Desagradável ao tato, com cinco a 8cm de comprimento, sabor amargo, flexível (mesmo quando seca). Flores azuis, dispostas em inflorescência racemosa, apicais. Originária da Índia, cultivada nos Andes Chilenos, e trazida para o Brasil no período colonial.

Hoje é cultivado e usado em todos os estados do Brasil. Suas folhas se encontram em qualquer casa de ervas. Atua na cura das afecções do fígado, vesícula biliar, estômago, em todo o sistema digestivo e intestinal, é tônico e estimulante, ativa a secreção salivar e do suco gástrico. É utilizado nos casos de dispepsias, gases e constipações intestinais. O extrato das folhas apresenta acentuada atividade colerética e colagoga, que tem sido ótima contra a hepatite crônica.

## Constituintes

Possui um óleo volátil de até 2% constituído por eucaliptol, ascaridol, cineol, eugenol, alfa-pineno, alcaloides, entre eles a boldina, mais vinte outros alcaloides derivados da aporfina, tanino, gomas, terpenos, glicosídeo flavônicos (peumoside e boldoside). Essa planta foi estudada pela primeira vez na Europa no ano de 1869, pelo médico francês Dujardin Baumrez. Sua ação protetora sobre as células hepáticas é demonstrada por agentes químicos *in vitro*, pela diminuição dos danos causados à membrana celular.

Mas o boldo é contraindicado para uso contínuo prolongado, devido à ação plaquetária que pode interagir com a varfarina que pode potencializar drogas hepatóxicas. Pessoas que fazem uso de anticoagulante à base de varfarina (ou outro qualquer) não devem fazer uso desse chá. Essa planta contém ascaridol, que em altas doses pode causar problemas nefróticos. Use só quando necessário. Temos que ter muito cuidado com o uso de plantas que podem ser ótimas para muitos, mas serem prejudiciais para outros. Nunca use em forma demasiada nenhum chá.

## Ações

Possui ação colerética, colagoga, apresenta acentuada atividade espasmolítica, é um tônico estimulante digestivo, excitante das funções do fígado e atua contra a hepatite.

## Propriedades

Sua análise fotoquímica registra a presença de um óleo essencial, rico em guaieno e fuchona, substâncias responsáveis pelo seu aroma, e alguns constituintes fixos de natureza terpênica como a barbatusina, e outros compostos como terpenoides e esteroides. O extrato aquoso de suas folhas mostrou ação hipossecretora gástrica, diminuindo o volume do suco gástrico com a sua acidez. Seu extrato apresenta acentuada atividade colerética e colagoga, mostrando-se excelente na hepatite crônica ou aguda. A boldina é um elemento que produz um aumento gradual no fluxo da bile, assim como um aumento dos sólidos totais da bile excretada.

Sua ação colerética é derivada dos flavonoides. Os glicosídeos flavônicos e a mistura de suas agliconas obtidas por hidrólise apresentam acentuada atividade espasmolítica, antidispéptica e antiúlcera. Ativa os canais de cálcio, com efeitos cardiotônicos e relaxantes da musculatura lisa; possui ação protetora sobre os hepatóxitos e emulsiona as gorduras do fígado e do sistema digestório em geral, dispepsia, azia, mal-estar gástrico e ressaca.

### Indicações

Auxilia na cura da dispepsia, na hiperacidez gástrica, inapetência, digestão difícil, cólicas e gases intestinais, fraqueza orgânica, ajuda no tratamento da gonorreia, na gota e na litíase renal.

### Dosagens

Infuso: 2g de folhas por xícara de água fervente (usar só quando necessário).

# Borragem

*Boragenaceae / Borrago*

## Características

Planta herbácea, anual, sedosa, híspida, completamente coberta por pelagem, dura e esbranquiçada, com até 90cm de altura. Folhas grossas, rugosas, alternas, sendo as inferiores grandes, oblongas, elípticas e contraídas em pecíolo comprido, e as superiores são pequenas. Flores grandes com escamas brancas e antenas violáceo-escuras, dispostas em cimeras escorpioides terminais.

O fruto é um tetraquênio ovoide com um anel lacilar enrugado, contendo sementes pretas e duras. Na medicina tradicional usam-se as folhas e flores que podem ser de qualquer cor. Originária do sul da Europa e do norte da África é cultivada hoje no mundo inteiro, inclusive no Brasil. Na Europa é empregada como revigorante energético, e disseminada em outras áreas do Oriente Médio.

Seu uso medicinal data da Idade Média, quando se acreditava que a planta exercia um efeito mágico sobre o corpo e a mente. Hoje seu uso é mais conhecido através do óleo que é extraído das sementes, e é usado em problemas cutâneos, tanto por aplicação tópica como por ingestão. É indicado o uso de chá; mas, por suas folhas possuírem pelos, é necessário passá-lo por um processo de filtragem.

## Constituintes

Essa planta é constituída por grande quantidade de mucilagem, nitrato de potássio, matéria resinosa, taninos e ácido salicílico. A atividade antioxidante da borragem foi atribuída ao ácido rosmarínico, ao ácido linoleico, e o ácido graxo com 18 carbonos. Considerado um nutriente essencial porque só é obtido através da dieta. A enzima d-6 desnatura-se e converte o ácido linoleico em ácido gama-linoleico, a enzima taxa-limitante desta cadeia de reações.

As folhas e flores têm um cheiro agradável e gosto saboroso. Podem ser usadas em salada, sopa ou como tempero. Também podem ser maceradas em vinho de uva ou de maçã, deixando por uma hora, e após coar pode ser utilizada no preparo de bebidas quentes ou frias; pode ser temperada com açúcar e limão. As folhas podem ser usadas para confeitar pratos finos e saladas. Na Alemanha e no norte da Espanha utilizam-se como legumes.

Seu cultivo é feito principalmente para produção de sementes que devem ser semeadas de preferência no local definitivo, pois as mudas geralmente não suportam bem o transplante. Por sua ação emoliente, depurativa e sudorífera, essa erva é muito procurada por coletores de ervas medicinais, que utilizam suas sumidades floridas e as folhas, que são secadas à sombra, bem ventiladas e preparadas para a venda em lojas de produtos naturais e fitoterápicos.

## Ações

Diaforética, expectorante, tônica, anti-inflamatória, galatógaga, diurética, emoliente, adstringente; seu óleo é preventivo de certas deficiências nutricionais.

## Propriedades

Suas propriedades são precursores naturais dos hormônios das glândulas adrenais; estimula a ação do sistema endócrino e as funções sanguíneas, regularizando as trocas celulares acalmando o sistema nervoso. Possui ação como agente restaurador do córtex adrenal, principalmente após tratamento com medicamentos esteroides e cortisona. Pode ser usada como tônico para a glândula adrenal por longos períodos, purifica e elimina as toxinas da pele, sendo considerada um diurético suave.

Atua como anti-inflamatório nas afecções renais, entre outras. Essa planta pode ser usada para aliviar e até auxiliar na cura de doenças como nefrite, pielites, cistite, reumatismo, gota, resfriados, sarampo, escarlatina, icterícia, colecistite, debilidade cardíaca, abcessos, tumores, queimaduras, icterícia, congestão do fígado, eczemas, hipocondria, urticária. Elimina a inflamação das vias urinárias em geral e da traqueia, atua na obesidade resultante de disfunção do metabolismo.

Sua maior porcentagem de mucilagem é contida nas flores, assim como o açúcar, ácido orgânico, vitamina C, ácido silícico solúvel e tanino. No caule e folhas estão os óleos essenciais e nitrato de potássio, diversos sais minerais, saponina, matéria resinosa, alcaloides: boldina, isoboldina, isocoridina. O extrato das sementes contém os ácidos: palmítico, palmitoleico, esteárico, oleico, linoleico, alfa-linolênico, gama-linolênico e eicosenoico.

## Indicações

Afecções das vias respiratórias, tosses, problemas pulmonares, oliguria, reumatismo, nefrites, problemas das vias urinárias, edemas, problemas de fígado, vesícula biliar, cirrose hepática, febres, palpitação nervosa, depressão, convalescença, hiperatividade infantil, eczemas, psoríase, envelhecimento precoce.

## Dosagens

Infuso: 20 a 30g de folhas e caule em um litro de água fervente, abafar por 10 minutos (tomar até três xícaras ao dia). Flores: uma colher de sopa para uma xícara de água fervente (tomar três vezes ao dia), contra bronquite, pneumonia e problemas de pele. Extrato fluido, extrato aquoso e óleo, só preparado em farmácia e com orientação do profissional de saúde. Uso externo: folhas e flores em cataplasma, contra erupções e inflamações. Fitocosméticos: xampus para cabelos secos, óleo, cremes, sabonetes e loções para a pele.

# Cacau

*Malvaceae / Theobrama cacao*

## Características

Árvore de pequeno porte, de até 6m de altura, de copa globosa e baixa. Folhas simples, coriáceas, de até 24cm de comprimento. Flores inseridas no tronco e nos ramos, principalmente nas axilas das folhas caducas. Os frutos são cápsulas brancas, indeiscentes, medindo até 25cm de comprimento, de cor amarela ou vinácea, contendo de 20 a 40 sementes ovoides embebidas numa polpa adocicada e levemente aromáticas. Nativa das florestas tropicais das Américas Central e do Sul, incluindo a Amazônia brasileira. No Brasil é cultivado principalmente em Rondônia e na Bahia.

Em 1753, Lineu, um cientista sueco do século XVIII, encontrou uma semente (amêndoa) proveniente de uma árvore da floresta americana, e achando-a tão importante que ele mesmo deu o nome ao gênero e à espécie desta planta de *Theobroma cacao*. Esse nome quer dizer "cacau alimento dos deuses". Todo chocolate é feito da semente do cacau, sendo um alimento puro, saudável e medicinal. É assim que deveríamos utilizá-lo no cotidiano, sem acréscimo de açúcar, leite ou aditivos químicos, pois isso o transforma em uma mistura de gordura com açúcar, aromatizantes, leite e outros constituintes.

## Constituintes

O cacau é constituído de alto valor antioxidante. Os benefícios minerais, as atividades rejuvenescedoras dos neurotransmissores de maneira geral, toda a capacidade de proporcionar saúde, são encontrados originalmente no cacau; só ele é o chocolate puro sem precisar de misturas. Não existe época de colheita de cacau. O cacaueiro floresce e produz fruto o ano inteiro, suas flores brotam no caule com cinco pétalas levemente perfumadas. Cada fruto leva de 5 a 6 meses para amadurecer e normalmente cresce de 18 a 20cm de comprimento e contém até 50 sementes semelhantes. As árvores jovens podem dar frutos entre 3 a 5 anos.

Os resultados das análises fitoquímicas e bromatológicas registram para as sementes preparadas: além de até 57% de gordura, 1,3% de teobramina e menos de 1% de cafeína. Na sua constituição ainda encontram-se: esteróis, substâncias proteicas, vitamina do complexo B, traços de vitamina D2, açúcar, aminas, epicatequinas, flavonoides, procianidinas que oxidadas dão sua cor característica. A gordura conhecida como manteiga de cacau é constituída principalmente dos glicerídeos, ácido esteárico, ácido palmítico, mirístico, oleico e linoleico.

## Ações

Alimento energético em sobremesa e bebida quente para dar mais resistência ao frio. De sua polpa fresca prepara-se o suco e o sorvete, da semente obtém-se o cacau, produto utilizado para a fabricação do chocolate. A semente livre da polpa segue à secagem e leve tostação, desenvolvendo aroma e cor característicos do produto.

## Propriedades

O cacau possui em suas propriedades potente antioxidante, anticancerígeno, que melhora a cognição das pessoas, melhora o fluxo sanguíneo cardiovascular, eleva a concentração do colesterol HDL que protege o coração. Vários estudos demonstraram que o cacau é rico em flavonoides; com ele aumenta o fluxo sanguíneo, mantendo a saúde vascular cerebral na matéria cinzenta do idoso. Previne acidente vascular cerebral aumentando a oxigenação do sangue, prevenindo ou até mesmo auxiliando na cura da demência senil. Mas este benefício não se restringe só ao idoso, mas desde a infância.

Devemos procurar fazer uma alimentação sadia desse produto, que previne os danos oxidativos do colesterol LDL alterando ótima mudança na resposta vascular. O cacau promove aumento da capacidade antioxidante do plasma, reduzindo a reativação plaquetária. Os polifenóis do cacau possuem uma atividade varredora de radicais livres (RL), inibem a atividade de xantina-oxidase e do anion superóxido induzido em células leucêmicas; diminui significativamente problemas de pele, bem como estados pró-inflamatórios e pró-oxidantes relacionados à promoção de tumores.

## Indicações

Anemia, nefrite, desnutrição, debilidade orgânica, estresse, problemas cardiovasculares e todos os problemas cerebrais, deficiência de memória, insônia, desânimo e depressão, combate a fadiga, aumenta a resistência física. Tomando uma xícara dessa bebida, um homem caminha um dia inteiro sem precisar alimentar-se.

## Dosagens

Para anemia e nefrite, usar dois copos de sucos de cacau ao dia, pelo tempo que for necessário. Na debilidade orgânica e desnutrição, usar uma xícara de leite quente, duas colheres de sopa de aveia e duas colheres de sopa de cacau em pó, adoçar com mel e comer uma vez ao dia.

# Camomila

*Asteraceae / Matricaria*

## Características

Planta herbácea, anual, aromática, ramificada, com 60cm de altura. Folhas pinatissectas irregulares, recortadas. Flores reunidas em capítulos compactos agrupados em corimbos, assemelham-se a pequenas margaridas, com as flores centrais amarelas. Fruto do tipo aquênio cilíndrico. Nativa dos campos da Europa e aclimatada em algumas regiões da Ásia e dos países latino-americanos, é amplamente cultivada em quase todo o mundo, inclusive em todos os estados do Sul e Sudeste do Brasil.

A parte usada para fins terapêuticos são as partes florais secas ao ar livre e conservadas ao abrigo da luz. A camomila é um dos remédios mais apreciados há séculos, dadas as suas propriedades medicinais. O chá das folhas é calmante, tônico, ótimo contra a indigestão, dores do sistema digestivo e intestinal, facilita a digestão, acalma o sistema nervoso. Tomando o chá quente à noite com mel, alivia o resfriado e a tosse, proporcionando um sono tranquilo.

## Constituintes

Compostos de luteolina, cadineno, taninos, colina, inositol, cinarina, mucilagem, terpenos, cumarinas, óleo essencial, motricina, glucosil, ácidos orgânicos como o ácido antêmico e antesterol, ácidos graxos, ácido tânico, ácido salicílico, ácido propriônico, ácido cítrico e clorogênico, pró-camazureno, óleos voláteis, vitaminas A, B1 e C, aminoácidos, e sais minerais com alta taxa como: cálcio, ferro, magnésio, potássio, manganês e substâncias amargas. A camomila é uma das plantas de uso mais antigo pela medicina tradicional europeia. Hoje incluída como oficial nas farmacopeias de quase todos os países.

Sua ação emenagoga foi descoberta empiricamente na Grécia antiga e comprovada cientificamente. É usada tanto na medicina científica como na popular, na forma de infuso e decoto, como tônico amargo, digestivo, sedativo, facilita a eliminação de gases, combate cólicas, estimula o apetite. O óleo essencial é empregado em pomadas e cremes preparados em farmácias de manipulação para uso externo, promove cicatrização da pele, alivia a inflamação, atua no tratamento do herpes.

## Ações

Antiespasmódica, anti-inflamatória, antiflogística, calmante, carminativa, cicatrizante, emoliente, tônica, refrescante, antisséptica, vulnerária, analgésica, antibacteriana, antidiarreica.

## Propriedades

As propriedades da camomila são determinadas pelos princípios ativos lipofílicos e hidrofílicos, o extrato aquoso possui atividade espasmolítica, enquanto o extrato alcoólico possui atividade antiflogística. O camazuleno reforçado pela presença de matricina e alfa-bisabolol possui ótima atividade anti-inflamatória. É bactericida, antimicótica, antiflogística, e age como protetora da mucosa gástrica contra úlceras; os flavonoides e cumarinas inibem o crescimento de microrganismos; sua atividade espasmolítica equivale à da papaverina. A colina apresenta propriedade antiflogística.

As mucilagens retêm água, levando a uma ação emoliente e protetora de peles secas delicadas, pela formação de uma fina película sobre a pele. O principal responsável pela coloração é a apigenina, flavonoides que se completam com sais metálicos naturais, cálcio e alumínio. Esses complexos em condições ideais de pH e forças iônicas fixam-se nas fibras queratínicas. Os flavonoides não são apenas absorvidos pela superfície da pele após a aplicação cutânea, eles penetram nas camadas mais profundas da pele, o que se torna muito importante para seu uso como antiflogístico.

A vitamina A (betacaroteno) como suplemento evita a cegueira e aumenta a imunidade, auxilia na cura das úlceras gástricas; a vitamina B1 (tiamina) melhora a circulação e ajuda a produção de ácido clorídrico e o metabolismo de carboidrato. A vitamina C é um antioxidante necessário ao crescimento e regeneração dos tecidos e funcionamento das glândulas suprarrenais, protege contra coágulos e hematomas. O cálcio é vital na formação dos ossos e importante na manutenção dos batimentos cardíacos regulares e transmissão de impulsos nervosos.

O ferro possui função importante na produção de hemoglobina e oxigenação das hemácias. O magnésio é vital na atividade das enzimas e auxilia na absorção do cálcio e do potássio; sua deficiência interfere na transmissão de impulsos nervosos e musculares. O potássio ajuda a evitar o infarto do miocárdio, atua com o sódio na contração e batimentos cardíacos adequados. O manganês, em quantidade ínfima mas necessária para o metabolismo de proteínas e lipídeos, atua no sistema imunológico normalizando os níveis de açúcar no sangue; essencial contra anemias.

## Indicações

Sistema digestivo, dor de cabeça, nervosismo, dores de ouvido, cólicas de qualquer natureza. Reconstitui a flora bacteriana normal; nevralgia facial, afecções catarrais, dispepsia, convulsões e retenção de gases.

## Dosagens

Uma colher de sopa das flores em uma xícara de água fervente junto ou após as refeições, ou quando for necessário, duas a três vezes ao dia.

# Camu-camu

*Mirtaceae / Myrciaria dúbia*

## Características

Arbusto de pequeno porte, pode atingir até 3m de altura, caule com casca lisa. Folhas simples avermelhadas, quando jovens são verdes; posteriormente, lisas e brilhantes. Flores brancas aromáticas, aglomeradas em grupos de três a quatro. Frutos arredondados de coloração avermelhada quando jovens são roxo-escuros, quando maduros, semelhantes à jabuticaba. Polpa aquosa envolvendo a semente de cor esverdeada. Nativo das regiões pantanosas e alagadas da Amazônia Central, nas margens de rios e igarapés.

Recebe razoavelmente grande quantidade de matéria orgânica trazida durante a cheia pelos rios, ou em regiões permanentemente alagadas, onde a parte inferior de seu caule pode ficar imersa. Seus frutos são pequenas esferas do tamanho de cerejas, mas apresenta os mais altos níveis de vitamina C, mais do que qualquer outra fruta comestível, assim como seu alto teor de potássio que beneficia o hipertenso, pois favorece os níveis de sais do organismo. Há uma curiosidade sobre a vitamina C no suco de camu-camu.

É uma fruta relativamente estável, mesmo após a incidência prolongada de luz; é diferente do que ocorre com essa vitamina no caso de outras frutas como a laranja ou o limão, que são voláteis, perde-se em poucos minutos. Essa estabilidade está associada à riqueza de flavonoides que compõem essa fruta, sua casca contém mais vitamina C do que o resto da fruta. Na Amazônia peruana é consumida na forma de sucos, geleias e sorvetes. Frutifica de novembro a março.

## Constituintes

Não há duvida de que o ácido ascórbico (vitamina C) é necessário para a síntese do colágeno no corpo humano, assim como no dos animais. Uma das funções mais importantes do colágeno é o fortalecimento do cimento intercelular que mantém as células juntas em vários tecidos. A eficácia da vitamina C é comprovada contra resfriado comum, gripes e outras doenças virais, fortalecendo o organismo, prevenindo ou dificultando o movimento das partículas do vírus pelos tecidos. O Dr. James Duke, cientista da Usda e autor de *The Green Fharmacy* (A farmácia verde), diz em seu depoimento: "Eu tomo vitaminas para resfriados, mas prefiro obter as minhas do camu-camu, a surpreendente fruta amazônica que tem o mais alto teor de vitamina C do mundo". Se ele que é um cientista famoso diz isso, por que não vamos acreditar fazendo a mesma escolha? Além dessa vitamina, essa fruta é uma excelente fonte de minerais como o cálcio, fósforo, ferro, potássio e os aminoácidos serina, valina, prolina, alanina, treonina, fenilalanina e leucina, assim como vitamina B1, B2, B3 proteínas e fibras.

## Ações

As antocianinas contribuem para promover ações antioxidantes, antimicrobianas, anti-inflamatórias, vasodilatadoras, auxiliam no sistema imunológico e do colágeno; é antiviral, atua no resfriado, gripe e asma, mantém excelente visão, previne a arteriosclerose, glaucoma, catarata, hepatite, Mal de Parkinson e infertilidade.

## Propriedades

Possui propriedades antioxidantes e antimutagênicas, previne o Mal de Parkinson, a osteoartrite, fortalece o sistema imunológico, estimula o sistema cardíaco, auxilia no tratamento de câncer de mama e de próstata, elimina a prisão de ventre, retarda o envelhecimento, elimina a ansiedade, alterações de humor e depressão, aumenta a resistência natural do organismo, combate os radicais livres, promove a eliminação das toxinas do corpo, em especial do fígado.

No Peru, o camu-camu além de ser usado na produção de sucos, doces e sorvetes, já é exportado principalmente para o Japão que utiliza a vitamina C em produtos farmacêuticos e cosméticos. Os povos indígenas da Amazônia tradicionalmente colhem o camu-camu na estação certa, secam-no e usam medicinalmente no resto do ano. Essa fruta vermelho-arroxeada adquire cor bege-clara quando é seca e transformada em pó.

## Indicações

Analgésica, mantém uma excelente visão, aumenta a resistência combatendo a gripe, problemas respiratórios e pulmonares, elimina as toxinas do fígado, atua no cérebro mantendo clareza mental, promove vitalidade às pessoas com deficiência orgânica.

## Dosagens

Adiciona-se uma colher de sopa rasa ou mais, com água, ou no suco, sorvete, ou em qualquer alimento, com açúcar. Pode ser também usada a fruta batida no liquidificador, coar, adoçar e tomar durante o dia como refresco. Usar doze frutinhas para um litro de água que fica bem diluída.

# Cancorosa

*Celastraceae / Maytenus ilicifolia*

## Características

Árvore pequena ou arbusto grande, copa arredondada e densa, cresce até o máximo de 5m de altura. Folhas coriáceas e brilhantes com margens providas de espinhos pouco rígidos. Flores pequenas de cor amarelada. As frutas são cápsulas de cor vermelha contendo uma a duas sementes de cor preta. Apesar de possuir atributos ornamentais, seu grande valor está na medicina caseira, que vem sendo empregada há longa data no tratamento de problemas estomacais, como gastrite e úlcera. Originária da Região Sul do Brasil.

As pesquisas com essa planta iniciaram-se na década de 1960, estimulada por sua eficácia das melhoras que aconteciam no tratamento de pessoas com úlceras gástricas e até com câncer de pele. Sua potente atividade antiulcerogênica foi demostrada num estudo farmacológico em 1991, confirmando que um simples extrato de suas folhas em água fervente foi tão eficaz quanto duas das principais drogas usadas para esse tratamento, como a ranitidina e a cimetidina, causando um aumento em volume e pH do suco gástrico. Estudos toxicológicos publicados no mesmo ano demostraram a segurança de seu uso sem efeitos colaterais.

A eficácia e popularidade dessa planta relatada por pesquisas conduzidas recentemente tem tornado cada vez mais conhecido seu uso na medicina herbalística dos Estados Unidos, onde o extrato de suas folhas vem sendo empregado no caso de úlceras gástricas e duodenais, para recomposição da flora intestinal e inibição de bactérias patogênicas. É um laxante suave que elimina as toxinas através dos rins e da pele e ainda regula a produção de ácido clorídrico do estômago.

## Constituintes

Os principais constituintes destacam-se como: flavonoides, terpenos, taninos, mucilagens, antocianos, açúcares livres, alcaloides, óleo essencial, ácido tânico, ácido salicílico, resinas aromáticas, cálcio, ferro, sódio, enxofre e iodo. Estudos preliminares há muitos anos haviam revelado que essa planta contém compostos antibióticos, potente atividade tumoral e antileucêmica em doses baixas. As partes utilizadas geralmente são as folhas que podem ser administradas em forma de chá, cápsula como extrato seco, tintura e extrato fluido. Mas estudos feitos por pesquisadores revelaram que os princípios ativos estão concentrados mais nas raízes e na casca da raiz do que nas folhas.

Como as folhas são mais fáceis de conseguir, podem ser usadas como chá ou líquido preparado em farmácia confiável. Os indígenas brasileiros usavam essa planta há séculos, muito antes de o homem branco conhecê-la. Na medicina caseira tradicional ainda é usada em emplastro de folhas aplicadas localmente, no tratamento de câncer de pele e feridas. Pode-se usar o chá em lavagens ou compressas no mesmo tratamento, e nesse caso deve-se fazer uso do chá (três xícaras ao dia) enquanto houver o problema.

## Ações

Analgésica, carminativa, desinfetante, levemente laxante, antimicrobiana, antineopásica, antiúlcera, antisséptica, estomáquica, tonificante e cicatrizante.

## Propriedades

Tonificante, antiácida, antiasmática, diurética, cicatrizante, analgésica, protetora da mucosa gástrica. Seu potente poder nas úlceras gástricas é devido à ação dos taninos presentes nessa planta. Essa ação ocorre principalmente pelo aumento do volume e pH do conteúdo gástrico. Tem ainda poder cicatrizante sobre lesões ulcerosas. Pela sua ação antisséptica paralisa rapidamente as fermentações gastrointestinais. Certas hepatopatias têm como causa perturbações intestinais e essa planta age corrigindo o funcionamento intestinal. Nas gastralgias acalma as dores rapidamente não diminuindo a sensibilidade do órgão, mas estimulando ou corrigindo a função desviada.

Em estudos de atividade mutagênica e citológica foram demonstrados resultados negativos dessa planta. É um cicatrizante que age rapidamente nas gastrites crônicas e úlceras e promove reintegração das funções digestivas; na hepatite ela atua no fígado estimulando a bílis, acalmando as dores da gastralgia, e sobre os rins ela atua eliminando as toxinas do organismo e cicatrizando as lesões tanto internas como externas na pele; elimina e previne a formação de gases.

## Indicações

Dispepsias, gastralgias, hipercloridria, *Helicobacter pylori*, tumores, insuficiência hepática, anemia, problemas dos rins e bexiga, fígado, estômago, intestino, sífilis, fermentação gástrica, pirose, diabetes, colesterol elevado no sangue e vômitos.

## Dosagens

Chá das folhas: duas a três folhas verdes amassadas para uma xícara de água fervente, antes das refeições. Ou mandar preparar em farmácia de manipulação de acordo com a orientação do profissional de saúde. Proibida para gestantes e crianças de até 1 ano

# Canela-sassafrás

*Lauraceae / Ocotea odorifera*

## Características

Árvore pereniforme, aromática, de até 20m de altura com copa globosa e densa, com tronco tortuoso e canelado, de até 70cm de diâmetro. Folhas brilhantes coriáceas de até 14cm de comprimento. Inflorescências paniculadas terminais, por flores pequenas hermafroditas, perfumadas, de cor branco-amarelada. Frutos são drupas elípticas lisas, com cerca de 2,5cm de comprimento, com uma fina polpa carnosa que por sua vez é envolvida até quase o meio pelo receptáculo carnoso, contendo uma única semente de igual formato.

Nativa da Mata Atlântica e dos campos de altitude do Sudeste e do Planalto Meridional, e das matas de pinhais. Cultivada desde a Bahia até o Rio Grande do Sul, mas principalmente nos estados de Minas Gerais, São Paulo, Rio de Janeiro, Paraná, Santa Catarina e Espírito Santo. Sua madeira é própria para a construção civil e naval. A raiz, a casca, e a casca do caule são aromáticas e medicinais, empregadas na terapêutica como antirreumática, diurética e sudorífera.

Toda a planta encerra propriedades medicinais principalmente através do óleo essencial que ela contém; a parte da madeira é a mais rica em óleo, porém o óleo das folhas e flores é mais apropriado para a indústria de perfumaria, por ser um óleo mais delicado. O alto valor do óleo de sassafrás fez com que fossem realizadas pesquisas com espécies da família *piperaceae*, popularmente conhecida como piper. São arbustos que têm o mesmo óleo essencial.

## Constituintes

Toda parte dessa planta desprende um odor forte de óleo essencial quando amassada. Essa árvore fornece madeira de ótima qualidade para mobiliário e construção civil, assim como para construção artesanal de tonéis para aguardentes, conferindo à bebida seu aroma e sabor agradáveis. Todas as partes dessa planta, inclusive a madeira, são empregadas para extração do óleo essencial, mediante destilação. Entre seus principais componentes está o safrol, amplamente utilizado em perfumaria, medicina e como combustível de naves espaciais. O teor de safrol no óleo essencial é variável para cada região, podendo chegar a 1% quando destilado de plantas que crescem no Planalto Catarinense.

Em algumas regiões o safrol é parcialmente substituído pelo metil-eugenol. Na medicina popular o sassafrás é também usado como unguento em forma de cremes para massagear os músculos, em caso de dores, tanto nos membros inferiores como na coluna. O óleo pode ser diluído e aplicado para combater acnes e parasitas, assim como se pode também acrescentar em sabonetes, pasta de dentes, líquido para limpeza bucal e perfumes. Na culinária pode-se colocar folhas e flores em saladas, a raiz pode ser usada para dar sabor a cervejas.

## Ações

Anti-inflamatória, antiespasmódica, antimicrobiana, analgésica, tônica, diurética, estimulante, digestiva, sudorífera, antirreumática, antigripal, antifebril, atua nos problemas gástricos e resfriados.

## Propriedades

Princípios ativos da canela sassafrás: alcaloides, anetol, apiole, asarona, resina cinnamolaurina, copaeno, D-fenaldreno, mentona, miristicina, mucilagem, alfa-pineno, reticulina, safreno, safrole, beta-sitosterol, tanino e tujona. Tanto a folha como o caule são ricos em alumínio, cinza, resina, enzima, citral, titânio, zircônio, estrôncio, escândio, níquel, e os minerais: cálcio, ferro, fósforo, potássio, magnésio, manganês, molibdênio, cromo, boro, cobalto, bário, vanádio, zinco e gálio.

Suas sementes contêm cinza, ácido cáprico, ácido caproico, ácido láurico, ácido linoleico e proteínas. Por suas propriedades reconhecidas na medicina popular, é uma das plantas muito indicadas para purificar o sangue, estimulando o fígado a remover as toxinas do nosso corpo. Entretanto, essas propriedades ainda precisam ser mais estudadas pela toxidade do óleo, que é um excelente elemento, muito empregado no preparo de diversos medicamentos.

Possui propriedades sudoríferas, diuréticas, antirreumáticas, antissifilíticas, antimicrobianas, e repelente de mosquitos. Esse óleo essencial, em sua composição destaca-se o safrol com um teor de 84%. O safrol em alta concentração é tóxico, pode causar dilatação das pupilas, danos hepáticos e renais, colapso, torpor e vômitos. Mas não vamos nos desesperar. Usar as quantidades indicadas, de preferência sob a supervisão do profissional de saúde.

## Indicações

Estimula a circulação, elimina a febre, dores de estômago, psoríase, herpes, acne, afecções da pele, dores artríticas e reumáticas, resfriados, gota, sífilis. Atua como antisséptico dentário e depurativo do sangue.

## Dosagens

Chá da casca: duas colheres de sopa em um litro de água, ferver três a quatro minutos até a ebulição, retirar do fogo, abafar por dez minutos, tomar duas a três xícaras ao dia.

# Capim-limão

*Gramineae / Cybopogon citrato*

## Características

Planta herbácea, perene, é um capim típico que possui uma base bulbosa. Erva frondosa e robusta que cresce formando touceiras, exala um aroma característico, que lembra o do limão. Folhas ásperas e aromáticas, com coloração verde-claro, cortantes ao tato e muito ásperas, longas e estreitas, podendo atingir quase 1m de comprimento. Nativa das regiões tropicais do sudeste da Ásia, hoje também é cultivada na África, América do Sul e na Flórida. No Brasil foi introduzida no período colonial, adaptando-se e desenvolvendo-se muito bem em todos os estados brasileiros.

O capim-limão, também chamado de erva-príncipe, é uma planta medicinal que exala aroma de limão quando suas folhas são cortadas. Pode ser utilizado no combate a diversas doenças. Possui aplicações também na indústria de cosméticos. Seu óleo é muito valorizado no mercado nacional e internacional. É uma planta comum, que cresce na beira de estradas, principalmente onde há clima quente e úmido. Planta cespitosa, propaga-se por estolhos, formando moita de rebentos que cresce espontaneamente em qualquer tipo de solo drenado e fértil, porém muito sensível a geadas.

## Constituintes

Essa planta contém um óleo essencial, constituído de até 88% de citral e seus isômeros genarial e neral e vários aldeídos, como citronelal, isovaleraldeido, decilaldeido, cetonas, álcoois como geraniol, e terpenos como: depenteno e mirceno. Constituintes fixos da parte aérea: flavonoides, substâncias alcalóidicas, saponina esterólica, triterpenoides isolados da cera que recobre as folhas, o cimbopogonol e cimbopagona. Seu princípio ativo: acidez, óleo essencial, alcaloides, saponinas, cumarinas e flavonas.

Existem várias espécies de capim-limão, mas os mais comuns são os do leste da Índia Ocidental. Possui um odor de limão forte e mais refrescante, é usado como tempero na culinária, assim como na perfumaria e aromatizante de ambientes. Pesquisas feitas na Índia indicam que ele atua também no sistema nervoso central como sedativo. É também muito usado na culinária do Ceilão e do sudeste da Ásia. Depois da destilação, os resíduos do capim-limão são usados para alimentar o gado. Pesquisadores dizem que esse capim é refrigerante, refrescante e estimulante, ótimo para esse fim.

## Ações

Excitante gástrico, sedativo, analgésico, antitérmico, carminativo, emenagogo, antigripal, refrescante, protetor do sistema nervoso central.

## Propriedades

Diuréticas, sedativas, analgésicas, emenagogas, antitérmicas, relaxante da musculatura lisa que determina uma diminuição da atividade motora, aumentando assim o tempo de um sono tranquilo, por regulação do vago-simpático, tornando-se um ótimo remédio para pessoas que sofrem de insônia. É um preparado sem contraindicação, só não é aconselhado na gravidez, porque o citral tem efeito antiespasmódico sobre o tecido uterino e intestinal; melhor não usar o chá nesse período.

Possui propriedades através do mirceno, que atua na atividade antibacteriana, está associado ao citral e o extrato da planta, que diminui o tônus abdominal como calmante sedativo, atuando nos distúrbios renais, dores de cabeça, de estômago e musculares, gases intestinais, gastralgia, indigestão, infecções das vias respiratórias, resfriados, gripes, tosses, nevralgias, estresses, tensão muscular, reumatismo, náuseas e vômitos.

### Indicações

Insônia, nervosismo, ansiedade, tosses, gripes, febres, gases, histerismo, hipertensão, cólicas menstruais e intestinais.

### Dosagens

20g de folhas em um litro de água. Tomar de três a quatro xícaras ao dia, conforme a necessidade, ou uma xícara do chá de uma a duas vezes ao dia. Tintura: 15 gotas quando for necessário.

# Cardo-mariano

*Asteraceae / Silybum marianum*

## Características

Planta herbácea anual ou bienal, lactescente, espinhenta, mede até 140cm de altura. Folhas simples, de cor verde-acinzentada, com manchas brancas ao longo das nervuras, com margens onduladas e orladas de espinhos e cílios, de até 25cm de comprimento. Quando quebram suas folhas os caules exudam uma seiva leitosa. Flores, vermelho-purpúreas, reunidas em capítulos hemisféricos, solitários e terminais, com brácteas terminadas em espinhos. Nativa da região mediterrânea da Europa e Ásia, mas foi naturalizada nas Américas do Norte e do Sul.

É utilizada há séculos na medicina popular. Aclimatou-se bem no Brasil, onde cresce espontaneamente em campos cultivados nas regiões de altitude do sul do país. Ocasionalmente cultivada como ornamental e utilizada na culinária europeia. Na medicina tradicional caseira, desde os tempos remotos, ela é reconhecida como regeneradora das células hepáticas estimulando o fluxo biliar. É antiespasmódica, tônica e diurética.

## Constituintes

Constituída de proteínas, açúcares, lipídeos, flavonoides, silimarina, um complexo ativo constituído de uma mistura de 3% de silimarina. Uma flavolignina existente nas sementes contém vários flavonoides, esteroides, mucilagens, óleo essencial, taninos, histamina, albumina, ácidos graxos, linoleico a 60%, e ácido fumárico na parte aérea. A literatura etenofarmacológica registra o uso de tintura de suas sementes para o tratamento de doenças urinárias, biliares e uterinas, porém esse tratamento só pode ser feito sob supervisão médica. A tintura, o pó e o extrato hidroalcoólico não podem ser utilizados sem orientação do profissional de saúde. Para as preparações à base da fruta não há contraindicações, assim como para os cosméticos e os hidratantes na concentração de 1%.

## Ações

Tônico amargo, aperitivo, hemostático, colagogo, colerético, febrífugo, diurético, hipertensor, tônico vascular, anti-hemorrágico, tônico estomacal, estimulante gástrico.

## Propriedades

Suas propriedades destacam-se como protetor e curativo do fígado como: na hepatite, esteatose e cirrose hepática. A silimarina por ser anti-hepatóxica protege todas as funções hepáticas, restabelecendo-as. Citada por diversas publicações farmacêuticas. A silimarina é uma flavolignina devido a sua ação antioxidante, muito utilizada nos últimos anos no tratamento de distúrbios que envolvem a presença de radicais livres (RL) que atuam nas disfunções, cardiovasculares e digestivas.

Está sendo utilizada também em várias formulações de uso tópico para combater os RL. A fruta dessa planta melhora a circulação do sangue no abdômen, é útil nas hemorragias uterinas e problemas menstruais, usada também no tratamento de varizes e úlceras; como colagoga, provoca a saída da bílis que se acumula na vesícula biliar. Ajuda fluir o leite em mães que estão amamentando quando este não está em abundância, normaliza a pressão arterial nos casos de hipotensão.

## Indicações

Afecções do fígado e vesícula biliar, icterícia, litíase biliar, hipocondria, dispepsias, insuficiência hepática, cirrose hepática, menorragias, constipação, deficiência cardiovascular. Na hipertensão usa-se a semente e na hipotensão usa-se a folha. Contraindicações só em casos graves de oclusão das vias biliares.

## Dosagens

Tintura, pó, tintura-mãe e extrato hidroalcoólico, a critério do médico. Preparações com a fruta do cardo-mariano podem ser usadas por tempo prolongado, com regularidade, até desaparecerem os sintomas. Não há referência de superdose dessa fruta. Só é preciso conservá-la ao abrigo da luz e da umidade.

# Castanha-da-índia

*Hippocastanun / Aesculus hippocastanus*

## Características

Grande árvore robusta, de grande dimensão, com copa enorme que atinge até 40m de altura. Folhas com cinco ou sete folholos na base, duplamente serrados. Na primavera cobre-se de flores brancas e algumas vezes vermelhas que desabrocham em espigas retas muito bonitas. Fruto espinhoso, globoso e brilhante, assemelha-se um pouco com a castanha comestível, com uma só semente arredondada ou com duas ou três achatadas. Da polpa extraem-se muitas substâncias empregadas na indústria farmacêutica. Famosa na medicina popular como ativadora da circulação sanguínea, particularmente sua ação é sobre o sistema venoso.

Seus ativos aumentam a resistência e o tônus das veias, diminuindo a fragilidade e a permeabilidade dos capilares. Essa ação resulta em vasoconstrição periférica. Originária do sudeste da Europa, é muito difundida nas regiões temperadas. É também cultivada na Europa como árvore ornamental. Mas apesar do nome, "castanha", seus frutos não são comestíveis, pois as castanhas dessa árvore são venenosas e devem ser utilizadas somente após a preparação apropriada do extrato, em que são utilizadas cascas, folhas, sementes e frutos. Isto é só preparado em laboratório ou farmácia de manipulação.

## Constituintes

Seus constituintes principais são: flavonoides (quercitina, canferol e esculina), saponinas-triterpênicas, principalmente a escina e exigenina, hetereosídios comarínicos, vitaminas B1,

B2, K, C e provitamina-D, ácidos graxos, proteínas, taninos, fitosteróis, açúcares, substância amarga, e cumarinas. Essa fruta é vasoconstritora, hemostática, anti-inflamatória, adstringente, tônico circulatório que ativa a circulação geral, principalmente o sistema venoso de retorno. Previne desde pequenos derrames que podem causar varizes, flebites, tromboses, embolia pulmonar, acidente vascular cerebral ou isquemia cerebral.

Auxilia no tratamento de hemorroidas, fissura ou fístula anal, em consequência de fragilidade vascular ou circulação venosa deficiente. As castanhas são aquênios; geralmente presume-se que ela seja oriunda da Ásia Menor. Acompanhando a história da civilização ocidental desde mais de 100 mil anos, já constituíam um importante contribuinte calórico ao homem pré-histórico, que a utilizou também na alimentação dos animais. Os gregos e os romanos colocavam as castanhas em alforas cheias de mel silvestre.

## Ações

Anti-inflamatória, antitrombótica, vasoconstritora, tônica, atua sobre todos os problemas venosos como: flebite, edemas dos membros inferiores, previne e auxilia no tratamento de varizes, tromboses, hemorroidas, espasmo coronariano, fragilidade capilar e venosa.

## Propriedades

A castanha-da-índia veio para a França em meados do século XVII como árvore ornamental, e foi plantada nos parques e avenidas da Europa no século XVIII. Hoje é encontrada praticamente em todo o mundo. Sua principal propriedade é sobre o sistema venoso, estase venosa, espasmos vasculares e tromboflebites. Suas propriedades se devem principalmente aos saposídeos hidroxicumarinos e derivados flavônicos, que atuam sobre a fragilidade capilar e venosa, possui propriedades espasmolítica e coronariana.

Alivia as dores e o desconforto vascular dos membros inferiores e elimina o edema. O efeito tônico da castanha-da-índia sobre o sistema venoso é percebido de 15 a 30 minutos após a ingestão, principalmente aliviando a dor. O extrato dessa planta usa-se em cápsulas, tinturas em álcool preparadas em laboratório ou farmácia de manipulação, assim como para uso externo: extrato glicólico, xampus, espuma para banho de 1 a 3%, géis, cremes e loções de 1 a 4%.

Para uso interno como chá infuso e fitoterápico, somente com orientação de profissional de saúde. Sabe-se que todo fitoterápico tanto pode ser curativo como letal, dependendo do modo de usar. Mais uma observação: pessoa que faz uso de anticoagulante não pode usar via oral, nem aquele que faz uso de aspirina, mesmo com receita médica, nem mãe que amamenta e criança com menos de 10 anos.

## Indicações

Para todos os problemas já referidos, para prevenir isquemia cerebral, embolia, é um tônico circulatório que ativa a circulação do sistema venoso de retorno.

## Dosagens

Uso externo: cremes e loções para varizes, dores e edemas nos membros inferiores, duas vezes ao dia (massagear de baixo para cima nas pernas). Usa-se o xampu e espuma para banho, todos preparados em farmácia.

# Catinga-de-mulata

*Compositae / Tanacetum portenium*

## Características

Planta de caule ereto, comumente perene, de até 60cm de altura. Folhas finas e longas, ovais verde-intenso pinatipartidas, com folhosos membranáceos. Flores em pequenos capítulos formam um pequeno anel de pétalas brancas em torno das centrais que são amarelas tubulosas, que desabrocham no verão, seus frutos são constituídos por aquênios sésseis. Nativa da Europa, inclusive na Inglaterra, sendo espontânea no leste dos Estados Unidos. Toda a planta tem um sabor amargo e cheiro característico. Suas flores são referidas em algumas literaturas como inseticida, tendo, porém, ação muito fraca.

A literatura etnobotânica registra o uso medicinal de suas folhas e flores para diversos fins terapêuticos, por via oral e local, para tratamento de enxaquecas, dor de cabeça severa muitas vezes com náuseas, vômitos, e mal-estar por problemas digestivos. É contraindicada para quem faz uso de anticoagulante para gestantes. Devido aos seus princípios ativos, essa planta é tida como vermífuga, tenífuga e emenagoga muito eficaz. Todavia, trata-se de uma planta levemente venenosa. Não se deve nunca abusar das doses indicadas, não usar superdosagens.

O melhor é usar preparada em farmácia de manipulação que os profissionais sabem como fazê-lo. O uso nunca passa de uma cápsula ao dia. Eu comprovo a eficiência dessa planta; após anos de sofrimento com enxaqueca severa, em seis meses de tratamento fiquei curada completamente, pois já passaram mais de dez anos.

Mas infelizmente o laboratório que forneceu esse tratamento me informou que não iria mais trabalhar com essas cápsulas (que para mim foram milagrosas), por falta de procura pelo profissional de saúde, ou seja, não eram indicadas pelos médicos.

## Constituintes

Existem variedades ornamentais dessa planta para jardins. Em alguns países, especialmente nos Estados Unidos, o tanaceto é cultivado comercialmente. Na Europa Medieval era comum em hortas domésticas de erva silvestre, embora atualmente seja pouco usada na culinária, pois o sabor forte para muitas pessoas desagrada seu uso. Na Inglaterra o *tansy* é um tipo de iguaria cremosa assada ou cozida, aromatizada predominantemente com folhas dessa planta, as quais também são usadas picadas para aromatizar bolos e pudins, pratos que no passado eram associados à Páscoa.

Vários significados foram atribuídos a isso, porém ninguém formulou a teoria da apreciação do sabor da planta. Mas o tanaceto é comumente citado entre os ingredientes de receitas dos séculos XVI e XVII. O escritor Izaak Walton o mencionou numa receita de verão, um peixe de rio. Alguns especialistas o recomendam para omelete, recheios, peixes de água-doce e bolos de carne, além de saladas. E o tanaceto ainda tem a reputação de ser uma das várias ervas que entram na composição do famoso licor de chartreuse, no entanto, inclui na sua formulação muitas outras ervas.

## Ações

Analgésica, anti-inflamatória, antidiarreica, antitrombótica, vermífuga, alivia as câimbras, gastrite, reumatismo, picadas de insetos, atua na suspensão da menstruação e problemas pós-parto.

## Propriedades

Sua análise fitoquímica registra a presença de 1,4% de óleo essencial, contendo cânfora e acetato de crisantelina, caufeno, germocreno e paracimeno como seus principais componentes, além de flavonoides e polissacarídeos ativos contra úlcera gástrica. Registra também a presença de laciona sesquiterpênica clorada, e especialmente o portenolídio, seu princípio ativo, e o ácido antêmico, substância responsável por seu princípio amargo. Análises farmacológicas registraram atividade de seu extrato e do portenolídio isolado como anti-inflamatório, anti-histamínico, analgésico e antitrombótico.

Em ensaio clínico feito com setenta e três pessoas portadoras de enxaquecas habitualmente há muitos anos, tratadas com doses de uma cápsula do tanaceto ao dia, preparado com essa planta durante quatro meses, foi observada uma diminuição considerável do número de recaídas e incidência de crises de enjoos, vômitos e dores constantes como era antes. Por ser analgésico e anti-inflamatório e inibidor da produção de leucotrienos, tromboxanos e antiagregante plaquetário, o seu uso deve se cuidadoso ou até suspenso nas pessoas que fazem uso de anticoagulante.

## Indicações

Enxaqueca, dores de qualquer natureza, problemas digestivos, úlceras gastroduodenais, e picadas de insetos.

## Dosagens

A princípio, o melhor seria uma cápsula ao dia, se for possível encontrá-la. O chá, duas folhas da planta em uma xícara de água fervente, uma vez ao dia. Usa-se o chá para gargarejo, bochecho ou lavagem local, com 5 a 6 folhas. Na medicina caseira faz-se uso das folhas, flores e frutos. É uma planta ótima, mas tem que saber usá-la via oral.

# Catuaba-verdadeira

*Bignoniaceae / Erythraxylum vacciniefollium*

## Características

A catuaba é uma planta brasileira, de excepcional virtude, é uma árvore de 3 a 5m de altura, de copa rala e folhagem semidecídua. Folhas simples membranáceas, de 3 a 7cm de comprimento. Flores de cor amarelo-alaranjada reunidas em inflorescências terminais e axilares. Fruto do tipo drupa, de forma ovalada e de cor amarelo-escura. Nativa das regiões Nordeste e Planalto Central, estendendo-se até o Pará e Maranhão. Na região do Planalto Central se apresenta como arbusto grande, enquanto que nas regiões Norte e Nordeste, como árvore.

## Constituintes

Os alcaloides que a constituem se concentram na casca, sendo popularmente conhecidos como afrodisíacos e tonificantes do sistema nervoso central. As plantas que são popularmente conhecidas como catuaba pertencem a gêneros e até famílias diferentes, não somente conforme as regiões geográficas, mas também numa mesma região específica. É constituída de catuabina (substância amarga), matérias aromáticas, tânicas, resinosas, gorduras e alcaloides semelhantes à atropina e ioimbina; os principais constituintes encontrados em seus extratos incluem tanino, resina, óleos aromáticos e fitosteróis.

## Ações

Nos Estados Unidos, práticos e herbaristas recomendam essa planta praticamente para os mesmos fins que no Brasil, como tônico sexual para homens e mulheres, tanto para impotência sexual como para estimular o sistema nervoso central (SNC).

## Propriedades

A catuaba possui uma longa história de uso caseiro como estimulante, cuja origem é atribuída aos índios Tupis, que nos últimos tempos criaram várias canções exaltando seus poderes, embora a eficácia e a segurança não tenham ainda sido comprovadas cientificamente. Mesmo assim, é um dos remédios mais populares do Brasil. Sendo utilizada apenas a casca em forma de chá em decocção à qual são atribuídas propriedades estimulantes do sistema nervoso central (SNC) e comprovados pelos levantamentos etnofarmacológicos vários ensaios preparados com seus extratos.

Usando animais de laboratório foi possível determinar a existência de atividade antiviral, assim como ação protetora contra infecções letais de *Escherichia coli* e *Stafilococus aureos* em ratos pré-tratados com extrato alcalino da casca de catuaba. Pesquisadores mostram essa planta como um modificador das funções vegetativas, atuando também no nível dos centros nervosos, interferindo em condução de impulsos dos nervos motores. Seja por mecanismos depressores ou excitatórios, essa planta opera lentamente, reconstituindo e dando energia ao organismo todo.

## Indicações

Hipertensão relacionada à insônia, exaustão, fadiga, agitação, falta de memória, impotência, hipotensão, infecções, nervosismo, sono exagerado, dificuldade de raciocínio e concentração, problemas de estômago, irritabilidade emocional, convalescença de moléstias graves e sono agitado.

## Dosagens

Infuso: chá da casca: 2 a 10g ao dia, e tintura 10 a 50ml ao dia.

# Cavalinha

*Equisetaceae / Equisetum*

## Características

Subarbusto perene, rizomatoso, com raízes profundas e caule semelhante a uma cana, sem flores nem folhas, de cor verde, com numerosas hastes que partem dos nós verticilos, com até 160cm de altura verticiladas. A haste fértil tem no ápice uma espiga oblonga e escura que contém grande quantidade de esporo. Multiplica-se tanto por rizomas como por esporos. Originária da Europa. Seus talos verdes representam uma pequena árvore de natal. Utilizada na medicina caseira há longa data em toda a América do Sul, é nativa das áreas pantanosas de quase todo o território brasileiro.

Frequentemente cultivada com fins ornamentais em lagos decorativos e áreas brejosas. Mas por ser agressiva e persistente, deve ser contida para evitar que se transforme numa planta daninha. Tem sabor levemente salgado e amargo, desenvolvendo-se em locais próximos à água. É considerada tóxica ao gado vacum devido à presença de grande quantidade de sílica em seus tecidos (até 13%), causando diarreia sanguinolenta, aborto e fraqueza nesses animais. Somente eles são afetados; já os cavalos não correm risco.

## Constituintes

Sua constituição baseia-se mais pela alta taxa de silício, e uma fonte composta hidrossolúvel de sílica de 10 a 15% e em compostos inorgânicos cálcio, magnésio, sódio, ferro, manganês, enxofre, cobre, silício, fósforo, cloro, e potássio, cerca de 2,9% de flavonoides, isoquercitina, canferol, galutenonina, fitosterol, glicosídeos, fotosteróis, hetereosídios, saponina, triglicerídeos, ácido esteárico, oleico, linolênico, ácidos orgânicos, málico, gálico e oxálico. Alcaloides, metasoperidina, nicotina aloe, substância amarga, tanino, vitaminas C, B3, B5, B6.

Nos talos contém ácido aconítico, nicotina, cálcio, resina, equistina, ácidos graxos, fuorina, Paba, sódio, amido, vitamina B5 e zinco. Atua em todos os problemas do fígado, é diurético e remineralizante, ótimo na prevenção e no tratamento de cálculos renais, fortalece as unhas, cabelos, ossos e dentes, promove a saúde da pele, aumenta a absorção do cálcio usado no tratamento da cistite, problemas intestinais, gota e reumatismo, promove a cura de fraturas e de problemas do tecido conjuntivo; usa-se como cataplasma, assim como para reduzir hemorragias, acelera a cicatrização de ferimentos.

## Ações

Remineralizante, diurética, hemostática, anti-inflamatória, adstringente, antiacne, vulnerária, abrasiva, cicatrizante, anti-hemorrágica, estanca hemorragias, fortalece as paredes das veias prevenindo varizes, repõe os minerais combatendo a osteoporose e a incontinência urinária. Ótimo remédio para dor de cabeça por conter ácido acetilsalicílico.

## Propriedades

Essa planta apresenta propriedades remineralizantes atribuídas ao silício, que age sobre as fibras elásticas das artérias diminuindo o risco de ateromas, regulariza o tônus, dando elasticidade e resistência aos vasos sanguíneos. Usada na medicina popular para repor o tecido conjuntivo, aumentando a atividade dos fibroblastos e a elasticidade dos tecidos, o que a torna útil na osteoporose e reumatismo. O amplo emprego dessa planta atua como hemostático, tem capacidade de ligar-se a mucopolissacarídeos e glicoproteínas da estrutura do tecido conjuntivo.

Estimulando a biossíntese de fibras do colágeno e elastina preservando a elasticidade e tonicidade do tecido cutâneo, estimula o metabolismo cutâneo, acelera a cicatrização, protege a pele seca e senil. Atuando como hidratante profundo, recuperando os danos pela presença dos flavonoides que desenvolve ação microbiana, é usada na medicina caseira de longa data, em forma de chá, nas infecções dos rins e da bexiga. A tintura estimula a consolidação de fraturas ósseas usando-se em forma de compressas.

## Indicações

Seu uso é excelente para todo o organismo, combate a tuberculose, problemas pulmonares em geral, doenças ósseas, hemorragias internas, incontinência urinária, eficaz no tratamento da próstata, osteoporose, úlceras gástricas, perda de sangue pelo nariz, pela boca e pelo reto, edema pré-menstrual, falta de coagulação de sangue; é ótima no tratamento da celulite. Obs.: essa planta não é indicada para pessoas com disfunção cardíaca ou renal severa.

## Dosagens

Uma colher de sopa rasa para uma xícara de água, duas ou três vezes ao dia, decoto ou infusão. Em grande dose, provoca fraqueza, ataxia, exaustão muscular e falta de apetite.

# Centela asiática

*Apiaceae* / Cairuçu asiático

## Características

Erva rasteira, perene, acaule, estolonífera, rizomatosa, com estolões de até 30m de comprimento, e confundida com ramos que formam um grande tapete semelhante a um gramado. Folhas simples-pecioladas surgidas diretamente dos nós dos rizomas, de 4 a 6cm de diâmetro. Flores pequenas, cor esbranquiçada, reunidas em pequenas umbelas curto-pendiculadas, que surgem na base da folha. Multiplica-se principalmente por rizomas e estolões. É uma planta nativa da Ásia e amplamente disseminada no Brasil. É encontrada principalmente na planície litorânea, em áreas abertas, em pastagens, terrenos baldios e beira de estradas, daí ser considerada, por muitos, como uma planta daninha. Em várias regiões do Brasil ela é muito empregada na medicina caseira com muito sucesso.

Há mais de 3.000 anos os habitantes da Índia, África e ilhas do Oceano Índico utilizavam a centela no tratamento de lesões cutâneas. Mas só a partir de 1941 ficou comprovada a composição química medicinal dessa planta. Um bioquímico francês descobriu que ela possui um alcaloide que pode rejuvenescer o cérebro, os nervos e as glândulas endócrinas, e também auxiliar no tratamento do Mal de Alzheimer.

## Constituintes

Os constituintes principais dessa planta que atua na medicina caseira são: alcaloides, flavonoides, saponinas, cânfora, cineol, triterpenos, quercitina, ácido asiático, ácido madecássico, açúcares, asiaticosídeo, resina, ácidos graxos, sais minerais, óleo essencial.

Atua sobre edemas de origem venosa, auxilia no tratamento das celulites localizadas. Favorece o processo de cicatrização, age sobre os problemas de fibroses de várias origens, apresenta ação anti-inflamatória e antibiótica.

Age nas desordens e problemas renais, fortalece a memória, regulariza as funções gastrointestinais, combate o formigamento e câimbras dos membros inferiores, controla o apetite do obeso. Nesse caso deve-se usar num período mínimo de três meses, tempo necessário à recuperação do tecido adiposo. Usar em forma de chá uma colher de chá de folhas secas e moídas em uma xícara de água fervente, duas vezes ao dia. Também é um ótimo remédio contra a celulite, é considerado um medicamento dermatológico para uso externo.

Atua nas úlceras varicosas, hematomas, varizes, celulite, eczema e rachadura da pele. Preparada em farmácia de manipulação como creme ou pomada, duas a três vezes ao dia. Também em uso externo podem ser preparadas três colheres de sopa de folhas picadas em meio litro de água fervente, fazer aplicação localizada como estimulante cutâneo e de irrigação sanguínea. Elimina celulite e pode ser usada em banho de acento ou vaginal.

## Ações

Anti-irritante, anti-inflamatória, diurética, refrescante, calmante, anticelulítica, eutrófica do tecido conjuntivo, normaliza a circulação venosa de retorno, é um tônico vulnerário, vasodilatador periférico, previne rugas precoces.

## Propriedades

As propriedades, conhecidas pelos chineses como *Joti tieng*, atuam como um raro estimulante sem efeitos cumulativos prejudiciais. Planta que cresce espontaneamente em lugar úmido e sombreado, encontrada no leste da Europa e também em países da América do Sul como Brasil e Venezuela. É uma planta refrescante, só é um pouco amarga e acre, da qual se usam principalmente as folhas. Atua na produção do colágeno dos fibroblastos, promove o restabelecimento de uma trama colágena normal, flexível e consequentemente desbloqueamento das células adiposas.

Permite a liberação de gorduras localizadas graças à possibilidade de penetração das enzimas lipolíticas. Tem a probabilidade, portanto, de proporcionar a normalização das trocas metabólicas entre a corrente sanguínea e as células adiposas. Essa função ainda auxilia na melhora da circulação venosa de retorno, que combate os processos degenerativos do tecido venoso, também controla a fixação da prolina e alanina, elementos fundamentais na formação do colágeno. A centela rejuvenesce o cérebro, nervos e glândulas endócrinas através de um alcaloide similar ao ginseng.

## Indicações

Tratamento de úlceras varicosas, hematomas, problemas gástricos e intestinais, câimbras dos membros inferiores e formigamento, obesidade, edemas, celulite localizada, favorece a circulação, inflamação e cicatrização.

## Dosagens

Pó: de 0,25 a 1g após as refeições, diluído em água. Extrato: fluido de 0,25mg a 1ml diluído em um pouco de água, uma vez ao dia. Fitocosméticos em géis, cremes, loções suavizantes, com extrato glicólico 2 a 5% em cremes restauradores, creme pós-sol com extrato glicólico 1 a 5%.

# Cidreira

*Lamiaceae / Lipia alba*

## Características

Herbácea perene, subarbusto de morfologia variável, que alcança de 30 a 60cm de altura, planta aromática, seus ramos são finos, longos e quebradiços. Suas folhas são inteiras, opostas, de bordo serreadas, com 3 a 6cm de comprimento. Flores reunidas em inflorescência axilar de tamanho variável, florescem no final do verão. Nas regiões temperadas os caules secam durante o inverno, voltando ao normal na primavera. Seus frutos são drupas globosas de cor rosa-arroxeada, e atraem muito as abelhas.

Nativa da Europa Meridional, é uma planta muito utilizada na medicina tradicional. A literatura etnofarmacológica registra o uso do chá da cidreira em todo o Brasil, tanto pelo seu sabor agradável como pela ação calmante em pessoas nervosas. É uma planta fácil de cultivar, espalha-se rapidamente e pode ser plantada a partir das sementes, de muda de planta jovem ou por divisão de suas raízes. Cada planta precisa pelo menos de 30cm de espaço ao redor de si.

## Constituintes

Foi introduzida na Inglaterra pelos romanos, também no Brasil como as ervas europeias, chegou com os portugueses há mais de um século. Na Bélgica e na Holanda é usada na conserva de arenque e enguia, embora alguns usuários também usem em saladas. É muito usada a base do famoso licor de melissa, além de entrar na composição de vários outros licores. É uma planta deliciosa em infusões, coquetéis com vinho branco e bebida gelada.

Na Espanha é utilizada a planta sempre fresca em sopas, molhos, saladas verdes e em diversas carnes, assim como de caça, peixes e para aromatizar o leite. Mas o seu poder é muito intenso não só na culinária, mas também em uso medicinal. Consideram-na um remédio para prevenir e ajudar no tratamento de muitas doenças. Seu óleo essencial submetido a ensaio farmacológico demonstrou ações bacteriostáticas.

Seus taninos possuem ação virustática principalmente sobre o vírus herpes simples causador do herpes labial. É uma planta anti-inflamatória, anticonvulsiva e hipotensora. Sua constituição destaca-se por seu óleo essencial, limoneno, medicanol, tânico, taunol, álcoois, resinas, mucilagens, citral, contrantol, flavonoides, glicosídeos, álcoois compostos terpênicos e derivados de ácido romarínico, ácido cafeico e extrato aquoso.

## Ações

Ação virustática, carminativa, antirreumática, anticonvulsiva, sedativa, diurética, anti-inflamatória, antiespasmódica, hipotensora e calmante.

## Propriedades

Suas propriedades medicinais são ativamente reconhecidas, por sua capacidade sedativa, seu papel importante nas emoções; é um tranquilizante indutor do sono, que atua como tônico nervino sobre os problemas do coração e do cérebro. Alivia as dores de estômago de origem nervosa, acalma as cólicas gástricas e intestinais, é um eficiente antiespasmódico reconstituinte do aparelho gastrointestinal, elimina os gases, é um sedativo suave do fígado e vesícula biliar.

Mas suas propriedades não se restringem só no chá das folhas, pois essa planta possui uma capacidade ativa provinda de seu óleo essencial, que atua como anticonvulsionante, estomáquico e antitraumático, assim como dissolvente de congestão no sistema digestivo. Seu óleo essencial caracteriza-se por seus teores elevados de citral e mirceno, provindos de suas folhas e pela sua inflorescência composta por pequeno disco central ainda não desenvolvido, que contém altos teores de carvona e limoneno.

### Indicações

Dores reumáticas, dor de dente, dores de cabeça, enxaquecas, alivia vômitos, enjoos e náuseas, principalmente na gravidez, desmaios, histeria, flatulência, icterícia, câimbras nos membros inferiores, problemas de estômago e intestino, resfriados, irregularidades menstruais, ajuda na cura das anemias de gestantes e das crianças.

### Dosagens

Infuso: uma colher de sopa de folhas picadas por xícara de água fervente, duas a três vezes por dia conforme a necessidade. Existem a tintura, a homeopatia e o óleo preparados em farmácia, mas seu uso e dosagens só com orientação do profissional de saúde.

# Cidró-pessegueiro

*Verbaceae / Aloysia triiphylla*

## Características

Arbusto grande, muito ramificado, ereto, aromático, com 2 a 3m de altura. Tronco curto, casca grossa. Folhas simples, glabras em ambas as faces, com 8 a 12cm de comprimento, são ásperas ao tato, exalam um perfume de limão, caem no outono e renovam-se na primavera. Flores pequenas, brancas ou levemente rosadas dispostas em inflorescência paniculada terminal, hermafroditas, levemente zigomorfas. Nativa da América do Sul, provavelmente do Chile, e cultivada no sul do Brasil.

Foi introduzida na Europa e no norte da África. Propaga-se por estacas simples ou de cruzeta, em clima temperado, brando ou subtropical. É uma planta de folhas decíduas rebrotando na primavera, não resiste ao frio e à geada. O vento seco da primavera evapora os óleos essenciais, também não tolera excesso de umidade, deve ser regada só em caso de seca forte, evitando molhar a folhagem.

## Constituintes

Como muitas outras especiarias com aroma de limão, o cidró-pessegueiro é usado por muitas pessoas para dar sabor a sopas; no entanto, ele é um aromatizador de doces, sobremesas e bebidas, enfatizando e incorporando o aroma natural, que dá um efeito magnífico no preparo de saladas de frutas, em sorvetes etc. Mas essa planta não se restringe a erva aromática ou um tempero culinário, ela é também um excelente chá de uso medicinal; suas folhas simples são usadas na medicina popular caseira, como um chá maravilhoso.

É considerada uma erva adstringente, carminativa, rica em óleo essencial que age como sedativo brando, febrífugo, antiespasmódico, atua com eficiência na gripe, tosses, é tônica digestiva, eupéptica e calmante. Seu óleo essencial é constituído de citral, limoneno, citroneulol, geraniol, cineol, alfa e beta-pinino, etil-eugenol entre outros flavonoides, luteolina, diglicuronídeo, apigenina, crisoeriol, tanino, hispidulma, compostos fenólicos verbascosídeo, hidrolisável e iridoides.

## Ações

A melhor ação de uso e mais comum é do chá das folhas. Para quem sofre enjoo, dor de estômago ou dor de cabeça de origem nervosa, esse simples chá tem muita eficácia. A maior parte das ações é através dos óleos essenciais. Mas, como sempre, faço uma observação: seu uso prolongado pode provocar irritação na mucosa gástrica, e mesmo em uso externo como em perfumaria pode provocar reações de hipersensibilidade na pele se usado antes de exposição solar, pois o citral e o geraniol possuem agente tóxico. Assim, o melhor mesmo é usar o chá ou o suco sem exagerar, evitando assim problemas negativos.

## Propriedades

Suas propriedades medicinais são largamente difundidas de norte a sul do país, na forma de chá com seu aroma e sabor agradável, calmante e espasmolítico. Contém um óleo essencial que possui atividade antimicrobiana, formado principalmente por citral ao qual se atribui essa propriedade. Contém também mirceno, princípio ativo de ação analgésica, antibactericida, anticatártica, antiespasmódica, digestiva, antimalárica, anti-histérica, emenagoga.

É estimulante cardíaco, prolongador do sono, depressor do sistema nervoso central (SNC), estomáquico, excitante, febrífugo. Seu chá deve ser preparado de preferência com folhas frescas, que possuem sabor mais agradável; é ótimo para aliviar crises de cólicas uterinas e intestinais, ajuda no tratamento do nervosismo, estado de intranquilidade, taquicardia, zumbido no ouvido, propriedades que foram comprovadas farmacologicamente.

Há outra preparação de sabor muito agradável e que faz o mesmo efeito do chá: pegar quarenta folhas do cidró, picar em pedaços pequenos, pôr um litro de água, com umas gotas de limão, e liquidificar bem; coar e adoçar a gosto, podendo tomar gelado. Tanto o chá quanto o suco podem ser bebidos à vontade, pois são completamente desprovidos de qualquer ação tóxica. O óleo é que não é aconselhável usar por via oral em altas doses, pois ele comporta-se como neurotóxico.

## Indicações

Má digestão, dor de estômago, flatulência, diarreias, enxaquecas, febres, zumbido no ouvido, afecções no coração, taquicardia, dor de cabeça, bronquite, congestão nasal, gripe, edema nos olhos, hipocondria, nevralgia, melancolia, infecções intestinais, náuseas e vômitos.

## Dosagens

Infuso: uma colher de sopa das folhas e flores para uma xícara de água fervente; sempre que for necessário, tomar de duas a três vezes ao dia.

# Citronela

*Poaceae / Cynbopogon*

## Características

Planta aromática, perene, com cerca de 1m de altura. Folhas longas que amassadas entre os dedos liberam um forte cheiro, aromatizante de ambientes; mais utilizada como repelente de vários tipos de insetos e larvas, por exemplo, *Aedes aegypti* (mosquito transmissor da dengue e da febre amarela). As flores são raras e estéreis em nossas condições climáticas; propaga-se por divisão de touceiras em qualquer época do ano. Prefere solos férteis, úmidos e bem-iluminados. Originária da Índia-Ceilão, cultivada nos países subtropicais. Seu cultivo permite até quatro cortes por ano, multiplicando-se por separação de touceiras replantadas diretamente no campo no espaço de 50 x 80cm.

O efeito dessa planta ocorre especialmente contra microácaros da poeira e do ar, que são responsáveis pelos processos alérgicos e respiratórios, comuns em ambientes internos. O efeito é através de fumigação, pela queima de folhas secas à sombra, pelo próprio óleo diluído em querosene no candeeiro ou por pulverização de uma solução a 20% do óleo diluído em álcool. Usar em vaporizadores especiais, como ação preventiva, cobrindo e protegendo contra picada dos mosquitos transmissores, tendo em vista ser um produto natural que não apresenta reações alérgicas. Já temos resultados que comprovam que em outros países como os da África e Europa, onde o produto já circula, há significativa redução nos índices de contaminação.

## Constituintes

Seus constituintes químicos são citronelal, citronelol, d-cadinemo, elemol, etargicina, eugenol, geraniale, germacreno-D, geraniale, isopulejol e limoneno. A citronela é uma planta muito aromática que ficou bem conhecida por fornecer matéria-prima (óleo essencial) para a fabricação de repelentes contra os mosquitos borrachudos. Considerado um ótimo produto, o óleo dessa planta é rico em geraniol e citronelal, substância responsável por exalar o perfume. Essa planta é muito semelhante ao capim-limão, que muitos tratam de erva-cidreira. A cidreira possui cheiro mais suave como o capim-limão.

A citronela é mais intensa, lembra o eucalipto. A cidreira é de uso simples, já o uso da citronela é mais direcionado para afastar mosquitos que causam doenças. Usa-se também em forma de pó, em folhas, óleos, loções ou cremes, que podem ser aplicados na pele como repelente; prepara-se em velas e incensos, que são ótimos. Só existe um problema de diferença: a cidreira é um ótimo calmante. Para vários problemas de saúde, prepara-se um chá de uso interno, e a citronela é exclusivamente para uso externo.

## Ações

Como já foi dito, tem ótima ação repelente não só a planta, mas também o seu óleo essencial; só que esse óleo não deve ser aplicado puro sobre a pele, porque pode causar irritação. Existem produtos preparados em laboratório farmacêutico na forma de creme e loções que são ótimos.

## Propriedades

A citronela é um ótimo repelente, mas sua melhor propriedade está em seu óleo essencial, que é anti-inflamatório, motivo de alguns empresários incluí-lo em determinadas fórmulas cosméticas. O método industrial de extração do óleo essencial dessa planta é conhecido como “arrasto de vapor”. As folhas são colocadas em um recipiente e passam a receber vapor d’água constantemente. A água é aquecida em uma caldeira, ao passar pelas folhas da citronela o vapor leva junto o seu óleo, separado da água em seguida por condensação. Para uso caseiro há uma maneira mais fácil, mas não se sabe se possui a mesma eficicácia.

Essa planta é solúvel em álcool. Se misturarmos suas folhas nele, naturalmente o óleo vai ser liberado. Mas o problema é que outras substâncias presentes na folha, como clorofila e pigmentos, também são solúveis em álcool, e nesse caso não vamos ter óleo puro como aquele extraído por meio de vapor d'água, mas vale a pena; pelo menos é fácil de conseguir um pouco de óleo, mesmo misturado com outra substância, uma vez que suas folhas possuem uma concentração mínima de óleo, em torno de 0,5% a 0,6%, que de outra maneira caseira não vale a pena tentar.

## Indicações

Apesar de surgirem algumas indicações de uso interno de seu chá, eu não recomendo, pois acho uma ótima planta somente para uso externo.

## Dosagens

Uma maneira de aproveitar o poder repelente da planta é fazer o chá das folhas e usá-lo para limpeza do chão, portas e janelas, pois afugenta os mosquitos. Pode ser plantada em quintal, perto de casa, ou também em vasos grandes.

# Clorela

*Cyanphyta / Chlorela pyrenoidosa*

## Características

A clorela é uma forma de vida vegetal das mais antigas do planeta. Planta que apresenta maior quantidade de clorofila, com grande capacidade de fotossíntese. É uma alga verde unicelular de água-doce, de rápido desenvolvimento. Converte com eficiência o $CO_2$ em oxigênio, contribuindo com grande importância na atmosfera do planeta. Por possuir uma parede celular muito forte, os nutrientes não são facilmente liberados.

A clorela foi descoberta por japoneses consumidores de algas, que a apreciam e a utilizam normalmente como complemento alimentar.

Os orientais utilizam muito o extrato dessa alga por seus conhecimentos em todo o Japão como modulador da resposta biológica, e declaram que sentem uma enorme sensação de bem-estar e aumento de energia logo após o seu uso, tanto físico como mental e emocional. Os primeiros estudos científicos foram desenvolvidos na época da Segunda Guerra Mundial por alemães e norte-americanos, que sentiram necessidade de encontrar um complemento alimentar que fosse eficiente para seus bravos usarem nos campos de batalha. Mas hoje continuam sendo os maiores produtores de clorela o Japão e a China, que a cultivam em grande escala industrial e com avançada biotecnologia.

## Constituintes

Pigmento verde, que cresce na água e que consiste principalmente de um núcleo e de uma grande quantidade de clorofila disponível diretamente, um nutriente vital para a saúde do corpo humano. É um alimento integral rico em vitaminas, sais minerais, aminoácidos, ácidos graxos, polissacarídeos e inúmeros outros compostos benéficos à saúde. Auxilia no bom funcionamento do cérebro e do fígado, melhora a digestão, absorção dos alimentos e eliminação dos resíduos negativos do organismo.

Auxilia na perda de peso com saúde, intensifica o sistema imunológico acelerando o processo de cura, combate bactérias e vírus, aumenta a resistência a infecções virais, possui capacidade de matar bactérias através do superóxido desbotável, poderoso elemento das células brancas do sangue que acabam com as bactérias; desintoxica e auxilia a função hepática normal, capaz de remover o álcool do fígado e/ou limpá-lo de metais pesados e certos pesticidas, herbicidas e demais toxidades dos tecidos do corpo; protege contra a irradiação, alivia inflamações em geral.

## Ações

No Japão, o interesse pela clorela é amplamente divulgado, como um superalimento com capacidade de remover ou neutralizar substâncias nocivas ao corpo, que podem ser acumuladas por causa da poluição ambiental e da ingestão de alimentos contaminados. Ela absorve as toxinas dos intestinos melhorando o teor da flora intestinal, ajuda aliviar até curar prisão de ventre crônica e elimina os gases intestinais.

## Propriedades

O fortalecimento do organismo; a ativação celular acontece, graças ao uso constante da clorela, devido a uma substância que contribui na eliminação da acidez sanguínea, que auxilia o organismo a funcionar normalmente. Essa famosa alga possui em sua propriedade uma gama de vitaminas: vitamina A, C, E, e todas as do complexo B, em especial a vitamina B9 (ácido fólico), vitamina B12, e betacaroteno, sais minerais como cálcio, iodo e ferro, proteínas, carboidratos, aminoácidos, destacando-se a lisina e enzimas que aceleram a recuperação e o desenvolvimento autoimune, restaurando a propriedade de células brancas maduras do sangue. A clorela atua contra os distúrbios degenerativos do cérebro e dos nervos, prevenindo os males de Alzheimer e de Parkinson.

O polissacarídeo deidochlon-A purificado do seu extrato é considerado um preventivo de células cancerosas com propriedades de retardar ou prevenir seu desenvolvimento. Possui ainda substância composta por um nucleopeptídeo sulfurado, e outras substâncias que ativam a função fisiológica e estimulam o sistema imunológico, multiplica a taxa de crescimento dos lactobacilos do intestino. Por sua alta concentração de clorofila é indicada com grande capacidade como desintoxicante do sistema digestivo, controlando a obesidade, promovendo uma sensação de saciedade quando ingerida antes das refeições, sem necessitar de regimes rigorosos que prejudicam a saúde. Estudos indicam que a clorela atua no sistema nervoso combatendo os danos causados pelos radicais livres.

### Indicações

Problemas digestivos, estômago, fígado, cérebro, sistema nervoso, depressão.

### Dosagens

Uso normal: uma cápsula de 500mg duas vezes ao dia.

# Copaíba

*Fabaceae / Copaifera*

## Características

A copaíba é uma planta medicinal, uma árvore com até 30m de altura, constituída de folhagens densas, com folhas compostas alternas, com folíolos de 3 a 6cm de comprimento. É uma planta típica da floresta tropical amazônica, que ocorre na América do Sul, especialmente no Brasil, Colômbia, Venezuela e Guianas. É na Amazônia, entretanto, que encontra seu habitat, embora se possa encontrar nos estados do Mato Grosso, Mato Grosso do Sul, Goiás, Minas Gerais, Pará, São Paulo, Paraná e nas regiões mais úmidas do Norte do Brasil. Os primeiros relatos foram feitos no século XVI pelos portugueses no Brasil.

Era mencionada a utilização medicinal pelas populações indígenas do óleo-resina de copaíba (copaifera spp), com a denominação *kupaiwa tupi*, de onde se originou primeiro o nome *copiava* e depois *copaíba*, como ficaram sendo conhecidos tanto a árvore como o óleo-resina. As árvores que fornecem o óleo-resina de copaíba foram mencionadas sob o nome *copei* em 1534. Em 1625 um monge português fez um relato sobre o Brasil mencionando as qualidades dessa árvore que a chamou de *cupayba*. E o mais importante é que após tantos anos é o nome que todos hoje conhecem: copaíba.

## Constituintes

A copaíba, dentre todas as plantas, é a maior fonte de carifileno; os hidrocarbonetos dessa árvore contêm terpenos, incluindo pieno. A porção resinosa (55-60%) possui ácido copaíbico, ésteres e resinoides. A parte volátil de resina 40 a 55% produz óleo essencial que contém B-cariofileno, alfa-humuleno, B-bisaboleno e sesquiterpeno. O óleo de copaíba contém uma quantidade significativa de ácido caurenoico, que em estudos mostraram efeitos hipotensores, diuréticos e relaxantes musculares. A copaíba é usada tipicamente para aliviar a inflamação e ajudar a curar pé de atleta, feridas, erupções cutâneas, dermatites, eczemas, psoríase, além de ajudar a restaurar a pele danificada.

Cura pequenas cicatrizes, é anti-inflamatório, age como um agente antisséptico, desinfetante, antimicrobiano, antimicótico e citotóxico, é eficiente tanto para uso interno como externo, até no câncer de pele e úlcera de estômago. O bálsamo de copaíba é ótimo para curar tosses crônicas, catarros, resfriados, bronquites e outros problemas respiratórios; atua na expectoração, assim como na leucorreia, cistite crônica, gonorreia, diarreias e hemorroidas. O óleo dessa planta é usado externamente nas massagens no tratamento das dores articulares, joelho, ombro, tornozelo e quadril.

## Ações

Antisséptico, cicatrizante, carminativo, expectorante, diurético, laxante, anti-inflamatório, estimulante, tônico, estomáquico, antimicrobiano, hipotensor, relaxante muscular, citotóxico, desinfetante.

## Propriedades

Suas propriedades são muitas, mas as principais são: nas funções respiratórias e urinárias, alivia sintomas de uma ampla gama de doenças que causam inflamações nos tecidos moles da mucosa. Restabelece as funções das membranas mucosas, modifica as secreções acelerando a cicatrização em doses pequenas, é estimulante do apetite com ação direta sobre o estômago. Possui propriedade tópica, restabelece as funções das membranas mucosas, modificando as secreções e acelerando a cicatrização, é um estimulante tônico. Testes de laboratório mostraram que a resina atua reduzindo a permeabilidade das paredes capilares para a histamina, substância química responsável pelo inchaço doloroso.

A resina da copaíba, depois de filtrada, resulta num óleo magnífico, de cor amarelo-pálida a pardo-esverdeada, às vezes com ligeira florescência, sabor amargo e odor aromático característico, possui uma parte volátil, formada por compostos sesquiterpênicos, principalmente B-cariofileno. Na fração fixa da resina predominam alguns ácidos. No ensaio de atividade antimicrobiana mostrou-se ativa contra *Staphilococus áureos*, *Bacillos subtillis* e *Escherichia Coli*.

## Indicações

Problemas respiratórios e pulmonares, tosses, bronquites, rouquidão, disenterias, incontinência urinária, cistite, dermatite, eczemas, erupções cutâneas, cura pequenas cicatrizes, artrite, reumatismo.

## Dosagens

Cápsulas de 500mg e bálsamo preparados em farmácia de manipulação, sendo usados sob orientação do profissional de saúde.

Uso externo em géis emulsionantes, sabonetes, xampus, cremes, loções para pele seca, e ainda cura espinhas, manchas e picadas de insetos.

# Cramberry

*Cranbericeae / Vaccinium macrocarpa*

## Características

Planta nativa da América do Norte (Canadá e Estados Unidos). É uma árvore com mais de 10m de altura, tronco de casca áspera, copa densa e esgalhada. Folhas pequenas lisas, brilhantes e triangulares. Flores de coloração amarelo-avermelhada. Os frutos, falsas bagas maiores do que as próprias folhas, são comestíveis, possuem gosto ácido, são brancos, mas, quando maduros, tornam-se vermelho forte. Essa fruta agora já é muito conhecida no Brasil; tornou-se popular em muitos países, reconhecida por suas qualidades benéficas ao sistema urinário, principalmente das mulheres.

Segundo estudos realizados, o uso diário de dois copos de suco dessa fruta pode reduzir os casos de infecções urinárias, como a cistite que ao longo dos anos atinge mais da metade da população feminina por contaminação bacteriana. Esses benefícios estendem-se também às infecções bucais e estomacais. A lista de vantagens do consumo dessa fruta é bastante extensa; além de apresentar um alto poder antioxidante, ainda contribui para a produção do colágeno e elastina.

É uma planta rica em vitamina C e antocianina, potentes antioxidantes que contribuem no combate aos radicais livres (RL), e ainda previnem o surgimento de tumores, principalmente de mama. Segundo esses estudos, pode ser forte aliada no combate ao Mal de Alzheimer, uma vez que é rica em compostos bioativos que protegem contra a degeneração de neurônios, ou seja, protege as células cerebrais contra danos causados por RL e perda da função cognitiva.

## Constituintes

O cramberry é pouco comum no Brasil, é uma fruta típica de países frios. Seus maiores produtores são: Chile, Estados Unidos, Canadá e Polônia. Essa pequena fruta apresenta em sua composição flavonoides antocianidinas, proantocianidinas, taninos condensados e ácidos fenólicos, componentes que podem impedir a adesão de certas bactérias, como a *Escherichia coli*, associada às infecções do trato urinário. Pesquisas científicas recentes demonstram que o cramberry, além das quantidades significativas em antioxidantes que contém, possui outros fitonutrientes naturais que protegem o organismo contra doenças cardiovasculares.

Em 2002, em uma conferência de Biologia experimental, foi relatado que, através de um estudo clínico com voluntários, o cramberry impede a adesão de *Escherichia coli* nas células do trato urinário. Novas pesquisas indicam que essa fruta pode agir em outras partes do corpo além do trato urinário, de encontro também com outras bactérias. A adesão dos diferentes tipos de bactérias que causam úlceras no estômago e doenças periodentais pode ser inibida na presença dessa fruta, e é possível ainda que outras bactérias suscetíveis também sejam eliminadas, evitando assim que sejam ingeridas altas doses de antibióticos.

## Ações

Preventiva de infecções do trato urinário, impedindo a adesão das bactérias, inclusive a *Escherichia coli*, possui ação sobre o sistema cardíaco, previne o aumento do colesterol no sangue. É ótimo remédio para o cérebro e sistema nervoso.

## Propriedades

O cramberry possui propriedades anti-infecciosas em seu estado seco, assim como no tratamento de contaminação bacteriana; ajuda no sistema imunológico, possui propriedades anticancerígenas. Ainda secas, as frutas são isentas de colesterol e gorduras trans ou saturadas; mais do que isso, quando o processo de desidratação é feito de forma correta, a fruta seca continua com alta concentração de vitamina C e minerais que ajudam no combate ao diabetes tipo 2. Nesse caso a fruta seca deve ser isenta de açúcar para reduzir o índice glicêmico da mesma. É importante destacar que a fruta seca, com adição de açúcar, pode reduzir a sistemática das vitaminas, minerais e propriedades benéficas.

Uma das formas mais conhecidas de consumo do cramberry é o suco da fruta, muito comum nos Estados Unidos e Canadá, além de outros países como a Austrália e Nova Zelândia. Estudos divulgados pela Universidade de Harvard mostraram a evidência científica dos efeitos benéficos da fruta. No trabalho realizado pela equipe da Cochrane Collaboration, rede que faz revisões de intervenções na área da saúde, foram avaliados estudos envolvendo um total de 1.049 participantes.

Os resultados mostraram que o consumo diário dessa fruta ao longo de um ano reduziu a incidência de infecção urinária em 39% em mulheres que sofriam de infecção urinária de três até mais vezes por ano. Em abril de 2004, a agência governamental francesa aprovou o suco do cramberry como agente antibacteriano para a saúde do trato urinário, justificando essa aprovação baseada nos resultados comprovados de estudos com grupo de mulheres que sofriam do problema e usaram durante doze meses com excelente resultado.

## Indicações

É indicado contra todos os tipos de infecções, principalmente do sistema urinário e digestivo, protege o sistema nervoso. Mas como nem tudo é o todo, vai uma orientação muito importante, comprovada por mim: quem faz uso de qualquer anticoagulante jamais poderá ingerir esse suco; ou seja, nada que contenha essa fruta, pois ela possui um alto poder anticoagulante, que, junto com o medicamento usual, aumenta a potência, causando hemorragia.

## Dosagens

O suco deve ser ingerido duas vezes ao dia; uma pela manhã e outra à noite. Já existem em farmácia de manipulação cápsulas de 300mg, que devem ser tomadas sob orientação de profissional de saúde.

# Cupuaçu

*Sterciliaceae / Teubrama grandflorum*

## Características

O cupuaçuzeiro é uma árvore de porte médio, de até 10m de altura, com ramos flexíveis, longos, grossos, com copa alongada e densa. Folhas de até 50cm de comprimento, de coloração ferruginosa na face inferior. Flores de cor vermelho-escura, presas diretamente no tronco, e se dispõem em panículos ou cachos compostos. Seus frutos grandes podem atingir 30cm ou mais de comprimento e pesar 5kg. É constituído por uma polpa suculenta e cremosa de sabor característico, que compreende um terço de seu volume, aderido de 10 a 15 sementes ovaladas grandes.

Nativo da Região Amazônica, seus frutos sempre foram muito apreciados pelos índios amazônicos, e hoje é uma fruta preferida por toda a população daquela região, constituindo-se numa fonte importante de alimentação. Hoje é cultivado também em outras regiões tropicais do Brasil, principalmente no sul da Bahia e regiões litorâneas. Sua polpa é utilizada para consumo em forma de sucos, geleias, doces, cremes, musses, bombons, balas, biscoitos, sorvetes e iogurtes.

## Constituintes

Os experimentos, realizados por uma equipe coordenada por professores, mostraram a alta qualidade nutricional das proteínas da semente de cupuaçu para substituir a proteína do leite. Segundo os professores, os ensaios biológicos comprovaram que essas proteínas são muito superiores às outras proteínas vegetais. A novidade com alto valor nutritivo pode ser disponibilizada em pó ou líquida; a bebida pode ser produzida com a proteína concentrada ou isolada da semente do cupuaçu.

Para preparar o pó, as sementes devem ser secas, torradas, descorticadas, moídas, desengorduradas e alcalinizadas, de modo a obter o pó. O tratamento de alcalinização feito no pó objetiva o aumento da solubilização, dispersão e melhoramento da cor. Os pesquisadores da Faculdade de Engenharia de Alimentos da Universidade Estadual de Campinas desenvolveram uma bebida láctea rica em proteínas e semelhante ao leite achocolatado, produzida a partir das sementes de cupuaçu.

## Ações

Algumas tribos indígenas da Amazônia, principalmente os tikumas, utilizam suas sementes moídas para tratamento de dores abdominais e em caso de parto difícil. Assim como o uso da polpa não é só para suco, mas para preparo de pratos típicos dos mesmos.

## Propriedades

As propriedades do cupuaçu são demonstradas por sua riqueza em proteínas, gorduras não saturadas, água, carboidratos, fibra alimentar, pectina (uma fibra insolúvel que ajuda a manter bons níveis de colesterol), triglicerídeos, lipídios e glicose no sangue; contém ácido graxo monoinsaturado e poli-insaturado, sais minerais, cálcio, fósforo, ferro, sódio e potássio e as vitaminas A, B1, B2, B3, b6, e C. A análise fotoquímica de suas sementes constatou a presença de 48% de gordura branca, sucedânea de manteiga de cacau e da substância identificada como ácido tetrametilúrico, provavelmente um novo alcaloide. Sua casca é bastante dura e utilizada como adubo orgânico.

Sua polpa, além de todos os elementos comestíveis, ultimamente está sendo empregada na indústria de cosméticos como ingrediente de cremes e xampus. A remoção da polpa do cupuaçu aderida fortemente à semente é uma operação trabalhosa e efetuada através de tesoura. Seus frutos amadurecem durante os meses chuvosos de janeiro a abril, multiplica-se por sementes, e começa dar frutos em geral por volta de oito anos.

## Indicações

Insônia, anemia, problemas intestinais, fraqueza geral, colesterol alto, falta de memória, debilidade e depressão.

## Dosagens

Suco: um a dois copos ao dia. Os demais preparados ficam a critério de cada pessoa.

# Dente-de-leão

*Asteraceae / Taraxacum officinalis*

## Características

Planta de procedência europeia, facilmente encontrada no Brasil; é uma herbácea mucilaginosa, alcalinizante, com efeito picante, anual ou perene, caule lactescente, com raiz pivotante, de 15 a 25cm de altura. Folhas rasuradas basais simples, com margens irregulares e profundamente partidas, de até 20cm de comprimento. Os frutos são aquênios, escuros e finos, contendo em uma das extremidades um chumaço de pelos, que facilitam a sua flutuação no vento. Multiplica-se principalmente por sementes, presas a papilhos de pelos brancos e sedosos.

Cresce espontaneamente, com vigor, em solos agrícolas e em outras áreas nas regiões Sul e Sudeste do Brasil, crescendo de preferência em solo úmido durante o inverno e primavera. É considerada por algumas pessoas como planta daninha porque é encontrada em ruas e calçadas. Muito utilizada na macrobiótica, onde suas folhas são empregadas puras em saladas, ou fazendo parte de várias saladas mistas; suas flores são melíferas, muito usadas na medicina tradicional, desde os tempos remotos, em toda a Europa.

No Brasil ela é considerada planta desintoxicante do aparelho digestivo em geral. Mas além de tantas qualidades medicinais, essa planta é ótima para o tipo de pessoas que não conseguem controlar de modo sensato suas aspirações existenciais. São pessoas que, por amor ao ideal, não poupam nada nem ninguém para atingirem sua meta, uma meta de ambição com conceito de idealismo.

## Constituintes

Na composição química destaca-se a presença de óleo essencial, resinas, goma, ácidos graxos (principalmente o linoleico), ácidos orgânicos, ácido cafeico, ácido cítrico, ácido dioxinâmico, ácido P-oxifenilacético, ácido tartárico, alcaloides amerina, mucilagem, saponina, tanino e pectina, derivados terpênicos, taraxasterol, carboidratos. Esteróis: B-sistoterol e estigmasterol. Flavonoides: carotenoides. Aldeídos: princípio amargo taraxacina. Vitaminas: A, B1, B2, B5, B6, B9, B12, C, D, E, PP, paba, colina, biotina, e inositol, fitosteróis, sais de cálcio, luteolina, levulina. Glicosídeos: taraxacosídeos e 2% insulina. Proteínas, aminoácidos e sais minerais: cálcio, magnésio, ferro, fósforo, potássio, manganês, selênio, zinco, cobalto, sódio e níquel.

Essa planta, como fitoterápica, mantém o equilíbrio dos minerais, principalmente do potássio, que possui em alto nível diferenciando-se dos demais diuréticos; laxante suave e colerético, antioxidante, depurativo do sangue, atua como prebiótico promovendo equilíbrio da microbiótica intestinal. Aumenta a filtração glomerular e a excreção urinária, atua sobre o metabolismo do fígado e glândulas linfáticas, é anticarcinogênica, recomendada para o tratamento cardíaco. Suas folhas amargas são antiescorbúticas, depurativas, desobstruentes das vísceras abdominais e desintoxicantes do sistema digestivo.

## Ações

Suas folhas são consumidas como salada em algumas regiões. As flores são melíferas e usadas na medicina tradicional desde os tempos remotos na Europa. No Brasil é considerada uma planta diurética potente, sendo usadas tanto suas folhas como as raízes e capítulos florais, para o controle do diabetes, inapetência, dores reumáticas, afecções da pele, edemas, problemas hepáticos, biliares e digestivos, constipação intestinal severa, artrose, astenia, cálculos biliares, cistite, celulite, gastrite, hepatite, varizes, obesidade; remove os líquidos retidos no organismo.

## Propriedades

A partir do século XVI essa planta foi reconhecida como droga medicinal pelos boticários, e considerada uma das ervas mais ativas e seguras como diurética; uma das melhores para tratar transtornos hepáticos, conhecida também como tartárica. Estimula as funções renais, sendo grande fonte de potássio para todo o organismo; os flavonoides são responsáveis pelo aumento da diurese. O alto teor de potássio assegura um melhor controle dos níveis de espoliação pela via urinária. Exerce uma influência favorável sobre o tecido conjuntivo aumentando sua irrigação. Influi sobre a formação de cálculos biliares modificando-os em casos de predisposição.

Os terpenos em sinergismos com as lactonas são responsáveis pela ação colagoga, favorecendo a eliminação pela via biliar de numerosos catabólitos. É considerado um tônico hepático, diminui os acessos de dor em desordens reumáticas, antiescorbútico e antianêmico. Foi demonstrado em experimentos que o extrato alcoólico desenvolveu ação colerética, tendo aumentado a secreção biliar em torno de 40%. Seu princípio amargo é responsável pela estimulação da digestão e secreção gástrica. Sua riqueza em zinco torna-se também um composto antirradicais livres, tendo assim a capacidade de proteger as células hepáticas de danos indiretos.

## Indicações

Nos distúrbios das funções digestivas, hepáticas, estomacais e intestinais, por exemplo: nas inflamações do estômago, baço, pâncreas, fígado e vesícula biliar, reumatismo, gota, diabetes, inapetência, astenia, constipação intestinal, anemia, ácido úrico, colesterol, triglicerídeos, acidose, arteriosclerose, varizes, obesidade, nevralgias, esofagite, diarreia crônica, malária, hemorroidas; fortifica os nervos e fortalece o sangue; celulite, problemas da pele como alergias, acne, espinhas.

Observação: para problemas de pele faz-se o mesmo chá, aplicado em compressas. Também pode ser tomado. Para afecções do rosto, pruridos, escamações, eczemas, espinhas, cravos, queimaduras principalmente do sol, vermelhão e irritação dos olhos.

## Dosagens

Infusão: folhas secas até 10g por xícara de água, três vezes ao dia. Como tônico e depurativo (10g para um litro de água por dia). Extrato: fluido 30 gotas, de três a quatro vezes ao dia. Tintura-mãe (raiz mais folhas): de 15 a 50 gotas três vezes ao dia. Decoto: 2 a 3 colheres de chá das raízes em 300ml de água, ferver de 10-15 minutos. Tomar três vezes ao dia.

# Equinácea

*Asteraceae / Echinacea angustifolia*

## Características

Planta herbácea perene, rizomatosa, florífera, pouco ramificada, de 60 a 90cm de altura. Folhas opostas, curto-pecioladas, com até 12cm de comprimento. Inflorescências em capítulos cônicos, dispostas no ápice dos ramos, compostas de flores centrais de cor marrom-arroxeada, voltada levemente para baixo. Originária do Meio-Oeste dos Estados Unidos. Planta mais conhecida para a função de imunoestimulação.

Estudos científicos indicam essa planta como responsável pelo aumento da atividade dos corpos do sistema imunológico, ou seja, aumenta o desenvolvimento e a liberação de novas células da série branca do sangue e células linfáticas. Diversos estudos feitos por universidades alemãs têm demonstrado que as células brancas do sangue estimuladas pela equinácea são 120% mais efetivas na remoção de corpos estranhos, inclusive bactérias e outros patógenos da corrente sanguínea.

Primeiramente foi cultivada no Brasil como planta ornamental, porém hoje seu cultivo está sendo para uso medicinal, evidenciando-se uma importante ação terapêutica, anti-inflamatória, estimulante de citocinas e protetora do colágeno, além da atividade antimicrobiana e antiviral, o que justifica as seguintes indicações nos casos de resfriado comum, tosses, bronquites, gripes, infecções do trato urinário, inflamação na boca, faringite, ferimentos e queimaduras.

## Constituintes

Essa planta é uma das ervas mais interessantes do ponto de vista de potencial terapêutico real. O seu uso na medicina tradicional remonta há séculos, quando os índios americanos do Meio-Oeste já a usavam como analgésico, antisséptico, tratamento de mordida de cobra, envenenamento do sangue, sangramentos, problemas respiratórios, garganta, picadas de insetos, lesões da pele (em cataplasma). Hoje existem indícios de que essa planta possui significante atividade imunoestimulante; vários relatos de estudos indicam que se deve a seu princípio ativo: alcamidas, glicoproteínas, ácido cafeico, equinosídeos e polissacárideos, entre os quais o principal é a arbinogalactana; contém óleo essencial que encerra cariofileno, um sesquiterpeno e poliacetilênicos, ácidos graxos, proteínas, taninos e vitaminas A, C, E. A maior concentração dos componentes mais ativos se encontra nos rizomas e raízes, contudo o suco fresco da planta deve ser preparado de folhas, hastes e flores. Sua raiz contém substâncias antissépticas, poderosas de efeito anti-inflamatório que previne superinfecções e impede as supurações.

É preparada e fornecida por farmácia de manipulação, pode ser administrada por via oral em formas de cápsulas, extratos, tinturas e chás. Em uso externo, pode-se também usar a tintura-mãe, 20 a 25 gotas em um pouco de água fervida, para limpeza, compressas, ou lavagens de ferimentos; ou ainda em pomada. Nunca esquecendo minhas observações: o uso por via oral somente com orientação do profissional de saúde.

## Ações

Anti-inflamatória, antimicótica, anticancerígena, antiviral, antibacteriana, antirreumática e antitumoral.

## Propriedades

Sua principal propriedade é por sua composição química, com seus polissacarídeos, flavonoides, quercitina, rutosídeos, ésteres do ácido cafeico, equinacosídeo e cinarina, óleos essenciais, principalmente derivados sesquiterpenos, poliacetilano, alquilamida, isobutilamida, vitaminas A, C e E. Mas há também outra ampla propriedade de atividade em função imune. Já foi confirmada em vários trabalhos e estudos científicos como um dos melhores mecanismos estudados.

Na estimulação da fagocitose em um teste *in vitro*, o extrato dessa planta aumentou a fagocitose por parte dos leucócitos em 20 a 40%. Também aumentou o número de células imunes da circulação, estimulou a produção de interferon como também outros mediadores químicos do sistema imune, importantes para a resposta do organismo contra as células cancerígenas. Desenvolve ação bacteriostática (hialuronidase bacteriana), enzima da bactéria que lesa as células sadias.

Além desse efeito, tem propriedade fungicida e ajuda a estimular o crescimento de um novo tecido. Portanto, possibilita manter a estrutura e a integridade do tecido conectivo, ajuda a prevenir infecções. Quando usada em ferimentos impede a progressão de inflamações e infecções, promovendo a regeneração e ação anti-inflamatória, removendo corpos estranhos, inclusive bactérias da corrente sanguínea.

## Indicações

Artrite, gota, gripes, resfriados, alergias, herpes simples, reumatismo.

## Dosagens

Decoto: chá com 1g da raiz seca, três xícaras ao dia. Extrato e tintura, preparados em farmácia e com orientação do profissional de saúde.

# Erva-doce

*Apiaceae / Foeniculum vulgaris*

## Características

Planta perene ou bienal, aromática, com 40 a 90cm de altura. Folhas verde-escuras, poucas e muito recortadas, as inferiores alargadas de até 30cm de comprimento, e as superiores mais estreitas, com bainha que envolve o caule, compostas pinadas, com folíolos reduzidos. Flores pequenas, hermafroditas, de cor amarela, dispostas em umbelas compostas por dez ou vinte umbelas menores.

Os frutos são oblongos compostos, pequenos, secos, de sabor adocicado e cheiro forte, que são comumente comercializados em sachês para chá, e também são utilizados na culinária como condimentos.

Nativa da Europa e amplamente cultivada em todo o Brasil, especialmente na Região Sul. Seus frutos também são usados industrialmente para produção de óleo essencial, tintura, extrato fluido, alcoolato e hidrolato. Seu óleo é empregado em farmácia, principalmente por suas propriedades que conferem sabor e odor agradável em preparações farmacêuticas, licores e guloseimas. Seu emprego vem desde a mais remota antiguidade, em forma de chá medicamentoso nos casos de problemas como estimulante das funções digestivas, para eliminar gases, combater cólicas de qualquer natureza e ainda estimula a lactação.

## Constituintes

Em sua composição química destaca-se o óleo essencial constituído principalmente de 90 a 95% de anetol, o que lhe confere o sabor e odor característicos da erva-doce, acompanhado de menor quantidade de linalol e outros derivados terpênicos oxigenados; ocorre também óleo fixo, proteínas, carboidratos, ácido málico, cafeico e clorogênico, além de cumarina, flavonoides e esteroides. Conforme registro da literatura etnofarmacológica, frutos maduros e secos têm emprego como chá estimulante das funções digestivas, para eliminar gases, combater cólicas de qualquer natureza, melhorar a dor de cabeça, estimular a lactação.

Assumido pela medicina popular com base na tradição europeia, ensaios farmacológicos demonstraram que o extrato dos frutos e o óleo essencial são dotados de propriedades antifúngicas, antivirais e excelente expectorante com capacidade de expulsar o muco; é espasmolítico e reduz as contrações musculares involuntárias. O uso do chá dessa planta é internacionalmente aprovado como medicação simples contra resfriados, tosses, bronquites, febres, inflamação na boca e garganta, má digestão e perda de apetite.

## Ações

Expectorante, tônica, cicatrizante, calmante, diurética, sudorífera, antiespasmódica, antidispéptica, anti-inflamatória e antiartrítica.

## Propriedades

A erva-doce possui propriedades de acalmar os nervos, promover sono tranquilo, conservar a maciez dos tecidos cutâneos. É indicada como um bom antiespasmódico, principalmente nas dores de estômago funcionais, nos espasmos digestivos de maneira geral, assim como para as distensões abdominais aerogástricas, colopatias espasmódicas, cólicas e pesadelos de crianças; é ótima nas regras dolorosas, perturbações neurovegetativas, nervosismos, insônia, palpitações, tonturas.

Nas tosses da coqueluche favorece a expectoração, eficaz nos casos de cansaço geral e deficiências diversas. Suas propriedades determinadas através de estudo de laboratório mostraram atividades excelentes em uso concomitante com substâncias anticancerígenas. Foram demonstrados resultados satisfatórios em que esse chá evita ou neutraliza o aparecimento de reações secundárias próprias da quimioterapia.

## Indicações

Edemas, acidez estomacal, tosses, bronquites, asma, cólicas, dores de cabeça, inflamações, má digestão, gases, gripes, resfriados, espasmos e palpitações.

## Dosagens

Uma colher de sopa rasa para uma xícara de água fervente, duas a três vezes ao dia, quando necessário, após as refeições. Contraindicado para gestantes, pacientes com úlceras duodenais, refluxo, colite ulcerativa e diverticulite.

# Erva-mate

*Aquifoliaceae / Illex paraguaiensis*

## Características

Erva-mate é uma árvore de até 20m de altura, dotada de copa densa ou abovada, com margens crenadas, de 6 a 20cm de comprimento. Flores unissexuadas, braças em fascículos axilares, frequentemente as masculinas e as femininas na mesma inflorescência. Frutos do tipo drupas, avermelhado, de polpa carnosa, com 5 a 8 sementes. Nativa do sul da América do Sul (Paraguai, Argentina, Uruguai, Chile e no Brasil, desde o Mato Grosso do Sul até o Rio Grande do Sul), principalmente em regiões altas.

No sul do Brasil, Uruguai, Argentina e Paraguai é consumida sob a forma de uma bebida típica muito amarga. Os índios das tribos guarani e quíchua tinham o hábito de beber infusões preparadas com as folhas dessa árvore. Hoje, esse hábito continua popular nessas regiões, onde a erva é consumida bem quente (o popular chimarrão), mas também pode ser consumida como bebida gelada, como o tererê, famoso no Mato Grosso do Sul e Paraguai.

## Constituintes

Essa planta possui um poder fundamental em uso externo, por exemplo: função inibidora da dor, reduz de imediato ao ser aplicado no lugar de um ferimento, bloqueia a dor nas camadas mais profundas da pele devido a seus componentes ativos e seu poder anti-inflamatório e penetrante, é similar à dos esteroides como a cortisona, porém sem os efeitos nocivos que esta provoca, podendo ser utilizada em transtornos como a bursite, artrite e picadas de insetos; é coagulante por conter alto conteúdo de cálcio e potássio, que provoca a formação de uma rede de fibras que retém os eritrócitos do sangue, ajudando assim a coagulação e a cicatrização necessária.

Por ser queratolítica, permite que a pele danificada ou ferida se desprenda, havendo uma renovação de tecidos com células novas; permite também um maior fluxo sanguíneo nas veias e artérias, livrando-as de pequenos coágulos. Por seu poder antibiótico comprovou-se a ação destruidora de muitas bactérias como salmonela e *stafilococus*; regenera as células através de hormônios que aceleram o crescimento de novas células e eliminação das células velhas. Pela presença do cálcio e potássio que mantêm o equilíbrio interno e externo e também regulam a passagem dos líquidos nestas células, desintoxica, melhora e estimula o fígado e os rins, que são os principais órgãos de desintoxicação.

Essa planta está sendo redescoberta com a vantagem de que agora ela tem sido submetida a investigações mais seguras e profundas, nas quais são realizadas análises de laboratório, com provas clínicas, controladas, que asseguram a eficácia de suas propriedades curativas. Através do ácido urônico ela elimina as toxinas em nível celular. Um estudo realizado pela USP apontou a ação da erva-mate na prevenção e tratamento de arteriosclerose (doença causada pelo acúmulo de gordura nas artérias).

## Ações

Possui ação sobre a circulação, acelera o ritmo cardíaco, é um estimulante natural que não tem contraindicação; é um vasodilatador, estimula as atividades físicas e mentais; é uma erva levemente amarga que depura o sangue e o fígado, aumentando a produção da bile, melhora o funcionamento do pâncreas, baço, estômago e rins, auxilia na cura da anemia, gota, reumatismo, icterícia, cirrose e hepatite.

Cura abscesso, furúnculos, câimbras, retenção de líquidos, prisão de ventre e tumores; pode ajudar a prevenção de câncer de mama e manchas senis, é um moderador diurético, reduz o colesterol LDL e o ácido úrico no sangue, graças a sua ação antioxidante que protege as células prevenindo e auxiliando-as precocemente com efeito duradouro pela forma especial como se toma o mate.

## Propriedades

Análises sobre a erva-mate revelaram a identificação de diversas propriedades benéficas ao ser humano, pois estão contidas nas folhas dessa árvore alcaloides (cafeína, teofilina, teobromina etc.), ácido fólico, ácido cafeico, tanino, vitaminas: A, B1, B2, C e E, sais minerais: alumínio, ferro, fósforo, cálcio, magnésio, manganês, potássio, proteínas, aminoácidos essenciais, glicídios, frutose, glicose, sacarose, lipídios, óleos essenciais, substâncias ceráceas, além de celulose, destrina, sacarina, clorofila e goma. Por tudo isso é considerada um alimento quase completo, pois contém a maioria dos nutrientes necessários ao nosso organismo.

É um estimulante natural que não tem contraindicações. Protege contra os radicais livres (RL); seu consumo está relacionado ao poder que ela tem de estimular a atividade física e mental, atuando beneficamente sobre os nervos e músculos, combatendo a fadiga, proporcionando a sensação de saciedade, sem provocar efeitos colaterais, como insônia, irritabilidade; também atua sobre a circulação, acelerando o ritmo cardíaco e harmonizando o funcionamento bulbomedular; age sobre o tubo digestivo facilitando a digestão, sendo diurética e laxativa. É considerada ótima para a pele, reguladora de todas as funções cardíacas e respiratórias, além de exercer importante papel na regeneração celular.

## Indicações

Problemas digestivos, estomáquicos, intestinais, circulação cardíaca e periférica, edemas, dor de cabeça, atua no sistema nervoso central (SNC), fadiga muscular e mental, previne a osteoporose, fortalece a estrutura óssea, elimina o excesso de ácido úrico do organismo, previne o reumatismo e a gota, auxilia na dieta de emagrecimento, controla o apetite, estimula a produção de cortisona, tonifica o sistema nervoso, retarda o envelhecimento, estimula a mente afastando o estresse, atua contra a hemorroida, prisão de ventre, alergias, febre do feno, retenção de líquidos no organismo.

## Dosagens

Chá: em fusão com uma colher de chá de folhas trituradas (2g) em uma xícara, colocar água fervente e abafar por 5 a 10 minutos. Para aliviar a prisão de ventre e sintomas alérgicos usar três colheres do chá em ½ litro de água fervente e beber com o estômago vazio. Quem tem o hábito de tomar chimarrão já está se beneficiando com o uso diário, não necessitando de usar o chá.

# Erva-tostão

*Nyetaginaceae / Boerhavia difusa*

## Características

Herbácea bienal, perene, com muitos ramos vegetativos rasteiros, eretos, pilosos, com quase 1m de altura. De seus ramos partem folhas pequenas, simples, opostas, oblongas, de margens onduladas, pilosas e pecioladas, glabras, de cor verde mais clara na face inferior, com 4 a 8cm de comprimento. Flores pequenas, esbranquiçadas ou vermelhas, reunidas sobre panículos terminais, dispostos bem acima da folhagem. Os frutos são pequenas cápsulas com pelos glandulares, que aderem à roupa e à pele.

Multiplica-se principalmente por sementes. É uma planta muito comum em lavouras agrícolas perenes, em áreas abertas sobre beira de estrada e terrenos baldios, considerada por muitos como erva daninha. Nativa do Brasil (Amazônia, Caatinga, Cerrado, Mata Atlântica e Pantanal). Na Mata Atlântica o uso principal é na forma de infusão das folhas, contra vermes, ou a planta toda contra hepatite e diarreias; a raiz também é usada para problemas de fígado, icterícia e como diurético.

## Constituintes

Os principais constituintes da erva-tostão são: alcaloides, ácido boerhávico, lignanas, liriodendrina, resinol, B-glicosídeo, lipopolissacarídeos, esteróis, beta-sitosterol, campesterol, ácido ursólico, liriodendrina, ácido esteárico e flavonoides. É uma planta colagoga, diurética, digestiva, antisséptica das vias urinárias, febrífuga, hemostática, hipotensiva, anti-hepatóxica, antidespéptica, anti-inflamatória, antiespasmódica, anti-hemorrágica e antialbuminúrica. Conhecida pela sua essência no tratamento de afecções e problemas hepáticos como hepatite, congestão do fígado.

Problemas das vias urinárias como: cistite, anúria, albuminúria, dispepsia, edemas, hemoptise, icterícia, nefrite, uretrite, beribéri, febre biliosa, distúrbios estomacais, ingurgitamento do baço, previne e elimina cálculos renais e biliares, protege o fígado de inúmeras toxinas. Em estudos clínicos os efeitos diuréticos foram os primeiros a serem realizados. Conclui-se que baixas doses produzem forte ação diurética. Continuando os estudos farmacológicos, verificou-se que o extrato radicular da erva-tostão aumenta até 100% a quantidade de urina em 24 horas, com doses de 10mg/kg de peso corporal, constatando como ótimo, principalmente para pessoas com problema renal e com atividade anti-hepatóxica.

## Ações

As ações do extrato das raízes dessa planta são hepatoprotetora, diurética, hipotensiva, digestiva, colerética, antiparasitária, antimicrobiana, anti-inflamatória, anti-hemorrágica, antimoduladora e antiespasmódica.

## Propriedades

Nos estudos clínicos, a propriedade diurética dessa planta foi a primeira a ser validada, com grande sucesso para problemas hepáticos. Pesquisadores com seus estudos farmacológicos demonstraram que o extrato radicular da erva-tostão proporciona atividade anti-hepatóxica, protegendo o fígado de numerosas toxinas introduzidas por outros elementos não convencionais. Sua forte atividade colerética também já foi confirmada através de ensaios clínicos publicados em 1991.

A grandiosidade diurética dessa planta no tratamento de hipertensão foi confirmada por estudos farmacológicos. Na medicina tradicional da Índia, suas raízes são empregadas para todos os males do fígado, vesícula biliar, rins e todos os demais problemas urinários. É considerada uma planta hemostática, antiamébica, antiespasmódica, anti-inflamatória, imunomoduladora; atua na nefrite, uretrite, icterícia, beribéri, febre biliosa e em todos os problemas dos nervos gástricos, inclusive diretamente no baço.

### Indicações

Problemas estomacais, intestinais, todos os problemas do fígado, vesícula biliar, baço, rins, bexiga, hipertensão, cistite, febre biliosa; controla os níveis de colesterol e glicose sanguínea.

### Dosagens

Pode-se usar folhas, sementes e raízes. Uso interno: uma colher de sopa de folhas verdes picadas para uma xícara de água fervente, uma a duas vezes ao dia, ou três colheres de sopa para um litro de água. Quando levantar a fervura, abafar por 10 minutos; tomar de duas a cinco vezes ao dia.

# Espirulina

*Spirulaceae / Espirulina platence*

## Características

A espirulina é uma microalga verde-azulada, pertence a uma classe de algas muito antigas, é unicelular e com forma espiralada. É uma alga microscópica que cresce em águas frescas e ambiente alcalino, e está presente na Terra desde o aparecimento da vida no planeta. Essa alga, sendo uma forma de vida mais simples, possui uma bela e longa história, ajuda desenvolver e manter a cadeia alimentar. Por meio da fotossíntese as algas e o plâncton convertem a luz do sol em proteínas, ácidos graxos, carboidratos e em quase todos os outros nutrientes essenciais.

Por sua resistência ao calor, essa alga retém seus nutrientes mesmo quando exposta a altas temperaturas, durante o transporte e o processamento dos alimentos. Suas células crescem naturalmente em lagos quentes e alcalinos e em cursos de água em que o organismo intoxicado não vive; portanto, ela pode ser colhida com certo grau de esterilidade, sem contaminação por outro organismo. Por milhares de anos a espirulina foi fonte principal de proteínas dos moradores da cidade do México.

No México ela crescia descontroladamente em alguns lagos, ao redor da cidade mexicana, mas agora foram engolidas pela expansão de uma das maiores cidades do mundo. Um desses, o Lago Texcoco, ainda produz uma das melhores espirulinas do mundo. As últimas dinastias dos astecas, antes da chegada dos espanhóis em 1519, reverenciavam a espirulina como superalimento. Ela era mais famosa pela mistura feita com o cacau e é consumida desde que a Cidade do México foi fundada. Os astecas a conheciam com o nome de *tecuitlatl*.

## Constituintes

Essa alga contém surpreendentes composições de nutrientes, incluindo a clorofila e as enzimas. Cresce em águas alcalinas, sendo rica em minerais, proteínas, hidrato de carbono, lipídios, vitaminas A, E, K, B1, B5, B6, B12, betacaroteno, inositol, goma, ácido linoleico, ácido linolênico, ácido araquidôneo, clorofila, clorifenilamida, aminoácidos essenciais, como a fenilalanina, e os aminoácidos não essenciais, como a biotina e a ferrodoxina; sais minerais como cálcio, magnésio, ferro, cloro, sódio, fósforo, potássio, iodo e enxofre, ácidos nucleicos (RNA e DNA) polissacarídeos e vasta quantidade de antioxidantes.

Conta com várias formas biodisponíveis do mineral enxofre, uma boa fonte que melhora o sistema imunológico, a força física, a flexibilidade, agilidade e os aspectos gerais de saúde. Essa planta auxilia na cura e no funcionamento adequado do fígado e do pâncreas, eliminando as toxinas dos tecidos. Os aminoácidos condutores de enxofre como a cisteína e a metionina ajudam o fígado e o sistema nervoso a se desintoxicarem. A espirulina é conhecida por sua importância no equilíbrio químico cerebral.

Essa planta contém altas taxas do aminoácido triptofano, elemento essencial para a produção da serotonina, que o corpo produz a partir desse aminoácido. A serotonina é um elemento necessário para gerar sensação de bem-estar, é protetora contra o estresse, ajuda lidar com as dificuldades sem sofrer depressão. A deficiência de serotonina tem sido associada à depressão e problemas crônicos do estômago, além dos problemas neurológicos.

## Ações

Inibidora do apetite, anti-inflamatória, cicatrizante, auxilia na cura da depressão, ativa a memória, controla a ansiedade no nível digestivo, controla o sistema nervoso, relaxa e acalma a mucosa gástrica.

## Propriedades

As propriedades da espirulina são diferentes dos alimentos de origem animal, ela é uma fonte pura, natural e completa de proteínas, não precisa e nem deve ser cozida. As organelas da espirulina transformam a luz solar em proteínas de modo mais eficiente do que qualquer outra coisa viva; conserva os recursos naturais e melhora o meio ambiente; é absorvida prontamente; pode ser misturada à água, sucos, ou em qualquer outro alimento sem precisar de calor. Essa alga é supressora do apetite nas dietas de emagrecimento, controla a ansiedade, previne a depressão.

Atua no sistema nervoso central, através do aminoácido fenilalanina, precursor do hormônio colecistoquinina; determina os níveis de saciedade no estômago, purifica o trato digestivo, relaxa e acalma a mucosa gástrica e sua ação evita a produção excessiva de suco gástrico; nas pessoas que sofrem de ansiedade, alerta a memória, aumenta o aprendizado, ativa o sistema nervoso muscular, possui alta digestibilidade, previne queratização da pele.

Previne anemias, fadiga, cansaço fácil por excesso de trabalho mental e intelectual. É cicatrizante, através da biotina e da ferrodoxina auxilia na eliminação do dióxido de carbono, impedindo a formação de ácidos lácticos e pirúvicos, que na ausência do oxigênio promovem a decomposição dos açúcares, sendo responsáveis pelas câimbras e fadiga muscular, principalmente em atletas quando em exercícios físicos prolongados.

## Indicações

É indicada na convalescença de qualquer enfermidade, anemias, fadiga, cansaço fácil, depressão, abuso de bebida alcoólica, vícios de alimentos enlatados como conservas, carência de vitaminas e minerais, principalmente de cálcio, pessoas que não preferem alimentação natural e que não têm horário certo para alimentar-se.

## Dosagens

De 1 ou 2g, três vezes ao dia antes das refeições; pode ser em suco, salada ou com fruta, só não vai ao calor. Uso externo: pode ser em extratos, xampus, sabonetes, máscara e espuma de banhos.

# Faffia

*Amaranthaceae / Pfaffia paniculata*

## Características

Subarbusto de ramos escandentes, de 2 a 3m de altura, com raízes longas e grossas. Folhas simples, membranáceas, glabras de cor verde mais clara na face inferior de 4 a 7cm de comprimento. Flores esbranquiçadas muito pequenas, dispostas com panículas abertas. Nativa da região tropical do Brasil, onde lhes atribuem grandes propriedades medicinais. Nasce no curso dos rios, especialmente nos estados de São Paulo, Paraná, Mato Grosso e Goiás.

Hoje já é comum em toda a América do Sul, Amazônia e outras partes tropicais do sul do Brasil e também no Equador, Panamá, Paraguai, Peru e Venezuela. Há mais de 300 anos as populações indígenas da Amazônia já usavam essa planta para curar uma ampla variedade de doenças.

Ótima como calmante, tônico, rejuvenescedor, afrodisíaco. Restauradora das funções nervosas e glandulares, fortalece o sistema imunológico contra a infertilidade, atua nos problemas menstruais e menopausa, minimiza os efeitos colaterais de remédios anticoncepcionais, reduz o colesterol LDL, neutraliza as toxinas, atua na convalescença, tonifica, regenera e regula vários sistemas do corpo como imunoestimulante que trata a síndrome da fadiga crônica, artrite, anemia e alguns tipos de tumores.

## Constituintes

Os principais constituintes ativos da faffia são alantoína, beta-sistosterol, daucosterol, nortriterpenoide, ácido pantotênico, ácido fáfico, saponinas, ácido estigmasterol e glicosídeo. Sua raiz possui inúmeras substâncias medicinais, sendo 19 aminoácidos, mucilagem, resinas naturais, vitaminas A, B1, B2, C, D, E, F, P, e sais minerais: cálcio, ferro, fósforo, magnésio, potássio, cobre, zinco, cobalto, lítio, silício, vanádio e cadmo. Em suas folhas contém tanino, terpenos, esteroides, triterpenoides, fenóis e flavonoides. É antitérmica e antibacteriana, ajuda a baixar a febre.

É indicada em casos de micróbios como *bacillus subtilis*, *stafilococos aureos* e *streptococus*. O Brasil possui esse arbusto chamado *Pfaffia paniculata*, que muitos chamam de ginseng brasileiro. Mas por incrível que pareça, a faffia lá bem distante é considerada o "segredo russo". Sim, uma vez que tem sido utilizada por longos anos por atletas olímpicos russos, para aumentar os desempenhos do sistema muscular e a resistência, sem os efeitos colaterais associados com esteroides.

Essa ação é atribuída ao tipo anabólico da fitoquímica chamada beta-ecdisterona e a três novas, que são encontradas em grandes quantidades na faffia. Suas raízes foram patenteadas pelos japoneses por ter sido comprovada clinicamente sua eficácia na inibição de culturas de células tumorais de melanoma e a regulagem do nível de açúcar no sangue. Várias outras patentes já foram registradas após por empresas americanas.

## Ações

Antirreumática, anti-inflamatória, imunoestimulante, cicatrizante, tônica, antidiabética, regeneradora celular, ativadora da circulação geral e das funções cerebrais, hipotensora, antidepressiva, estimulante bioenergética que elimina a fadiga, cansaço físico, mental e intelectual.

## Propriedades

Possui propriedades hipoglicemiantes, potencializa a ação da insulina no diabético, estimula e tonifica o organismo, eliminando o estado nervoso mental; psiquicamente alivia o estresse, a depressão, melhora as funções do cérebro, contribuindo para melhor clareza do procedimento mental. Nos casos de intoxicação, a faffia possui ação antitóxica. Em pesquisas recentes verificou-se que a alantoína presente em sua composição possui ação cicatrizante e regeneradora celular, que o ácido fáfico tem efeito inibitório sobre o crescimento de células tumorais, mostrado *in vitro*. Mostrou também alguns efeitos analgésicos, pela ação das saponinas como diminuidoras das tensões superficiais.

As demais substâncias que fazem parte da formulação também ficam com suas ações facilitadas, que fortalecem o coração, melhorando o processo circulatório, aumentando o número de glóbulos vermelhos e a taxa de hemoglobina, prevenindo anemias e estimulando o sistema nervoso central. Seu uso medicinal foi confirmado em casos de fraqueza orgânica em geral, hepatite, icterícia, escorbuto, azia, má digestão, acidez estomacal, doenças pulmonares, gota, reumatismo, distúrbios mentais; contribui com o tratamento médico contra leucemia melhorando o sistema imunológico do paciente, ótima contra mononucleose, ativa a formação de leucócitos e hemácias.

## Indicações

Auxilia no tratamento da anemia, leucemia, diabetes e depressão; é ótimo medicamento indicado contra a má digestão, pirose, cansaço físico e mental, hipertensão ou hipotensão; controla as irregularidades desses problemas na intoxicação, na disfunção do sistema nervoso central, melhorando com clareza as atividades cerebrais.

## Dosagens

Pó: 5 a 10g ao dia no máximo, diluído em água, ou seja, pode-se usar 4 a 20g do pó da raiz dividido em 3 a 4 vezes ao dia ou conforme a indicação do profissional de saúde.

# Falso-açafrão

*Zingiberaceae / Curcuma zedoaria*

## Características

Planta herbácea, perene, caducifólia, rizomatosa, apresentando rizoma de forma alongada e coloração azulada, com ramificações laterais, mais finas e entouceiradas, com 30 a 60cm de altura. Dos rizomas saem as folhas e hastes florais. As folhas são bem alongadas, de cor esverdeada. As hastes florais surgem somente após a queda das folhas, e são compostas por escamas e folhagens, com nervuras bem visíveis de 15 a 30cm de comprimento, com um odor agradável, que lembra o da cânfora e do alecrim com seu sabor amargo, picante e suave. Possui flores vermelhas que se diferenciam da curcuma longa que possui flores brancas e maiores.

Originária da Ásia Tropical. Cultivada na Índia, China e Japão. Há muito tempo a zedoária está aclimatada no Brasil onde também é cultivada. Foi trazida pelos colonizadores e aparece na primeira edição da farmacopeia brasileira. Essa planta reproduz-se por fatias de rizomas que apresentam as gemas, gosta de solo argiloso, fértil, leve e de fácil drenagem, prefere clima temperado e úmido. Quando a planta perde a parte aérea que ocorre após a floração, apresentando pigmentos azuis, é que se faz a colheita dos rizomas, retirando-os do solo.

Os rizomas devem ser bem lavados, fatiados e secados ao sol, sem umidade, mas bem ventilados, e para conservar seu valor medicinal é necessário guardar em vidros escuros e ao abrigo da luz solar. A literatura etnofarmacológica recomenda essa planta como digestiva e lhe atribui atividade protetora do sistema respiratório, como afecções pulmonares, tosses, catarros, bronquite, asma, resfriados e gripes. Ela ativa as funções hepáticas, estimula a secreção biliar e renal quando preparada em forma de chás.

## Constituintes

A zedoária é utilizada há séculos pela medicina tradicional, e na sua constituição destacam-se o óleo essencial (alfa-pineno, cineol, D-canfora, D-borneol, D-canfeno), álcoois, curcumina e seus derivados, pigmento azul, resina, amido, substâncias terpenoides, ciclopropano, guaieno, zedoalactona A e B, espirolactonas, curcumanolide A e B, albuminoides, metoxicinamato de etília A, vitaminas B1, B2, B6, sais minerais, cálcio, ferro, fósforo, potássio, sódio e magnésio. Possui atividade de protetor pulmonar e expectorante, elimina a tosse rebelde, bronquite catarral e normaliza o colesterol sanguíneo.

Planta medicinal que atua como excelente estimulante carminativo, emenagogo, colagogo, colerético, diurético, digestivo, ativador das funções gástricas, biliares e renais. Estimula a secreção da bile, normaliza as funções estomacais como a gastrite, azia, má digestão e úlceras gastroduodenais, dá proteção digestiva contra as intoxicações alimentares. Auxilia no tratamento de câncer de útero e de pele, pode ser preparada em forma de chá, em diferentes concentrações de extrato ácido, alcalino ou alcoólico.

## Ações

Possui uma grande ação hepatoprotetora, melhora a atividade dos hepatóxitos, aumenta a secreção biliar, possui ação espasmolítica sobre a musculatura lisa, atua nas afecções pulmonares, tosses encatarradas, bronquite, asma, auxilia na expectoração. É considerada um tônico das vias respiratórias, tem ótima função sobre o sistema digestivo.

## Propriedades

Suas propriedades são conhecidas por serem mundialmente utilizadas há séculos pela medicina tradicional como estomáquico, antisséptico, antifúngico, carminativo, febrífugo, vermífugo, antioxidante, anti-hepatóxico, bactericida, espasmolítico, antiasmático e desintoxicante orgânico. No Brasil é mais conhecido pelo uso de seus rizomas. O pó obtido dessa planta atua no trato digestivo, promovendo seu bom funcionamento, inibindo a secreção do ácido clorídrico, aumentando a secreção biliar, evitando a pirose, má digestão, constipação intestinal, gases e cólicas estomacais, previne e auxilia na cura de úlceras gástricas e duodenais.

Elimina cálculos renais e previne cálculos biliares, atua contra a halitose proporcionando uma agradável e duradoura sensação de frescor em todo o trato digestivo. Mas além de ser excelente, essa famosa planta para uso interno ainda possui propriedades externas. Seu extrato ácido é um ótimo remédio para aplicar em curativos de escaras e picadas de insetos. É preparado em maceração por três dias (duas colheres de sopa de fatias de rizomas em uma xícara de chá de vinagre branco). Seu uso deve ser na forma de compressas umedecidas na poção macerada.

## Indicações

Todos os problemas digestivos e biliares, como gastrite e úlceras gástricas e duodenais, má digestão, estomatite, halitose, flatulência, artrite, resfriados, gripes, asma, tosses, bronquite, sedativo da tosse.

## Dosagens

Os rizomas usam-se em estado fresco, na dose de 5 a 15g ao dia; pode-se usar na salada de verduras, em sopas de legumes. O pó usa-se meia colher de chá em uma xícara de água fervente, abafando por dez minutos. Para resfriados e gripes usa-se o mesmo chá quente com mel, para o mau funcionamento dos intestinos usa-se uma xícara em jejum e uma antes do almoço.

# Fel-da-terra

*Fumariaceae / Fumaria officinalis*

## Características

Planta herbácea, delicada, anual, pouco ramificada, prostada, de aroma de fumo. De porte reduzido, de 15 a 50cm de altura, caracteriza-se pelas folhas compostas finamente recortadas, de cor verde-acinzentadas, com três a cinco folíolos membranáceos com menos de 0,5cm de comprimento. Flores purpúreas ou rosas, caule flexível, reto e ramoso, possui uma corola de quatro pétalas e reúnem-se em espigas terminais. O fruto globoso é uma cápsula pequena deiscente que contém uma só semente. Originária da Europa.

Essa planta foi introduzida para fins medicinais no sul do Brasil, mas logo escapou o cultivo e tornou-se espontânea em hortas, jardins e lavoura de cereais, onde é conhecida por todos os brasileiros, desde a Antiguidade. Descrita em herbários na Idade Média, na medicina tradicional foi usada para tratar eczemas e outras doenças dermatológicas; também usada como laxante e diurético. Na medicina tradicional popular turca ela é muito usada como um purificador do sangue, e os extratos como um agente antialérgico.

## Constituintes

Segundo a literatura etnofarmacológica, toda a parte aérea da planta em floração é utilizada na medicina tradicional, como medicação amarga, tônica, de efeito laxativo e diurético brando, que melhora a função do fígado, da vesícula biliar e reduz a inflamação. É considerada antiescorbútica, aperiente, depurativa e antiácida, é indicada contra cólicas da vesícula e distúrbios digestivos de origem hepática. Os ésteres do ácido fumárico são usados como tratamento da psoríase, e está novamente sendo notado por dermatologistas conforme mais compostos e derivados ativos estão sendo desenvolvidos.

O fumarato de metila é o metabólico mais ativo de uma droga alemã antipsoríase. A *Fumaria officinalis* foi aprovada na Alemanha para uso contra cólicas que afetam a vesícula biliar e o trato gastrointestinal. Seu princípio ativo possui ácido fumárico, protopina e alcaloides que atuam nos problemas de fígado, eliminando os cálculos da vesícula; ótimo protetor cardiotônico, previne a aterosclerose e urticária, protege o fígado ao prevenir o aumento de enzimas no sangue induzido por toxinas.

## Ações

Digestiva, diurética, anti-inflamatória, laxante, anti-hipertensiva, antiescorbútica, colagoga, depurativa do sangue.

## Propriedades

Suas propriedades medicinais são conhecidas desde os tempos remotos, havendo a citação sobre sua ação na secreção biliar e suas funções hepáticas nos manuscritos de Dioscórides no século I e de Galeno no século II d.C. Usada desde sempre pelas suas virtudes antiescorbúticas, depurativas e aperientes, essa planta é remédio fiel das afecções da pele, pois age como um dreno cutâneo eficiente, tanto nas afecções agudas como nas febres eruptivas, como sarampo e rubéola, afecções crônicas, eczema etc. Além disso, é usada como regulador da secreção biliar, aumentando ou diminuindo a colerese, e também como antiespasmódico das vias biliares, agindo de maneira eficiente entre todas as discenesias biliares, cistites, otites etc.

Esses distúrbios são evidenciados por exames radiológicos especializados. Essa planta está classificada entre as plantas centenárias, ao lado do carvalho e sequoias. É uma planta que goza de grande popularidade entre os coletores de ervas medicinais, pois é diurética, depurativa, colagoga, refrescante e emoliente; usa-se as sumeridades floridas secadas à sombra e protegidas dos insetos e do pó. Pesquisas científicas estão concentradas no extrato de outras espécies do gênero fumária, devido às suas propriedades medicinais, que podem ser úteis no controle do trato hepatobiliar.

## Indicações

Eczema, dermatoses, afecções da pele de qualquer natureza, problemas gástricos, fígado e intestinos, psoríase, hipertensão e icterícia.

## Dosagens

Como diurética, usar 20g das flores em uma xícara de água fervente, tomar duas a três xícaras ao dia sem adoçar; para icterícia e problemas do fígado, tomar o mesmo chá, 100g das flores (não deve ser adoçado), duas xícaras ao dia durante oito dias. Inflamações intestinais, tomar o mesmo chá antes de deitar.

# Fisalis camapu

*Solanaceae / Physalis angulata*

## Características

Planta herbácea ou arbustiva, ereta, anual e ramificada, com 40 a 70cm de altura. Folhas simples, membranáceas de margem dentada, de 3 a 5cm de comprimento. Flores de cor creme, geralmente solitárias, com cerca de 1cm de diâmetro. Os frutos são bagas globosas, envolvidas pelas sépalas concrescentes, conferindo ao conjunto a forma de um pequeno balão inflado. Originária dos Andes, com distribuição cosmopolita tropical, ocorrendo desde o sul da América do Norte até a América do Sul. Possui centro de diversidade no México, Estados Unidos e América Central. Hoje está se tornando comum em quase todo o Brasil.

Cresce espontaneamente em solos, sobre lavouras agrícolas, comportando-se como indesejável nesses locais, onde era considerada erva daninha, mas era pouco conhecida. No Brasil a fisalis é cultivada por alguns produtores. A Colômbia é um país que, além de ser um grande produtor dessa fruta, ainda é exportador da mesma. Seu uso entre índios amazônicos é bem documentado e os frutos comestíveis são muito apreciados, tanto pelos habitantes dessa região como por animais em geral. A infusão de suas folhas é usada pelos índios como diurético. Na Colômbia algumas tribos usam como narcótico.

## Constituintes

Essa planta por sua constituição, conhecida como fruta inca agayanto, fruta dourada e groselha espinhosa peruana, cresce naturalmente nos solos ricos em minérios dos Andes Peruanos. É um alimento antigo, uma das culturas perdidas dos incas, altamente valorizada no Peru. Os arbustos da fisalis são uma das primeiras plantas a desbravar áreas difíceis das cidades e margens de conjuntos habitacionais e estradas. Essa planta possui um alto valor nutricional e medicinal. Além dos frutos, também podemos utilizar a raiz e as folhas no mercado farmacológico. Mas vamos falar de frutas de sabor agridoce, agradável, penetrante e provocativo.

Normalmente as frutas frescas silvestres ou cultivadas, são colhidas a mão e levadas a uma cooperativa para um processamento centralizado, onde são classificadas, limpas e preparadas para a secagem ao sol. Uma vez secas e embaladas, normalmente têm até um ano de durabilidade em armazenamento. A fruta pode ser consumida *in natura*, cremes, sucos, geleias, pastas, compotas, doces, sorvetes, licores, molhos, cozidos, assados e fruta seca. Suas raízes e folhas servem como medicamento caseiro em forma de chá, também como produtos cosméticos, cremes e xampus.

## Ações

Os frutos da fisalis que se encontram no comércio não são aqueles produzidos no campo como planta invasora, mas uma fruta selecionada, com 1 ou 2cm de diâmetro e de 4 a 9g e bem doce. Sua coleta vai de abril a agosto, de crescimento nativo e silvestre. Já existem fazendeiros desenvolvendo pomares com essa planta para comercialização.

## Propriedades

Essa planta possui altos níveis de bioflavonoides conhecidos como vitamina P. Centenas de estudos têm demonstrado que são possuidores de propriedades anticancerígenas, anti-inflamatória, antiesclerótica, anti-helmíntica, antiviral e antioxidante; possui a capacidade de melhorar a força dos capilares e prevenir a formação de placas nas artérias e vasos sanguíneos. Desintoxica e absorve os nutrientes, é essencial para o sistema cardiovascular, atuando no cérebro, olhos e órgãos reprodutores. Através da pectina diminui os níveis de colesterol do sangue, como o LDL.

Na medicina popular usa-se a raiz no tratamento do reumatismo crônico, problemas de rins, bexiga e fígado, problemas inflamatórios, doenças de pele e vírus do herpes. Na prática da medicina popular do Nordeste é muito utilizada em decoto, não só as raízes como também toda a planta, como diurético e estimulante do sistema gênito-urinário feminino. Seus frutos contêm alto nível de vitaminas: A, B1, B2 e C, betacaroteno, sais minerais, ferro e fósforo, proteínas, enzimas, e boa fonte de IgA, um anticorpo vegetal que auxilia o sistema imunológico.

### Indicações

Reumatismo, diabetes, escorbuto, infecções da pele, fígado, bexiga e garganta, laxante suave, estresse físico, mental e emocional.

### Dosagens

A fruta e seus derivados podem ser usados conforme o uso de outra fruta. O uso da flor, folhas e raízes, só com orientação de um profissional.

# Flor-de-são-joão

*Asteraceae / Artemisia vulgaris*

## Características

Planta herbácea perene, rizomatosa, de cor forte, aromática, pouco ramificada, de 30 a 60cm de altura, folhas tripartidas, membranáceas. Flores esbranquiçadas, discretas, reunidas em capítulos pequenos dispostos em panículos terminais. Caule de cor avermelhada escura. Multiplica-se apenas por rizomas, cresce espontaneamente em solos agrícolas, onde não é bem recebida, apesar de ser usada amplamente na medicina popular há séculos em todo o mundo.

Originária da Ásia. Cultivada na América do Norte e em alguns países da Europa, Ásia e África, para o preparo de vinhos e licores. No Brasil, no sul e sudeste do país, ela é mantida em hortas e jardins, cultivada em regiões de clima ameno, destinada ao emprego na medicina caseira. Possui qualidades terapêuticas notáveis; empregada na convulsão infantil, epilepsia, na menstruação difícil e dolorosa.

## Constituintes

É uma planta constituída por valiosa substância amarga, um azeite volátil e princípio ativo "santonina". É um tônico estimulante, fortificante e desintoxicante do fígado, atuando também principalmente em todo o sistema digestivo. O chá amargo, tanto das folhas como das raízes, contém um óleo essencial rico em tuiona que, além de medicinal, ainda pode ser usado como repelente de traças que atacam livros e roupas. É reconhecida como analgésica, antiespasmódica e anticonvulsiva.

Atua em caso de epilepsia, histeria, insuficiência urinária, reumatismo e anemia, distúrbios encefálicos caracterizados por movimentos circulares anormais espontâneos e sistema nervoso, assim como é um poderoso remédio na medicina caseira para uso externo; recomendado em aplicações locais contra escaras e feridas, usa-se em forma de compressas do chá das folhas. As flores também produzem um óleo mais elevado do que as folhas. Existe esse óleo preparado em laboratório, que é ótimo para massagens em dores reumáticas.

## Ações

Sua maior ação é como desintoxicante do fígado e da vesícula biliar, previne cálculos biliares e da bexiga, facilita o parto, cura a anemia, provoca a menstruação suspensa, cura as cólicas menstruais.

## Propriedades

Em sua composição química destacam-se: o óleo essencial rico em terpenos, cineol, tujona, flavonoides, taninos, saponinas, resinas, artemisina, princípio amargo e substâncias artemisininas, com propriedade abortiva, carminativa, antianêmica, antipirética, vermífuga, emenagoga. É um tônico do sistema circulatório e nervoso. Atua nas contrações uterinas, promove uma higienização e uma ação estimulante no útero facilitando a normalização da menstruação, alivia as cólicas da menstruação difícil e dolorosa, atua nos problemas dos ovários e na fraqueza do estômago, na pirose, na flatulência, anemia, dispepsia, febres, astenia, dores reumáticas e cólicas intestinais.

## Indicações

Anemias, febres, dores reumáticas, cólicas de qualquer natureza, problemas digestivos, estômago, intestinos, fígado e vesícula biliar, previne cálculos biliares.

## Dosagens

Infuso: uma colher de chá de folhas e inflorescências picadas, para uma xícara de água fervente, meia hora antes das refeições; para problemas menstruais, tomar uma xícara do chá por dia, uma semana antes da menstruação. O chá serve para gargarejo no caso de dores de garganta.

# Framboesa

*Rosaceae / Rubus idaeus*

## Características

Pequeno arbusto perene, espinhento, muito ramificado, com 1 a 1,50m de altura, de galhos rasteiros, caules pretos, lenhosos. Folhas verdes denteadas. Durante o verão colhem-se as folhas com seus talos, e guardam-se em cesto. As flores são brancas em forma de cachos. Os frutos são bagas rosa-escuro, delicadas, ligeiramente purgativas, diuréticas e com pouco açúcar, sendo convenientes para os diabéticos. Colhem-se as bagas uma a uma. Separam-se com grande facilidade do receptáculo quando estão maduras e depositam-se em cubas para não se esmagarem. O cultivo da framboesa vale a pena, porque ela exige poucos cuidados e pouca atenção.

Originária da Ásia e cultivada em vários países, inclusive no Brasil, onde 10% da produção brasileira é comercializada ao natural, o restante é destinado para fábricas de doces, geleias, compotas e licores. A framboesa possui grande capacidade de propagação, por isso a cada três anos as touceiras precisam ser desmanchadas e as mudas transplantadas em outro local, para que a concorrência entre os ramos não afete a produção. Os frutos começam a aparecer um ano e meio após as mudas serem levadas para o local definitivo. Após a época de frutificação, deve-se fazer um desbaste das plantas retirando-se todos os galhos que produziram.

## Constituintes

No Brasil o cultivo da framboesa teve início em Campos do Jordão, na década de 1950. O clima frio da cidade paulista se mostrou especialmente acolhedor para esta frutinha delicada, que não gosta de sol forte e exige grande cuidado em seu manuseio. Nos anos de 1980 a produção de framboesa perdeu espaço e praticamente saiu do cenário da cidade. Na década seguinte um fazendeiro resgatou o cultivo dessa fruta, introduziu também outras frutas semelhantes, como a amora americana e o mirtilo.

Atualmente a produção dessas frutas está em expansão, tanto em Campos do Jordão como nas cidades circunvizinhas. Este aumento de produção e a tendência mundial pelo consumo destas frutinhas estão relacionados com a divulgação e comprovação das excelentes propriedades medicinais das mesmas. Estudos realizados comprovam a capacidade destas frutas em combate aos radicais livres do nosso organismo retardando o envelhecimento celular.

A framboesa é um pseudobaga de frutos agregados. É um fruto oco e o seu cultivo é mais delicado do que outras frutas silvestres. É necessário que a framboesa seja submetida a muitas horas por ano a temperatura inferior a 7°C, também se caracteriza por ser um pouco mais rasteira do que as outras plantas, mesmo assim, não se recomenda a formação de parreiras, já que ela só produz nas extremidades do ramo.

## Ações

Anti-inflamatória, antioxidante, diurética, purgativa, aromatizante, antirradical livre, retarda o envelhecimento precoce das células, previne doenças metabólicas.

## Propriedades

A framboesa sob o ponto de vista curativo é uma fruta com excelentes propriedades medicinais, por seu conteúdo em frutose, ácido da fruta, contendo abundantes vitaminas A e C, cálcio, ferro, fósforo e sais minerais. Nas suas folhas contém ácido tônico, ácido lático, ácido succínico e ácidos não saturados. É o medicamento das rinofaringites, anginas, inflamações bucais, excelente remédio em gargarejo para as aftas. Melhora a diurese, trata a constipação.

Seus elementos químicos mais importantes são nitrato de potássio, taninos, resinas, mucilagem e ácido fosfórico.

Os ácidos gordurosos muito líquidos são compostos principalmente de ácidos linólicos e linoleicos. Nos frutos contém pectina, glicose e ácidos de frutos. Das sementes da framboesa isoladas e secas ao ar obtém-se 13,5% de um óleo pouco espesso e de cor verde-amarelada, cujo cheiro recorda o ácido linoleico. Suas folhas contêm tanino. Produz um efeito antidiarreico, ativo nas inflamações das vias gastrointestinais, inflamação do intestino grosso (cólon) e nas hemorragias por hemorroidas.

Nas inflamações das gengivas e garganta, por seu conteúdo de frutose e ácido de fruta, excita o peristaltismo intestinal e limpa os tecidos de um excesso de ácidos. A framboesa pode curar a constipação, atua no reumatismo, em outras doenças metabólicas e sobretudo contra as doenças do fígado, dos rins e hemorroidas. Essa fruta apresenta um conteúdo abundante de vitaminas em sucos, compotas, doces e geleias. Ótima para evitar ou equilibrar os casos de insuficiência vitamínica durante as estações de inverno e primavera.

## Indicações

Angina, inflamações bucais, aftas, constipação intestinal, problemas de fígado e faringite.

## Dosagens

Infuso: 40g das folhas em um litro de água, ferver 10 minutos e filtrar, tomar duas a três vezes ao dia conforme a necessidade. Xarope: cozinhar o suco da fruta esmagada em igual peso de açúcar, até adquirir boa consistência. Usar uma colher de sopa duas vezes ao dia. Para a garganta, deixar o xarope se dissolver na boca, ou fazer gargarejo da infusão das folhas. Temos também a homeopatia e a tintura-mãe, que são ótimas, mas essas só com orientação do profissional de saúde. Para a garganta também pode-se usar 20 gotas da tintura-mãe em meio copo de água morna até 3 vezes por dia.

# Gergelim

*Pedaliaceae / Sesamum orientale*

## Características

Planta anual herbácea, gamopétala, grande erva ereta, com 1 a 2m de altura. Folhas opostas, lobadas ou partidas na parte inferior do caule, menores, alternas, na parte superior. Flores solitárias, vistosas, de coloração variável desde brancas a vermelhas. Frutos do tipo cápsula ablonga, pubescente, com sementes oleaginosas, pequenas, amarelas, alvas ou pretas, arredondadas e levemente comprimidas. Planta originária do Oriente. É muito cultivada na Ásia tropical por causa de suas sementes, que fornecem até 50% de óleo confeccionado de sementes cruas; também pode ser com sementes previamente torradas, só que estas últimas são mais utilizadas como condimentos em pratos orientais.

O gergelim foi introduzido no Brasil vindo da Costa da Guiné, na África. É muito cultivado nos países de clima tropical e subtropical em todo o mundo, inclusive no Brasil, de norte a sul. As sementes do gergelim contêm uma grande variedade de princípio nutritivo de grande valor tanto nutricional quanto medicinal, como lipídeos mais ou menos 52%, praticamente todos constituídos por ácidos graxos insaturados, o que lhes confere uma grande eficácia na redução do nível de colesterol no sangue. Entre as gorduras encontra-se a lecitina, que desempenha um papel fundamental no nosso organismo. É essencial no tecido nervoso, encontra-se na bílis e no sangue.

## Constituintes

Essa planta tem sementes valiosas graças à quantidade de proteínas, lipídeos, carboidratos e fibras, também lecitina, e uma de suas funções é a de manter dissolvidos os lipídeos como colesterol do sangue, prevenindo os depósitos de gordura nas artérias. O gergelim possui também propriedades anticancerígenas e antioxidantes. Porém, seu uso deve ser moderado, uma vez que ele possui alto valor energético, também muita gordura e fibras insolúveis que, com o excesso, podem agredir as paredes gastrointestinais.

As sementes integrais do gergelim possuem alto teor de cálcio. Uma colher de sopa da semente contém 90mg, chegando a 417mg, quatro vezes mais do que o leite e derivados, e 20% de proteínas de alto valor biológico, formadas por quinze aminoácidos essenciais e elevada proporção de metionina, assim como alto teor de cromo, cobre, ferro, fósforo, magnésio, mais vitaminas do complexo B, em maior quantidade da B1, E, e mais fitosteróis que bloqueiam a produção de colesterol do sangue.

## Ações

Anticancerígena, anti-inflamatória, antioxidante, antibacteriana, antimicótica, restaura sequelas de acidente vascular cerebral (AVC), previne problemas de próstata, estimulante de energia, fortalece o sistema nervoso, orgânico e cardiovascular.

## Propriedades

Suas propriedades são de amplo uso: alimentares, medicinais e industriais, como produtos alimentícios, farmacêuticos e cosméticos. Informações etnofarmacológicas comprovaram seu uso nas práticas caseiras da medicina popular, como estimulante restaurador das defesas do organismo, dando uma sensação de bem-estar. Estudos fotoquímicos e farmacológicos registram na semente a presença de duas lignanas, a sesamina, de atividade imunossupressora, e a sesamolina, o beta-sistoterol de ação anti-inflamatória em caso benigno de inflamação de próstata.

Seus grãos possuem elevada propriedade de campesterol e ácidos graxos essenciais que podem ser usados como complemento nutricional. Para pessoas que atuam em trabalho exaustivo com sobrecarga física e mental, ele atua no sistema nervoso central trazendo alívio da tensão mental e da fadiga, assim como dos problemas cardiovasculares. Suas sementes há séculos são consumidas no Oriente. Hoje as estamos utilizando com função nutricional, em culinária com uso em pães e lanches de vários tipos.

### Indicações

Problemas digestivos, prisão de ventre, reumatismo, problemas articulares, sistema nervoso, problemas cardíacos. Seu óleo pode ser aplicado em calosidades e escaras.

### Dosagens

Pó: uma colher de sobremesa ao dia, até uma colher de sopa no caso de prevenir doenças e manter a saúde. Como tratamento deve ter orientação do profissional de saúde.

# Ginkgo biloba

*Ginkgoaceae / Salisburia biloba*

## Características

Árvore primitiva, decídua, que apresenta uma estonteante imunidade a parasitas habituais, pode chegar até 40m de altura. Folhas semelhantes às da avenca, com 4 a 7cm de comprimento, classificada no mesmo grupo das coníferas e cicadáceas. Floresce e frutifica apenas nas regiões de altitude, como no sul do Brasil, onde é mais ativa. Nativa da China e do Japão. É cultivada como ornamental em todas as regiões temperadas do globo. Há séculos é empregada na medicina tradicional da China, e mais recentemente é usada na Europa.

Os chineses usavam as suas sementes, e no Ocidente empregavam mais as suas folhas, que são amargas e adstringentes. Os chineses afirmam que as folhas possuem capacidade de dilatar os brônquios pulmonares e os vasos sanguíneos, estimulando a circulação cardiovascular e equilibrando os batimentos cardíacos irregulares. Atua nos problemas de tosses, asma e insuficiência cerebral do idoso, visando manter os vasos periféricos do cérebro sem obstruções, ajudando na irrigação dessa área tão importante para a memória.

## Constituintes

Os principais constituintes são: ginkgolídeos A, B, e C, trilactonas diterpênicas, os milabolídeos, os flavonoides glicosilados da rutina e da isoramnetidina acoplada ao ácido cumarínico, e os bioflavonoides ginkgonetina, isoginkgonetina, amentoflavona, hidrocarbonetos, aminoácidos, esteróis, açúcares, álcoois, proantocianidina, terpenos, catequinas, glicosídeos e canferol, que juntos formam o complexo fitoterápico que promove maior circulação sanguínea no cérebro, o que torna a planta excelente para melhorar a concentração da memória, atuando contra vertigem e zumbidos no ouvido.

No Brasil o seu uso é mais recente do que em outros países, porém é muito procurado e aceito principalmente para problemas circulatórios, sendo amplamente comercializado na forma de comprimidos. Há também, na medicina tradicional caseira, o uso do chá das folhas secas e moídas, utilizando-se uma colher de sobremesa em água fervente por dia, visando manter os vasos do cérebro bem-tratados, assim como a circulação sanguínea, atuando na circulação arterial, venosa e capilar, agindo na insuficiência vascular periférica, dando proteção sobre a barreira hemato-encefálica, diminuindo a hiperagregação plaquetária, atuando nos processos trombóticos.

## Ações

Possui ação preventiva e curativa contra as agressões endógenas e exógenas, como fenômeno de oxidação devido à presença de radicais livres, ação anti-inflamatória, previne envelhecimento precoce, é estimulante da circulação sanguínea.

## Propriedades

O ginkgo biloba é um fitoterápico, com suas propriedades farmacológicas de efeitos protetores neurocerebrais, pela melhora da permeabilidade da membrana cerebral, inibindo o edema cerebral, protege todo o tecido dos efeitos da hipóxia e da isquemia. Estudos toxicológicos revelaram uma grande segurança do extrato do ginkgo em pacientes idosos com distúrbios leves ou moderados da função cerebral e seus sintomas relacionados, ambos de origem vascular, assim como na demência degenerativa primária do tipo Mal de Alzheimer, bem como na forma mista de ambos.

Os mecanismos fundamentais se situam no nível de membrana celular. Age mantendo a integridade da estrutura membranosa por meio de sua capacidade de combater a peroxidação lipídica das membranas após agir sobre os radicais livres. Inibe a destruição do colágeno e a despolimerização do ácido hialurônico e capilares mediados pela bradicinina e histamina, além de apresentar uma ação inibitória sobre o fator ativador de plaquetas (PAF). Ativa o metabolismo energético das células aumentando o consumo de glicose e oxigênio influenciando no aumento da síntese de ATP (trifosfato de adenosina) no nível cerebral.

### Indicações

Tratamento de microvarizes, úlceras varicosas, cansaço dos membros inferiores, artrite, processos causados pela deficiência de oxigênio e substâncias nutricionais, em caso de dores, palidez, cianoses das extremidades com sensação de frio, tratamento para qualquer tipo de isquemia, seja cerebral ou periférica.

### Dosagens

Uso interno deve ser prescrito pelo médico, apesar de saber-se que é ótimo. Fitocosmético: cremes, sabonetes, xampus. Pode ser usado à vontade.

# Ginseng coreano

*Araliaceae / Panax ginseng*

## Características

Planta herbácea vigorosa, de porte pequeno, conhecida e utilizada há 4.000 anos na medicina chinesa. Originária do nordeste da China, leste da Rússia e Coreia do Norte. Inicialmente só era reservada para os nobres do Império Chinês, que consideravam desde a mais remota antiguidade como remédio superior contra todas as doenças. Eles garantiam que o ginseng mantinha a saúde e o estado de eterna juventude. Conta-se que Marco Polo, quando foi oficialmente recebido pelo imperador chinês em 1559, provou e atestou, confirmando as virtudes medicinais dessa planta.

Em 1610, viajantes e comerciantes holandeses a introduziram na Europa. Atualmente essa planta é cultivada nos Estados Unidos e Coreia do Sul. Grandes culturas foram desenvolvidas e ainda hoje constituem monopólio estatal. No Brasil foi desenvolvida uma variedade, onde há uma que chamam de faffia paniculada, mas não é o verdadeiro *Panax ginseng* legítimo. O ginseng verdadeiro possui propriedades estimulantes do sistema nervoso central (SNC). Aumenta a resistência do organismo em caso de fadiga, cansaço físico, mental e emocional, provocados pelo estresse, ou mesmo por qualquer tipo de doença.

A sua ação aumenta o estoque de linfócitos, agentes capazes de reconhecer os corpos estranhos que invadem nosso organismo e os neutralizam através da atuação das vitaminas, sais minerais e aminoácidos. Esses componentes exercem importantes e vitais funções no organismo humano na formação celular, na produção das células hepáticas, estimulando a desintoxicação orgânica, regula o sistema nervoso ativando a memória. Atua na renovação dos glóbulos vermelhos dos tecidos, favorecendo o metabolismo.

### Constituintes

Essa planta leva quatro anos para atingir a maturidade e obter a primeira colheita, o que exige cultivo cuidadoso e sombra. O ginseng é utilizado pelos chineses há milênios. Conhecida como erva milagrosa com o nome de "raiz que cura todos os males" ou ainda a "raiz da vida eterna", por ter o poder de retardar o envelhecimento. Talvez seja a única erva medicinal que se adapte integralmente à filosofia oriental, que trate do universo como um todo. Os coreanos, chineses e japoneses acreditam que a ingestão contínua do ginseng preserva e estimula as funções sexuais. O certo é que tal efeito resulta no estímulo geral que confere a todo o organismo humano através dessa raiz originária do Oriente, que restaura com ótima capacidade todas as energias após uma atividade fatigante. Os orientais ensinam a tomar uma pitada do pó da raiz em um pouco de água quente, assim como também seu extrato preparado por farmácia de manipulação em forma de cápsula do pó, ou simplesmente mastigar um pedaço da raiz (este deve ser usado em quantidades mínimas). É usado no Oriente como tônico contra fraqueza generalizada, e muito usado pelos índios norte-americanos para problemas de estômago, bronquite, asma e dores no pescoço.

### Ações

Tônico estimulante do sistema nervoso central, estimula o apetite, revitalizante físico e mental, tônico pulmonar e cardíaco, regenerador celular auxiliar da memória, protege as células do fígado estimulando a desintoxicação orgânica, cicatrizante, analgésico, favorece o metabolismo potencializando a ação da insulina no diabético.

### Propriedades

Não é fácil falar das propriedades dessa planta que contém treze ginsenosídeos diferentes como: triterpenoides, sesquiterpenos, pectina, saposídeos, B-elemene, panaxinol, ginosídeos, amidos de baixo peso molecular, esteroides semelhantes aos hormônios sexuais, amilase, ácido nicotínico, ácidos graxos, enzimas, açúcar simples, traços de germânio, flavonoides, vitaminas B1, B2, B3, B5, B6, B9, B12, C e E, e os sais minerais: cálcio, ferro, cobalto, cobre, fósforo, potássio, magnésio, sódio e manganês, e os aminoácidos, ácido aspártico, arginina, alanina, cistina, glicina, glutamina, lisina, histidina, prolina, serina, treonina, triptofano e valina. Todos esses elementos atuam como estimulantes do sistema nervoso central, regularizando ou aumentando as funções cerebrais, ativando a memória. Dependendo do estado orgânico de cada indivíduo, possui ação protetora contra agentes físicos e biológicos, desempenhando atividade imunitária, com capacidade de aumentar a taxa da hemoglobina e o número de glóbulos vermelhos no sangue.

Os cientistas russos afirmam que a raiz do ginseng estimula a atividade física e mental, melhorando o funcionamento das glândulas endócrinas, evitando a fadiga e aumentando o desempenho de atletas em suas competições. Igualmente aumenta a longevidade, previne doenças inflamatórias como a artrite reumatoide, sem efeitos colaterais dos esteroides; protege contra a radiação, traz benefício ao diabético por diminuir os níveis de cortisol no sangue, pois este é antagônico à insulina.

## Indicações

É indicado para jovens que submetem-se a esforços físicos, esportivos e escolares; atua na depressão, é o remédio da memória em caso de envelhecimento precoce, que pode ser administrado com vitaminas e minerais, na fraqueza geral, no desgaste físico, cansaço fácil, aterosclerose e diabetes. Não é indicado na hipertensão severa e na gravidez.

## Dosagens

Decoto: 3 a 9g em 100ml de água, duas vezes ao dia. Cápsulas: 200mg, duas a três vezes ao dia com as refeições. Pó: 5 a 10g ao dia, com orientação do profissional de saúde.

# Goji Berry

*Barbareaceae / Lycium barbarum*

## Características

Arbusto que cresce e se desenvolve como uma trepadeira, de preferência se estiver na sombra. Em seu tamanho máximo atinge em média 1,8m de altura e um raio de aproximadamente 90cm. As folhas ovais variam em comprimento de 1,27 a 10,16cm, dependendo do local e da variedade. Apesar de não ser uma planta com espinhos, existem algumas variedades americanas, que desenvolvem caules com espinhos. Durante a primavera suas flores, de um branco pálido ao violeta, preenchem lindamente os arbustos, enriquecendo sua planta, principalmente no Hemisfério Norte, normalmente no começo de março. Após a polinização da flor surgem logo as bagas da fruta. Suas bagas variam de cor desde o amarelo-pálido ao laranja-escuro e ao vermelho-escuro.

Suas frutas geralmente são do tamanho de uma uva e são ovoides. Há aproximadamente 85 espécies de goji na Ásia e 15 espécies na América do Norte e Central. As gojis da Ásia e da América são semelhantes. Mas as variedades asiáticas são mais bem-documentadas, pesquisadas e consagradas com tradição. Todas merecem atenção especial porque sua história e propriedades para a saúde são muito ricas. Todas são extraordinariamente adaptáveis, crescem maravilhosamente tanto em desertos duros e secos quanto nos trópicos. Conseguem se adaptar a grandes oscilações de temperatura, crescem bem na Nova Escócia e na Colúmbia Britânica.

## Constituintes

O goji é constituído por extraordinário valor nutricional, por sua cor e sabor agradável. Os chineses mongóis e tibetanos vêm cultivando essa planta alcalina de goji há cinco mil anos. Essa planta foi uma importante fonte de alimento para todas as tribos nativas americanas do deserto do sudoeste. Todas as tribos eram conhecidas por possuir forças impressionantes, agilidades e habilidades de sobrevivência. O goji também era muito usado por monges tibetanos encontrados nas montanhas do Himalaia. No Oriente sempre foi considerado como suplemento antienvelhecimento.

Pode ser consumido como qualquer outra fruta fresca, seca ou em cápsulas na dosagem de 40mg ao dia, ou 100ml do suco. Pode ser misturado com suco de fruta, iogurte, cereais e saladas, e pode ser adoçado, possui baixo nível calórico, é energético com alto desempenho na atividade física, mental e no sistema imunológico; o maior segredo é a queima das calorias. Pelo alto teor de vitamina C ele queima as gorduras do corpo com mais facilidade, é um excelente auxiliar para quem faz dieta para a obesidade ou mesmo para controle dos que não querem engordar.

## Ações

Aumenta as energias e as forças, estimula a liberação do hormônio do crescimento, protege o fígado, o estômago e os rins, melhora o sono e a visão, equilibra a resposta imunológica, previne o câncer, fortalece o sistema neurocerebral, é um tônico do equilíbrio muscular e do sistema cardiovascular, previne a aterosclerose, combate os radicais livres, aumenta a libido e a função sexual, regula o açúcar no sangue do diabético, previne a diabetes e o aumento de colesterol e triglicerídeos.

## Propriedades

As propriedades do goji berry são muito ricas em antioxidantes, melhor fonte de carotenoides, ácidos graxos essenciais, particularmente o linoleico que é tão necessário para a produção de hormônios e também para ativar o sistema nervoso central. É provavelmente uma das frutas mais ricas em nutrientes. Possui uma fonte de proteína completa, com 18 aminoácidos, entre os quais estão oito essenciais ao corpo humano, e mais vinte e um minerais como o cálcio, magnésio, manganês, ferro, fósforo, cobre, selênio e zinco, e as vitaminas B1, B2, B6, e alta taxa de vitamina C e E.

Possui efeito protetor sobre as artérias e para todo o sistema cardiovascular; por sua riqueza em arginina, glutamina, luteína e zeaxantina, controla os níveis de colesterol e triglicerídeos. Protege a visão e distúrbios inflamatórios ou infecções. Os polissacarídeos que fortificam o sistema imunitário são elementos responsáveis pelo extraordinário efeito antienvelhecimento que promove a longevidade, aumentando os níveis de energia, ajudando o processo digestivo e o controle de peso; basta comer pouca quantidade ou pouco suco dessa fruta para se sentir saciado e bem nutrido.

Mas como muita coisa boa, nem sempre é para ser utilizada por todas as pessoas. Estudos feitos nos Estados Unidos apontaram que o consumo do chá ou o uso excessivo tem ação inibitória da warfarina, elemento que evita trombose. Sendo assim, quem faz uso de anticoagulante jamais deve consumi-lo. Supõe-se que alguma substância da fruta interage com certo local do fígado onde muitos medicamentos são metabolizados; também não é indicado para pessoas hipertensas e diabéticas.

## Indicações

Colesterol e triglicerídeo alto, insônia, fadiga, falta de visão, depressão, fraqueza geral, cansaço fácil e prevenção de cânceres.

## Dosagens

Podem ser usados de 15 a 45g ao dia, ou seja, uma mão cheia. Também pode ser misturada em suco. Utiliza-se a fruta fresca ou seca em batidas, chá e também na culinária.

# Graviola

*Anonaceae / Anona muriata*

## Características

Árvore perene, em forma piramidal, que atinge de 4 a 6m de altura. Folhas verdes brilhantes. Flores amareladas grandes e isoladas, que nascem no tronco e nos ramos. Frutos ovoides em forma de coração. É a maior fruta da família das anonáceas, pesando até 1kg com 15 a 25cm de comprimento e 20cm de diâmetro. É geralmente verde, com casca flexível, com cheiro muito forte, com muitas sementes pretas, envolvidas por uma polpa branca de sabor agridoce. Possui um suco refrigerante doce, mas ligeiramente ácido, agradável ao paladar, deliciosamente perfumado. A polpa não é apropriada para sobremesa, porém dá um sabor especial misturada na salada de frutas. É uma fruta simplesmente deliciosa sob a forma de refresco, sorvetes ou batida com limão e açúcar. Originária das Antilhas, dá preferência a clima úmido, baixa altitude, não exigindo muito em relação a terrenos. É encontrada em quase todos os países tropicais. Foi introduzida no Brasil pelos colonizadores portugueses no século XVI e sua produção encontra-se nas regiões Norte e Nordeste do país, em expansão no Espírito Santo. Propaga-se por sementes, e sua produção se dá em 2 a 3 anos. Existem mais de 600 espécies, mas somente quatro espécies são comestíveis: anona, rollinea, uvaria e asimina.

## Constituintes

Desde o ano de 1996, o Instituto de Ciências e Saúde dos Estados Unidos estuda dados para o tratamento do câncer com o uso deste tipo de fruto. Foram divulgados surpreendentes resultados sobre o consumo da graviola no combate ao câncer. Foram realizados estudos em vários laboratórios *in vitro* a fim de comprovar realmente sua eficácia. Constatou-se que contém substância anticancerígena e citotóxica em potencial, e que são seletivas, combatem apenas as células cancerosas, preservando as células saudáveis, sem efeitos colaterais.

Sua constituição maior é a grande fonte de vitaminas do complexo B, importante para o metabolismo das proteínas, dos carboidratos e das gorduras. A graviola é uma fonte medicinal que protege o sistema imunológico evitando possíveis infecções. Uma parte da árvore, como a casca e a raiz e o fruto, é usada há centenas de anos pela população indígena do sul da América para tratar de doenças cardíacas, asma, fígado e artrite reumatoide. Em estudos feitos com a fruta proveniente da Amazônia, ela foi considerada a maior aliada no tratamento do câncer de mama, de próstata e de pulmão.

Essa planta proporcionou ótima melhora durante o tratamento com quimioterapia. É um tratamento natural que dá vitalidade e melhor qualidade de vida. Mas recomendo o seguinte; nunca deve ser usada como remédio sem orientação médica, principalmente em caso de câncer; porque, mesmo sendo uma fruta, seu tratamento deve ser dosado e preparado em farmácia de manipulação em forma de cápsulas. A planta e o suco podem ser usados como prevenção em casos de problemas menos agressivos.

## Ações

Possui ação contra o diabetes tipo 2, na diarreia, febres, vômitos, espasmos, hipertensão, astenia, pelagra, tosses, asma, reumatismo, previne infecções através da atuação do sistema imunológico.

## Propriedades

Dentre as propriedades terapêuticas da graviola, podemos destacar o seu potencial diurético, anti-inflamatório, antirreumático, antiespasmódico, adstringente, antitussígeno, anticancerígeno e vitaminilizante. Possui uma fonte completa de proteínas, hidratos de carbono, gorduras, minerais e vitaminas do complexo B, importantes para o funcionamento perfeito do metabolismo de todos os nutrientes que envolvem a nutrição. Em média a graviola fornece as seguintes porcentagens: tem 60cal, 25mg de cálcio, 28mg de fósforo, 26mg de vitamina C, que seria um terço da recomendação da ingesta diária.

Além disso, apresenta riquíssima composição em suas propriedades. Tem total aproveitamento, começando pelas folhas; seguem as flores, brotos e frutos, que podem estar verdes ou maduros; sob a forma de chá, combate a diarreia; o suco possui ação diurética; o chá das folhas é muito utilizado e dizem que foi comprovado para baixar a glicose de diabéticos, assim como em cataplasmas, utilizado diretamente nas afecções cutâneas.

## Indicações

Combate a diarreia, é hipotensora, hipoglicêmica protetora do diabético e do hipertenso, melhora a asma, tosses, febres, dores de cabeça e de estômago, previne e elimina o colesterol total e o LDL, antiespasmódica e diurética.

## Dosagens

Como alimento pode-se usar o chá e o suco sem problemas. Como medicamento, necessita de cuidado, nunca abusando da quantidade; use 10g de folhas picadas para uma xícara de água fervente; pode-se tomar quente aproveitando melhor seu valor.

# Guaraná

Guaranazeiro / *Sapindaceae* / *Paullinia cupana*

## Características

O guaranazeiro é um arbusto suberecto, com copa que varia de 9 a 12m de altura. Flores pequenas de cor clara, pouco vistosas. Os frutos são cápsulas de cor vermelho-vivo, que se abrem expondo as sementes de cor preta brilhante, contendo muita cafeína. Seu fruto tem cerca de 1cm de diâmetro, cada um contém uma ou duas sementes negras em seu interior. Cada cacho do guaraná pode reunir até uma centena de frutos. As sementes são separadas dos frutos por lavagem com água, são tostadas e em seguida trituradas com pouca água para obter uma pasta que é moldada e seca ao sol ou estufa, tornando-se muito duras.

Nativa da Floresta Amazônica. A primeira descrição do guaraná e sua importância, coincide com o primeiro contato do grupo de índios com os brancos. O Padre João Felipe Betendorf descreveu em 1669 que os andirazes tinham uma frutinha que chamaram de guaraná. Conta o padre que os índios faziam uma bebida de tão grandes forças, que iam à caça de um dia para o outro sem sentirem fome, além de melhorar dores de cabeça, câimbras, febres e problemas urinários. Já em 1819, o naturalista Cari Von Martius recolheu na região de Maués, na Amazônia, uma amostra de guaraná que eles chamavam de paulínia sorbulínea. Ele começou a observar que na época já existia intenso comércio de guaraná, enviado a locais distantes como Mato Grosso e Bolívia. Em 1821 foi descoberta por Humboldt, em contato com tribos indígenas que viviam na Amazônia, a comercialização do guaraná, mas os índios a consideravam planta sagrada, e utilizavam uma pasta dela como remédio. Só em 1826 a planta foi estudada pela primeira vez Por Cari Von Martius, Nessa época já se difundia na Europa a informação sobre as qualidades terapêuticas da planta em todo o mundo. Até hoje se usa como medicamento e estimulante que aumenta a resistência física e mental.

## Constituintes

Alantoína, adenina, amido, alfa-copaeno, anetol, cafeína, carvacrol, cariofileno, catequinas, colina, estragol, dimetilbenzeno, dimetilpropilfenol glucose, guanina, hipoxantina, limonena, mucilagem, ácido nicotínico, proantocianidina, proteína, resina, ácido salicílico, sucrose, tanino, ácido tânico, teobromina, teofilina, timbonina, xantina, óleo fixo, fibras, gomas, ácido caproico, saponina, fósforo, fosfato, potássio, matéria resinosa, aromática e péptica. Em análise fitoquímica foi registrada a presença de uma pequena quantidade de óleos voláteis fixos na semente, assim como amido, tanino, cafeína, teofilina, resina, saponina, ácido málico, catequinas.

Possui função estimulante sobre o sistema nervoso central, com atividade de relaxamento dos músculos e brônquios, é afrodisíaco, energético físico e mental, eliminando a depressão e a astenia de origem nervosa ou do esgotamento cerebral, combate o envelhecimento precoce. Desintoxica o sangue, regula o ritmo cardíaco, combate enxaqueca, perturbações gastrointestinais como dispepsia, flatulência e fermentações. É antidepressivo, antitrombótico, e antiagregante plaquetário. Desde 1989 seu extrato está patenteado pelos Estados Unidos com aprovação de que essa planta previne a formação de coágulos no sangue e elimina os já existentes.

## Ações

Atua no esgotamento cerebral, perturbações nervosas, estimulante do apetite, tônico revigorante, afrodisíaco, adstringente, aumenta o consumo de oxigênio e a contração muscular, vasodilatador coronário, possui ação sobre o músculo estriado, promovendo grande produção de ácido láctico, atua sobre o metabolismo celular e sistema nervoso central.

## Propriedades

Informações dadas pelos indígenas são de que utilizavam o guaraná como estimulante afrodisíaco, e que curava diarreias crônicas. Os índios maués foram os primeiros a se dedicar ao cultivo do guaraná. Eles descobriram que seu pó dissolvido na água era um poderoso estimulante que auxiliaria na realização dos trabalhos físicos mais pesados. Mas com a chegada dos colonizadores brancos, suas propriedades benéficas foram passadas a esses colonizadores europeus, que logo passaram a utilizá-lo principalmente como estimulante, e assim seus benefícios foram espalhados por toda a Amazônia, inclusive nos países limítrofes como Venezuela, Peru e Bolívia.

Então, as indústrias de refrigerantes inventaram um xarope com a fruta, que depois de modificada, diluída e gaseificada torna-se uma bebida de sabor agradável, mas sem nenhuma propriedade especial, até surgirem os estudos científicos através dos pesquisadores franceses e alemães que comprovaram a eficiência do guaraná como medicamento. Em 1940, dois pesquisadores, um francês e um alemão, não só comprovaram cientificamente, como confirmaram a eficiência do guaraná como medicamento, e de lá até os dias de hoje é usado tanto como refrigerante e refresco, e mais ainda como medicamento.

## Indicações

Favorece a atividade intelectual, atua no esgotamento nervoso, depressão, enxaqueca, perturbações gastrointestinais, diarreias, úlcera péptica, apatia, flatulência, astenia, dispepsia e hipertensão arterial.

## Dosagens

Uso interno como comprimidos ou tinturas, mas as dosagens devem ser prescritas por médicos. Também são comercializadas sementes torradas e moídas.

# Hamamelis

*Hamameaceae / Hamamelis virginiana*

## Características

Planta arbustiva, pequena árvore de 3 a 5m de altura. Folhas alternas, ovais, cobertas de lamugem, exalam um agradável aroma. Flores amarelas são características, com pétalas alongadas e estreitas, desabrocham no outono e durante o inverno, quando a planta já está sem folhas. Cascas e folhas são dotadas de notáveis qualidades hemostáticas e vasoconstritoras, são utilizadas para preparar medicamentos que curam: hemorroidas, varizes e flebites. Nativa dos bosques úmidos dos Estados Unidos e Canadá, foi introduzida na Inglaterra em 1735, e depois em toda a Europa. Sua parte mais usada são as folhas, às quais se atribuem inúmeras propriedades.

As folhas e a casca são tradicionalmente de uso medicinal em vários países. São muito ricas em tanino, que é vasoconstritor e adstringente; ótimas contra as afecções do sistema venoso, atuam nos distúrbios flebíticos ou pós-flebíticos, pernas pesadas de acordo com o tipo de trabalho, edemas, sensação de peso nos membros inferiores. A planta pode ser usada como hemostática, em hemorragias internas e externas, como adstringente na cura de feridas, queimaduras e inflamações. As cascas e as folhas contêm uma mistura complexa de taninos condensados e hidrolisados.

## Constituintes

Os principais constituintes dessa planta são o hamamelitanino, o aloila-hamamelis furanose, assim como o flobafeno, saponinas, mucilagens, resinas, oxalato de cálcio, ácidos graxos, oleina, palmitina, flavonoides, quercetol, canferol, glicosídeos flavonódicos do canferol, hamamelitanino, ácido gálico e hamameloses, óleo essencial, éster, álcoois, compostos de grupamento carbonila. Vários estudos realizados, em testes *in vitro* e *in vivo*, analisaram as atividades farmacológicas dos extratos da casca e das folhas dessa planta, e as ações relatadas sobre a hamamelis foram de inibição de 5-lipogenese e liso-PAF-acetil-CoA.

É antiviral, contra herpes simples tipo 1, para frações enriquecidas com proantocianidinas. Agora a hamamelis está difundida por praticamente todo o mundo, como resultado dos grandes benefícios que presta em todos os pontos. Mas o mais importante em todos já expostos é que foram os índios norte-americanos que ensinaram o tratamento com essa planta para os brancos (como sempre); eles descobriram seus efeitos curativos tão famosos, empregando contra inchaços, tumores, inflamações, hemorragias capilares, vermes, diarreias e demais problemas que surgiam.

### Ações

Colagoga, adstringente, diurética, antidepressiva, calmante, anti-irritante, antisséptica, vermífuga, tônica, hemostática, vasoconstritora, descongestionante, anti-hemorrágica, anti-inflamatória.

### Propriedades

Os taninos caracterizam-se por suas propriedades adstringentes, que se explicam por precipitar as proteínas das células superficiais das mucosas dos tecidos, formando revestimentos, protegendo das infecções. Possuem propriedades hemostáticas nas hemorragias de origem capilar. Também é antidiarreica, diminui a sensibilidade da pele, sendo útil no tratamento de queimaduras, tanto do sol como de qualquer natureza. Pode ser usada por via oral e fazendo compressas locais ao mesmo tempo. Essa planta regulariza a circulação, exercendo ação vasoconstritora periférica.

Age como vasomotor, favorecendo a circulação de retorno, restabelecendo o equilíbrio entre a circulação arterial e venosa.

Em uso externo pode ser preparado um creme para massagear os membros inferiores. Elimina as dores; em caso de varizes, é ótimo massagear uma a duas vezes ao dia, a começar pelos pés. Esse creme ou loção deve ser preparado em farmácia de manipulação, assim como a tintura ou cápsulas, que são ótimos remédios. Mas como sempre estou orientando, use somente com orientação do profissional de saúde, que lhe dará as dosagens, conforme suas necessidades.

## Indicações

Hemorroida interna e externa, hemorragia nasal, ou uterina, flebites, varizes, úlceras varicosas, disenterias, diarreias, hemoptise, menstruação excessiva, febres, contusões e torções. Não há contraindicação.

## Dosagens

Infuso: 5g de folhas picadas em uma xícara de água fervente, uma a três vezes ao dia. Tintura e cápsulas só com orientação, como já foi descrito. Pode ser usada a tintura da casca para fazer bochecho na inflamação da orofaringe, 15 gotas em água morna, até três vezes ao dia. Para cabelos frágeis, caspa, pele e cabelo oleosos, e protetor solar, usar tanto xampu como loção e cremes, que são ótimos.

# Hena

*Lythraceae / Lawsonia inermes*

## Características

Originária dos países do Oriente Médio e Índia, essa espécie de planta é cultivada em toda a Ásia e na costa africana do Mediterrâneo. As folhas são utilizadas na medicina tradicional de países asiáticos como diurético e adstringente, e externamente no tratamento de eczemas, micoses e feridas, mas sobretudo como corante para cabelos, pele e unhas. Nos países ocidentais seu uso como corante capilar é atualmente muito difundido. Preparados de hena pura costumam tingir de forma diferenciada os cabelos, conforme sua cor original em variações de tons avermelhados, visando a obtenção de tons mais naturais.

Uma das componentes responsáveis pela ação corante é a naftoquinona lausona, que apresenta uma baixa potência sensibilizante. Há relatos comprovando alergias provocadas por essa substância, assim como outros casos de dermatite de contato provocados por hena. Mas há literaturas que relatam ter dúvidas, se as reações ocorridas não seriam por impureza das preparações da hena, e não do próprio produto que tem demonstrado ser ótimo.

## Constituintes

Óleo essencial, naftoquinona, ácidos gálicos livres, resinas, manitol, cumarinas, taninos, lipídeos, flavonoides: apigenina e luteolina, xantonas, triterpenos, a lausona que se forma por hidrólise enzimática dos glicídios, e auto-oxidação das agliconas livres, pois a hena é feita de uma planta chamada *Lawsona alba*. Usadas as folhas e os pecíolos da planta, secos e moídos, obtém-se um pó verde; quanto mais forte for, melhor qualidade terá. As ações antissépticas estimulantes são dadas pela presença de óleos essenciais, enquanto que os taninos causam certa adstringência, regulando a ação das glândulas sebáceas da pele e do couro cabeludo.

Por meio de estudos, pesquisadores descobriram que, devido à ação adstringente de lausona, a hena pode ser usada nas amebíases, úlceras gastrointestinais e em todos os tipos de diarreias. Mas para isso precisamos que pesquisadores estudiosos continuem com mais pesquisas que comprovem sua eficiência como medicamento, pois esse produto garante seu valor como tinturas em toda parte do mundo, por ser livre de aditivos sintéticos como: corantes, conservantes ou aromatizantes artificiais, e também de amônia, água oxigenada e metais pesados como o chumbo.

## Ações

Corante, adstringente, estimulante, anti-inflamatório, antifúngico, antibacteriano, anticaspa e protetor solar.

## Propriedades

A coloração química retira os pigmentos naturais do cabelo e deposita outros no lugar. Já a hena não abre a cutícula do fio para modificar a cor natural do cabelo, só deposita o pigmento. Por esse motivo, a coloração não danifica o cabelo como as tinturas comuns, mas também não possibilita mudanças drásticas de cor e nem clareia os fios; o efeito dela é cumulativo, quanto mais aplica mais rica fica a cor. As marcas que comercializam essas tinturas oferecem várias opções de cores. Mas a hena original é vermelha. Em cabelos levemente grisalhos ela não garante total cobertura dos brancos distribuídos pela cabeça. Esse produto não é recomendado para quem tem uma grande quantidade de fios brancos em uma mesma região.

Apesar de os fabricantes garantirem que a hena nutre o cabelo, há quem discorde. A hena dá um brilho mais intenso se comparado ao de uma coloração comum, mas não se pode dizer que ela vale por um tratamento. Mesmo sendo um produto natural, o pó pode danificar o cabelo caso seja usado em excesso. Por causa do efeito cumulativo em longo prazo fica muito difícil remover o produto dos fios. E mais: a pessoa deve saber prepará-lo. Sabe-se que é um produto que vale a pena usar, mas deve-se ter cuidado no preparo, caso não seja um profissional da área.

## Indicações

A principal indicação é para uso de tingimento de cabelos, unhas e pele. Como fitoterápico é empregado no tratamento da hanseníase (lepra) pela medicina popular africana, as folhas reduzidas a pó são usadas para tratar amebíase intestinal, dores de cabeça, acalmar febres, picadas de insetos e irritação da pele.

## Dosagens

Para tratamento capilar, xampus, condicionadores, loções tônicas, tingimento, pó, folhas e demais preparados em laboratório.

# Hera

*Araliaseae / Hedera helix*

## Características

É uma planta trepadeira, com caule que atinge até 30m com ramos lenhosos, muito longos, delgados e flexíveis que se elevam, apoiando-se em outras plantas, por meio de raízes laterais aéreas. Originária da Europa Central e Ocidental, cresce vigorosamente sobre muros, casas e troncos de árvores, fixando-se tenazmente através de minúsculos e numerosos apêndices radiciformes. Folhas persistentes e alternas, com longos pecíolos de um belíssimo verde brilhante. As bagas são consideradas venenosas, apesar de nos tempos passados serem empregadas para cálculos renais e também como purgante violentíssimo.

Seu uso foi desaconselhado tempos atrás. As folhas, ao contrário, podem ser usadas em decocções, infusões e tinturas. As inflorescências são pequenas umbelas esféricas com 6 a 8 raios curtos, todos num só plano. As flores são hermafroditas, amarelo-esverdeadas, com cálice de cinco dentes curtos soldados ao ovário, sépalas triangulares e corola constituída por cinco pétalas lanceoladas. O fruto é uma pseudobaga globosa, negra na maturação, com quatro a cinco sementes rugosas e rosadas.

## Constituintes

Todos os seus constituintes influenciam a permeabilidade venosa e atividade cardíaca. Suas folhas em doses menores são vasodilatadoras e em doses maiores são vasoconstritoras. A hederosaponina C, um de seus constituintes, exerce uma ação inibidora sobre os fungos, além de propiciar uma propriedade antibiótica.

Por conter iodo, essa planta é muito usada contra hipofunção da glândula tireoide, ativando o metabolismo basal, que leva a uma diminuição do acúmulo de glicose e triglicerídeo no organismo.

Suas folhas apresentam certa atividade anti-inflamatória sobre as vias respiratórias, acalmam a tosse, melhoram os problemas pulmonares e afecções reumáticas, além de estimularem a atividade da vesícula biliar. As saponinas que a constituem modificam a permeabilidade celular. Restabelecem a circulação sanguínea, atenuando a sensibilidade dos nervos periféricos e acalmando a dor. Muito útil em casos de nevralgias.

## Ações

Antiespasmódica, emoliente, analgésica, tônica lenitiva, vasodilatadora, cicatrizante, descongestionante tópico, expectorante, anticelulítica e antifebril.

## Propriedades

Há quem considere uma planta ornamental de muros e jardins. Seu habitat preferencial são muros e árvores, ou cobrindo o chão em locais úmidos. Mas, apesar de se agarrar aos troncos das árvores, a hera não é uma planta parasita. Seus frutos, que amadurecem na primavera, são apreciados pelos pássaros, mas são tóxicos ao homem, não devendo ser ingeridos. As folhas secas dessa planta possuem um alto valor medicinal, assim como seu óleo, que pode ser usado para massagens, pois produz nítida drenagem dos líquidos acumulados pela irrigação do tecido conjuntivo afetados pelas nodosidades e placas características de celulite.

Entretanto, o contato com a seiva da folha verde pode causar dermatite alérgica com formação de edema local, dor e eritema com lesões vesiculosas, motivo pelo qual não é possível fazer uso da folha verde e também dos frutos. Mas podemos usar somente com orientação do profissional de saúde e preparado em farmácia de manipulação, com dosagens bem-orientadas. Temos o pó, a tintura e o extrato fluido; também temos pomadas, óleo para massagens, loções e xampus para cabelos normais e também para escurecê-los.

## Indicações

Asma, bronquite, laringite, faringite, litíase biliar, hipertensão, nevralgias, gota, dores reumáticas, leucorreias, escrufuloses, celulite, sequelas de flebites, queimaduras.

## Dosagens

Uso interno: possui excelentes valores, como o pó, tintura e extrato fluido. Mas devemos usar somente sob orientação do profissional de saúde. Uso externo: decoto de 200g de folhas frescas em um litro de água, aplicar compressas no local dolorido. Pomada: até 10% extrato glicólico. Óleo para massagem: com 8 a 12% de extrato glicólico. Cremes: para massagem até 10% extrato glicólico ou 3% extrato seco. Loção: 6 a 9% de extrato glicólico, 3% de extrato seco. Xampu para cabelos normais: 2 a 5% extrato glicólico. Infuso: para escurecer o cabelo, 50 a 60g de folhas secas para 1l de água.

# Hipérico

*Hypericaceae / Hipericum perforatum*

## Características

Arbusto perene, ereto, caule rígido e ramoso, hastes avermelhadas, com 30 a 60cm de altura. Folhas opostas, dispostas de duas em duas, salpicadas com manchinhas, que na realidade são vesículas que contêm óleo volátil. Flores que desabrocham em grande número e em espigas na extremidade dos ramos, são amarelo-vivo e possuem cinco pétalas dispostas de um modo semelhante a pequenas estrelas. As sementes são ovais e escuras. Nativa da América do Norte, planta de florescência exuberante, é ocasionalmente aclimatada e cultivada com fins ornamentais no sul do Brasil, e em outros países da América e Austrália.

Cresce em todas as zonas da Itália, dos Alpes às ilhas, e em toda a Europa e Ásia; prefere os terrenos ao longo das valas, dos cursos de água, das veredas dos campos. A floração ocorre no verão, próprio de lugares sombrios. Suas flores amarelas douradas que são usadas para fins medicinais, devem ser colhidas logo que desabrocham, juntamente com as folhas, e devem ser rapidamente dessecadas à sombra e conservadas separadamente em recipientes de vidro ou em saquinhos de papel.

## Constituintes

O hipérico até o ano de 1988 não era uma planta muito usada no mundo das ervas como planta medicinal. Muitos a consideravam uma erva daninha. A infestação das plantas da Califórnia pelo hipérico provocou sérias perdas financeiras em 1930, mas no final do ano de 1988 ele entrou na arena como planta medicinal, após a publicação de um relatório em prestigiada revista científica, por pesquisadores do centro médico da Universidade de Nova York e do Instituto de Ciências Wuzmann, que relataram que duas substâncias extraídas da planta (hipericina e pseudo-hipericina) exibiam atividade antiviral contra alguns retrovírus.

Essas substâncias foram eficazes em doses que apresentam baixa toxidade. Dentre os retrovírus inclui-se o do HIV, e o autor sugeriu que esse produto herbáceo poderia ser útil para auxiliar no tratamento da Aids. Daí começou a ser usado o hipérico como remédio popular na medicina tradicional caseira, por possuir ação antidepressiva. Foi demonstrado que o extrato aquoso inibe o crescimento do *mycobacterium tuberculosis*, bem como das bactérias *estafilococus*, *shigella*, *escherichia coli*, assim como *stafilococus aureos*, estreptococos e pseudômonas aeruginosa, altamente resistente a antibióticos.

## Ações

Antiespasmódica, adstringente, calmante, antidepressiva, andiarreica, anti-inflamatória, vulnerária, sedativa, diurética, colagoga, cicatrizante, antisséptica e vermífuga.

## Propriedades

As propriedades medicinais são conhecidas desde a Idade Média, mas era chamada de erva-de-são-joão muito utilizada como analgésico, calmante do sistema nervoso, redutora de inflamações e promotora de cicatrização, eficiente contra asma, bronquite crônica, tosses, cefaleias, dores reumáticas. Na medicina popular o hipérico é muito conhecido por curar eficazmente chagas, queimaduras e ulcerações, dores ciáticas, inflamação da traqueia e faringe, má digestão, intoxicação pelo mau funcionamento do fígado; ótimo contra incontinência urinária, e verminoses. O conjunto de todos os seus componentes é estimulante dos órgãos digestivos, inclusive a vesícula biliar. O princípio amargo assegura a estimulação da secreção dos sucos digestivos.

A hipericina exerce ligeira ação calmante, auxiliando em quadros depressivos. A propriedade adstringente é dada pela presença de taninos e flavonoides, as saponinas são responsáveis como estimulantes da circulação sanguínea, levando a uma tonificação e eliminando impurezas intercelulares com base em dados experimentais, e a hipericina está entre os inibidores da monoamino-oxidase. Em sua propriedade encontra-se óleo essencial produzido por suas folhas, pectina, resina, quercitina, rutina, catequina, fitosteróis, princípio amargo, caroteno e vitaminas C, P.

## Indicações

Tratamento sintomático de depressão leve e moderada, cansaço físico e mental, ansiedade, insônia, traumatismo craniano e suas sequelas, hipocondria, histeria, mania, perda de consciência, dores nos nervos periféricos, nevrites, nevralgias. Externamente pode ser usado em contusões ou feridas, dores agudas, queimaduras, ferimentos causados por objetos pontiagudos. Usar em forma de compressas.

## Dosagens

As fórmulas dessa planta são preparadas em cápsulas, comprimidos, tinturas, homeopatia ou o chá, mas seu uso deve ser a critério médico. É contraindicada a quem usa outro medicamento antidepressivo sem supervisão médica, pessoas alérgicas à planta, pessoas com depressão profunda, grávidas e lactantes. Pode interferir no tratamento de câncer, anticoncepcional, vertigem, e quem faz uso de droga. Uso externo: pode ser usado em compressas com o chá, ou com a tintura. Fitocosméticos: óleos, loções, cremes e xampus.

# Jabuticaba

*Myrtaceae / Myrcia cauliflora*

## Características

Magnífica árvore, conhecida por seus deliciosos frutos, seu tronco é bastante ramificado, e tem casca lisa que se renova anualmente após a frutificação. É uma árvore que pode chegar até 10m de altura; tronco claro, manchado, liso com até 40cm de diâmetro. Folhas simples, com até 7cm de comprimento, floresce na primavera e no verão, produzindo grande quantidade de frutos. Flores e frutos crescem aglomerados no tronco e ramos. Esse processo ocorre simultaneamente à substituição das folhas, modificando completamente a aparência da árvore.

Após a polinização, as flores gradativamente são substituídas por pequenos frutos verdes, esféricos, que se tornam vermelhos e depois negros, quando completamente amadurecidos; assim, a fruta fica com cor e todas as virtudes da jabuticaba. Seus frutos são do tipo bagas pequenas, de cascas negras, finas e brilhantes, polpa branca e com uma única semente. Geralmente seus frutos são consumidos *in natura* ou em geleia, suco, licor e vinho. Nativa do Brasil, conhecida desde o período de seu descobrimento, encontrada de norte a sul, desde o Pará até o Rio Grande do Sul.

Pesquisadores descobriram que essa fruta possui alta porcentagem de antocianinas, substâncias que protegem o sistema cardiovascular e eliminam os radicais livres do organismo; só que a maior concentração dessa substância está na casca da fruta. No caso de ingerir a fruta sem a casca, perde-se o principal valor medicinal. Mas podemos consumi-la em suco, liquidificando na hora de ingerir; também pode-se preparar uma geleia em casa, pois ela tem a vantagem de que as altas temperaturas do calor do fogo para prepará-la não a fazem perder o valor nutricional ou medicinal.

## Constituintes

Atributos para essa planta tipicamente brasileira é o que não faltam, como vitaminas, sais minerais e fibras. Pesquisadores recentes descobriram que ela é rica em antocianinas, substâncias que protegem o coração. Rica em sais minerais como o cálcio, ferro e fósforo que atuam na construção, desenvolvimento e proteção da massa óssea, auxiliando na prevenção, combatendo o estresse, raquitismo, osteoporose, e anemias. Pesquisas dizem que elas ajudam a eliminar do organismo moléculas instáveis de radicais livres (RL), substâncias responsáveis pelo envelhecimento precoce das células, pelo estresse, e o resultado geral se vê na pele.

Essa fruta protege e estimula a reparação dos tecidos ricos em colágeno, principal proteína que proporciona firmeza e elasticidade. Com isso também ajuda no combate das rugas. Por ser rica em pectina, uma fibra solúvel que auxilia na redução da velocidade de absorção dos alimentos, controla os níveis de glicose no sangue, mantendo-os mais próximos da normalidade, na prevenção e tratamento do diabetes do tipo 2. Ainda auxilia na remoção das toxinas e dos metais pesados do corpo, combatendo o excesso de colesterol total e LDL, aumentando o HDL, diminuindo os riscos de doenças cardiovasculares, cálculos biliares, melhorando a função da vesícula.

## Ações

Antioxidante, antifebril, antiasmática anti-inflamatória, antiestressante, antialérgica, antiasmática, antidepressiva, analgésica.

## Propriedades

A jabuticaba é uma fruta típica da Mata Atlântica, é uma fruta de baixa caloria, aproxima-se a 58% no máximo. Possui vitaminas do complexo B, incluindo a niacina, que é importante para o fortalecimento muscular, tratamento da indigestão, erupções da pele e anorexia, além de ajudar na queima das gorduras e no bom funcionamento do sistema nervoso central (SNC). A vitamina C ativa auxiliando no tratamento, ou mesmo na cura das infecções em geral, alergias, asma, glaucoma e varizes; previne a catarata, arterioscleroses, hipertensão arterial, imunodeficiências, depressão, fadiga crônica, gota, tabagismo, alcoolismo, hepatites e constipação intestinal.

A polpa, com a casca da fruta, contém ferro, fósforo, vitamina C e niacina, que facilitam a digestão e eliminam as toxinas. Para melhor aproveitamento de suas substâncias o melhor é em forma de suco. Mas ele precisa ser preparado e tomado na hora, porque, quando guardado, além de alterar o sabor, a luz e o oxigênio reagem com as moléculas protetoras. A geleia pode ser guardada porque foi preparada com o calor do fogo. Para a colheita, a fruta deve estar bem madura. A jabuticaba é uma árvore de crescimento lento, demora aproximadamente dez anos para sua primeira frutificação.

## Indicações

Má digestão, hepatite, alergia, fadiga, depressão, reumatismo, gota, constipação, arterioscleroses, hipertensão, anemias, leucemia e asma.

## Dosagens

Em princípio pode-se ingerir até 10 frutas diárias, não mais do que isso; não exagerar, porque pode causar problemas intestinais. Quem está acima do peso deve ser cuidadoso no consumo; as gestantes devem fazer uso sempre dessa fruta, pois ela contém uma boa taxa de ferro, necessário tanto para a mãe como para o bebê.

# Kava-kava

*Piperaceae / Piper methysticum*

## Características

Essa planta é uma trepadeira, uma pimenteira em forma de arbusto, levemente suculenta, com ramificação grosseira e ereta. É uma planta naturalmente encontrada na Malásia e nas Ilhas Polinésias. Utilizada há mais de três mil anos pelos nativos das ilhas de Fiji, Samoa e Tonga, não só para tratar as doenças, mas também em cerimônias religiosas, por exercer propriedades sedativas e relaxantes. Durante os rituais, os nativos ingeriam kava-kava em forma de bebida, e aliado aos rituais era interpretado com um transe relaxante. Logo ela ganhou a fama de um poderoso ansiolítico natural.

Nos últimos anos tem sido destacada como uma planta com o máximo poder para tratar problemas como angústia, nervosismo, estado de tensão, agitação, ansiedade e insônia. Estudos farmacológicos demonstraram que os princípios ativos de kava-kava (kavalactonas) promoveram um efeito relaxante nos músculos, em estado de tensão. Atualmente ela tem sido testada, a fim de que seus efeitos sejam aceitos com clareza, provando resultados favoráveis.

## Constituintes

Ao correr dos anos os progressos tecnológicos trouxeram à luz a kavalactona e demais constituintes como: ácido benzoico, ácido cinâmico, açúcares, cavaína, bornil-cinamato, jangoninas, metilticina, diidrocavaína, dimetoxidiidrocavaína, mucilagem, estigamasterol, pirona, flavocavaínas, calconas, ácidos orgânicos, amidos de ácido, calcaloides de pirrolidina, celonas, esterina, álcoois alifáticos, glicosídeos, pipermetistina, polissacarídeos.

A primeira notícia que se tem a respeito dessa planta é que foi levada para a Europa em 1784 por James Cook, descobridor da Polinésia.

Naquela época os nativos já faziam uso preparando uma bebida com propriedade estimulante e relaxante, e usavam contra inflamações. Passou mais de um século até a medicina europeia começar a pesquisar os extratos da raiz da kava, que os nativos das ilhas dos mares do Sul, principalmente da Nova Guiné, usavam como calmante e anti-inflamatório, em infusões e macerados em álcool. Preparavam o medicamento com pedacinhos cortados da madeira da raiz (não só da casca).

Em 1908, embora houvesse tentativas anteriores, foram realizados os primeiros trabalhos científicos com a kavalactona, substância isolada da kavaína. Vários pesquisadores tentaram obter medicamentos. Em 1924, surgiram preparados anti-inflamatórios e para o coração, mas somente na década de 1970 se concluíram pesquisas amplas e surgiram medicamentos como kavos poral, kavaform e finalmente a kava-kava de Dr. Ritter, com propriedades tranquilizante e antidepressiva.

## Ações

Estabilizador neurovegetativo, normaliza as desordens das catecolaminas, antidepressiva, favorece o sono noturno tranquilo, relaxante muscular, alivia a tensão nervosa e dores de cabeça.

## Propriedades

Analgésica, afrodisíaca, anestésica local, anticonvulsivante, narcótica, relaxante muscular, antidepressiva, anti-inflamatória, espasmolítica, sedativa, antiasmática, anti-infecciosa. A kava possui propriedade de estabelecer um tratamento seguro da ansiedade e formas menores de depressão. Ela é um dos produtos relaxantes da musculatura esquelética, torna-se útil no tratamento da tensão nervosa, associada ao espasmo com dor de cabeça devido à tensão no pescoço.

A suave ação anticonvulsivante dessa planta pode ajudar no tratamento da depressão severa em conjunto com outro sedativo, por ter boa ação espasmolítica, tornando-se coadjuvante no tratamento de gastralgias, úlceras gástricas e duodenais, colite e cólon irritável, espasmos de natureza tensional, cervicalgias e lombalgias; combate a fadiga, agitação, asma, infecções urinárias.

As partes da planta utilizadas no preparo dos medicamentos são os rizomas secos e transformados a pó. Embora os efeitos da kava-kava estejam sendo comprovados cientificamente, só deve ser ingerida, sob supervisão médica, pois apesar de tantos valores dados a ela também apresenta contraindicações; não se recomenda na gravidez, aleitamento materno, em casos de Doença de Parkinson. Além disso, como qualquer ansiolítico, sua dosagem e tempo de uso só devem ser prescritos e controlado por médico.

## Indicações

Ansiedade, nervosismo, irritação crônica no trato urogenital, gonorreia, pruridos vaginais, relaxa a musculatura esquelética, epilepsia, insônia, dor de cabeça, bronquite, câimbras, dismenorreia, incontinência urinária e depressão.

## Dosagens

As partes da raiz e do caule abaixo da terra são utilizados no preparo de extratos e soluções tópicas, só que as dosagens e modo de uso ficam a cargo do médico.

# Kelp

*Alga marinha / Phaeophyceae*

## Características

Kelp é o nome comum dado à planta da classe *phaeophyceae*, tendo muito pouco em comum com as plantas terrestres e não se reproduz por meio de sementes ou flores. Cada célula da alga kelp é capaz de se reproduzir muito rapidamente, e pode crescer até 90m de altura e debaixo de água. As florestas de algas kelp podem ser encontradas nas águas pouco profundas da maioria dos oceanos do mundo. Essa alga marinha absorve os elementos minerais indispensáveis existentes na água. Ela possui a capacidade de transformar as substâncias minerais orgânicas, prontas a serem assimiladas pelo organismo humano. É uma das melhores fontes de cloro, potássio, ferro, fósforo e iodo. O poder cerebral resulta da atuação conjunta de todos esses sais.

É muito rica em oligoelemento, inclusive ouro, prata, ferro, vanádio, titânio, silício, zinco e boro. No corpo humano, esses minerais estão presentes em quantidades ínfimas. Um dos mais conhecidos desses minerais é usado terapeuticamente, a iodina, utilizada nos casos de hipertireoidismo para evitar o desenvolvimento de bócio. A iodina presente na alga kelp apresenta-se numa forma direta sobre a glândula tireoide. A alga kelp é uma das plantas mais úteis que a natureza tem para oferecer, é um recurso autossustentável e rapidamente renovável como fertilizante, com um conteúdo de mineral elevado.

## Constituintes

Os ervanários prescrevem a alga kelp como tônico glandular genérico, e para condições persistentes que necessitem de um ou mais desses oligoelementos que não estão disponíveis nas dietas ocidentais diárias. Podemos também nos beneficiar com as vitaminas C, D, E, K, e B12. Esta alga ainda contém quase todos os sais minerais necessários ao perfeito funcionamento orgânico como: bário, alumínio, bismuto, boro, cálcio, cloro, cobre, gálio, sódio, estrôncio, enxofre, chumbo, titânio, vanádio, e circônio, além de ferro, fósforo, iodo e potássio. O meio mais adequado de consumir essa alga é em pó.

Os tabletes dessa alga tomados com regularidade fornecem sais de ferro, fósforo e potássio, que o cérebro e outros órgãos do corpo humano necessitam para seu perfeito funcionamento. Também foi confirmado seu êxito nos casos de distúrbios glandulares, que tantas vezes trazem consequências: o bócio, o raquitismo, as anemias, o peso abaixo do normal, as disfunções renais, eczemas, neurites, asma, má digestão, dor de cabeça e obesidade.

## Ações

Possui ação benéfica sobre todos os órgãos vitais, normaliza as funções da tireoide, das meninges, das artérias, dos rins, do fígado, vesícula biliar, canais biliares, pâncreas, estômago, piloro e cólon.

## Propriedades

Kelp é um tipo de alga que deve ser ingerida crua, mas normalmente usa-se seca granulada, ou moída até virar pó. É ótima como condimento que acrescenta sabor. Possui propriedades benéficas aos nervos sensoriais, membrana em torno do cérebro, espinha dorsal e tecido cerebral. Possui atividade antibacteriana, mata o vírus do herpes, baixa a taxa de colesterol total e LDL no sangue, controla a pressão arterial. Melhora o funcionamento imunológico contra a glândula tireoide.

Pode-se usar substituindo o sal. É encontrada em forma de pó, comprimido ou granulada, nas lojas de produtos naturais. É ótima nos pratos de frutos do mar, e também a incluem em pratos ocidentais. Para os hortigranjeiros ou horticultores a alga é uma das melhores fontes de adubo, espalhado e enterrado nos solos. Nas culturas da Europa Setentrional tradicionalmente colhe-se a alga kelp em meados do verão e seu uso abrange variadas formas como forro para as casas, e também para defumar peixes.

## Indicações

Problemas glandulares, hipotireoidismo, problemas de fígado, rins, pâncreas, anemias, colesterol elevado, hipertensão, astenias, nervosismo, obesidade, dor de cabeça, desânimo, raquitismo, falta de memória. Contraindicada no hipertireoidismo pela alta taxa de iodo que contém.

## Dosagens

Não se trata de remédio, mas pode ser usada uma colher de café até três vezes ao dia, polvilhada no alimento.

# Laranja-amarga

*Rutaceae / Citrus aurantium*

## Características

*Citrus aurantium*, árvore frutífera de origem oriental, perenifólia, que chega a atingir 6m de altura, copa globosa, muito espinhenta. Folhas verde-escuras, aromáticas, ovais e brilhantes, com mais de 10cm de comprimento, frutos globosos do tipo bagas, cor amarelo-alaranjada; possui um sabor amargo e aromático, com uma casca grossa e rugosa de cor mais escura e muitas sementes, o que a diferencia das laranjas doces. Flores de cor branca muito perfumadas, reunidas em pequenas cimeiras axilares. Originária do sudeste da Ásia, pertence à família das rutáceas. É conhecida pelos herboristas chineses como *Zhi Shi* e foi utilizada na China durante séculos. É cultivada nos Estados Unidos e no Mediterrâneo, assim como em pomares domésticos do Brasil.

## Constituintes

Essa planta foi, por muito tempo, usada como porta-enxerto. Mas é na medicina tradicional que seu uso é mais amplamente divulgado. Seu extrato rico em sinefrina é extraído do fruto imaturo e está padronizado para conter no mínimo 6% desse ativo, que é uma amina adrenérgica que possui ótimos efeitos no organismo humano; por exemplo: a sinefrina aumenta a lipólise e termogênese e consequente perda de peso, melhorando o desempenho físico durante o exercício aeróbico. Através da liberação de energia da reserva de gordura, aumenta a massa muscular magra.

Quando o organismo está utilizando uma porcentagem de gordura de sua reserva, qualquer dieta proteica torna-se mais disponível para incorporação em massa magra. Os principais componentes químicos são: flavonoides, cumarina, terpenos, monoterpeno com 90%, pineno, limonemo, mirceno, cafeno, pequenas quantidades de álcoois, aldeído e cetona. A casca do citrus possui pectina, bioflavonoide, hesperidina, compostos aminados como: ortopamina, tiramina, N-metiltiramina, furanocumarinas (que em contato com a pele podem causar lesões de cor escura devido à fototoxidade dessa substância) e hordenina, assim como ácido esférico, glicosídeos que por hidrólise se desdobram em glicose, isoperidina e mucilagem.

## Ações

Tem ação benigna nas gripes, resfriados e asma; é expectorante, atua nas alergias, problemas inflamatórios, circulatórios. Como estimulante cardíaco, é broncodilatador e vasodilatador excelente, regula a constrição dos vasos sanguíneos e provoca vasoconstrição da musculatura lisa; estimula a lipólise, atua na obesidade, na retenção de líquidos e inchaço dos tecidos. O suco da fruta é um ótimo remédio contra a albumina na gravidez.

## Propriedades

Estimulante, sedativo e digestivo. Seu princípio ativo é uma amina adrenérgica, que produz o aumento da termogênese e perda de peso. Sua propriedade restringe-se aos frutos imaturos e não comestíveis. Seu extrato comercializado é extraído somente desses frutos. Devido aos altos níveis de agentes termogênicos é estimulada a atividade mitocondrial das células do tecido adiposo marrom, aumentando a massa muscular magra. As cascas dos frutos e as folhas são largamente utilizadas em todo o mundo para diversos fins. As flores e folhas fornecem um óleo essencial para a indústria de perfumes.

A casca do fruto é utilizada no preparo de doces em calda e cristalizados, mas é na medicina tradicional que seu uso é divulgado mais amplamente, como aromático, amargo, digestivo, expectorante, diurético e hipotensor, embora a eficácia e a segurança de seu uso ainda não tenham sido comprovadas cientificamente. Na composição da casca do fruto destaca-se a presença de pectina, de bioflavonoides, de hesperidina, que protegem os capilares sanguíneos.

Existem também substâncias amargas, açúcares e óleo essencial, que é rico em limonemo, e estão presentes também no óleo essencial das folhas obtidas por arrasto através do vapor. A indústria farmacêutica utiliza como fonte venosa e como flavorizante (diosmina e rutina) no tratamento da insuficiência e problemas do baço e estômago que se manifestam como distensão abdominal e epigástrica, como náuseas, vômitos e perda de apetite.

## Indicações

Contra indigestão, flatulência, tosses intermitentes, cólicas de bebês, febres, gripes, resfriados, é calmante suave, ótimo contra a insônia e nervosismo, é carminativo, antiespasmódico e antirreumático. O suco do fruto é indicado como remédio contra a albuminúria da gravidez.

## Dosagens

Para gripe e febre, infusão: uma colher de sopa de folhas picadas para uma xícara de chá à noite, ao deitar; para má digestão, toma-se o chá da casca do fruto, como calmante suave; nos casos de insônia e nervosismo usa-se o extrato aquoso de seus botões florais, preparado por maceração em água durante 3 a 4 horas, uma xícara quando necessário.

# Linhaça

*Linaceae / Linum usitatissimum*

## Características

Planta anual, ereta, altura de 30 a 60cm. Folhas estreitas, lineares, com três nervuras, com até 5cm de largura, flores de cores variadas (azuis, vermelhas ou brancas), com cinco pétalas, florescendo no verão, mas suas pétalas duram apenas poucas horas. Os frutos parecem uma cápsula globosa, de cor amarronzada, da qual saem as sementes brilhantes de uso medicinal. Originária da Ásia, cultivada na Babilônia, na Mesopotâmia. Sua maior característica é que ela contém uma substância chamada taglandina que regula a pressão geral do sangue e a função arterial atuando no sistema cardiovascular. Exerce um importante papel no metabolismo do cálcio, auxiliando os rins a excretar água e sódio, eliminando as toxinas, prevenindo inflamações.

Atua na retenção de líquidos dos membros inferiores, acompanhada geralmente com inflamação nos tornozelos e alguma forma de obesidade. Previne coágulos sanguíneos e ajuda na cura de todas as inflamações. Através da produção de ecosanoides, citocina e lignana, favorece e influencia a célula do sistema imunológico combatendo o nervosismo e o estresse, dando uma sensação de calma; melhora o funcionamento mental do idoso, aumentando a energia do cérebro e diminuindo as doenças inflamatórias. Seus benefícios não ocorrem só com as sementes, mas principalmente com seu óleo essencial.

## Constituintes

A linhaça é uma semente oleaginosa, a mais tradicional de todos os tempos, é obtida a partir do linho, uma das plantas mais antigas da história. Os antigos egípcios cultivavam essa planta e a utilizavam por reconhecerem suas virtudes medicinais. Plínio o Ancião, naturalista romano, deixou relatos de trinta remédios à base da linhaça. Nos tratados da medicina tradicional chinesa e para o tratamento de constipação na medicina ayurvédica da Índia. O Imperador Carlos Magno, impressionado com as propagandas medicinais das sementes, incentivou o seu cultivo e consumo na Europa.

Nesse continente a semente era utilizada para extração de óleo vegetal. Mas quando a indústria percebeu que essa utilização era pouco lucrativa, a linhaça desapareceu do mercado, depois da Primeira Guerra Mundial. Então a semente chegou ao Novo Mundo no século XVII, primeiramente no Canadá, que é atualmente o maior produtor da semente. No Brasil faz pouco tempo que se iniciou o cultivo e ainda é muito pequeno. Até 2005 só era cultivada a linhaça marrom, a dourada teve início aqui em 2006.

Existem dois tipos de linhaça: a marrom e a dourada. Suas constituições são as mesmas, tanto a nutricional quanto a terapêutica. As diferenças entre ambas são mínimas, resultantes de diferentes condições de cultivo; por exemplo: sua cor é só diferenciada pelas quantidades de pigmentos entre elas, que pode mudar pelas normas de cultivo. A linhaça dourada desenvolve-se em clima muito frio como no Canadá, que é o maior produtor, e a marrom desenvolve-se em regiões de clima quente e úmido, como no Brasil.

## Ações

Atua prevenindo coágulos sanguíneos, diminui os fatores de agregação plaquetária, baixa os níveis de colesterol total e LDL, aumenta os níveis de colesterol HDL, melhora a síndrome menstrual, previne e ajuda na cura de todas as inflamações como: amigdalite, hepatite, meningite, gastrite, colite e artrite. Possui ações sobre a pele se usar o óleo de linhaça em tempo regular; ótimo para pele seca e sensível aos raios do sol, na cura da psoríase, eczemas, acnes, espinhas, manchas, panos brancos, ótimo na calvície, elimina a caspa.

## Propriedades

Estudos de investigadores do Instituto Científico do Canadá sobre a linhaça chamaram a atenção sobre as propriedades dessa semente na prevenção e cura de numerosas doenças degenerativas. A experiência clínica demonstrou que o consumo em forma regular do óleo de linhaça previne ou ajuda na cura de câncer de mama, de próstata, de cólon e de pulmões, e que suas sementes contêm 27 componentes anticancerígenos, sendo os principais para proteger e evitar tumores. Seus principais componentes são glicosídeos, lignanas, mucilagem e óleos essenciais, assim como açúcares, resinas, fosfatos, betacaroteno, ácidos graxos essenciais, ácido cis-linoleico, linolênico com até 40%, ácido oleico, gama-linoleico, palmítico e esteárico, 25% de proteínas, tanino e vitamina E. No caso de já existir o câncer recomenda-se combinar duas colheres de sopa das sementes moídas com queijo cottage, que contém baixa caloria. Ela atua no sistema digestivo contra a acidez estomacal, lubrifica e regenera a flora intestinal, elimina os gases gástricos, é um laxante suave, previne a diverticulite e a constipação, por conter fibras solúveis e insolúveis.

Seu óleo essencial é poli-insaturado, contém ômega-3, 6, e 9, vitaminas B1, B2, C, e E, carotenoides, ferro, cálcio, magnésio, fósforo, potássio e zinco. No século XX recomeçou o reconhecimento das propriedades da linhaça, quando começaram a aprimorar as investigações de suas propriedades medicinais. Cientistas do mundo inteiro fazem novas descobertas não só sobre suas sementes, mas sobre sua gordura, que possui um papel importante na produção de hormônios e no transporte de vitaminas que desempenham uma função protetora no organismo humano.

## Indicações

Na prevenção de trombose coronariana, arritmia cardíaca, hipertensão; incrementa as plaquetas na prevenção de coágulos sanguíneos, seus músculos se recuperam da fadiga, melhora o cansaço físico e mental, produz energia celular pelo aumento do coeficiente metabólico, controla os níveis de açúcar no sangue do diabético, ajuda na cura da anemia e da acidez estomacal.

## Dosagens

Podem ser usadas duas colheres de sopa do pó da linhaça dourada uma vez ao dia, no almoço ou no jantar; pode-se igualmente utilizá-la em suco, iogurte etc. Pode-se liquidificar duas colheres de sementes junto com uma fruta. O óleo, 500mg até duas vezes ao dia; mas não se deve usar continuamente (pode-se usar um ou dois meses). Deve-se buscar orientação de um profissional, mas pode ser usado externamente.

# Losna-maior

*Asteraceae / Artemisia absinthium*

## Características

Planta subarbustiva, perene, que pode viver até 10 anos, de caule piloso com pouco mais de 1m de altura. Folhas multifendidas de lóbus finos, de margem inteira de 7 a 12cm de comprimento. Flores em capítulos subglobosos amarelos, agrupados em panículos. Planta aromática de sabor muito amargo, que cresce espontaneamente na Europa, Ásia e norte da África. Essa erva encontra-se em estado nativo em lugar seco e pedregoso que recebe bastante sol, mas também em terrenos arenosos à margem de estradas.

Conhecida desde a remota antiguidade na forma de licor amargo, é usada na preparação de aperitivos, aos quais se atribuem propriedades carminativas, diuréticas, colagogas, emenagogas, abortivas e anti-helmínticas. Estimulante da secreção estomáquica, aumentando o volume do suco pancreático e salivar, assim como o peristaltismo intestinal, possui um fator importante, pois acelera as trocas nutritivas e a utilização dos alimentos ingeridos, ativa as fibras musculares lisas do intestino, assim como a atividade cardíaca e circulatória.

## Constituintes

Suas virtudes medicinais são conhecidas desde a Antiguidade. É citada pelos egípcios em 600 a.C. Os celtas e os árabes usavam muito essa planta em tratamento de problemas digestivos. Erva aromática de sabor muito amargo, seu nome deriva do grego, que significa "privado de doçura"; só pela sua eficácia se consegue suportar seu desagradável sabor.

Mas sua constituição é rica em substâncias como: carotenoides e flavonoides, fitosterol, quebrachicol, compostos lactônicos em particular sesquiterpênicas, resinas, ceras, taninos, vitamina B6 e

C, princípio amargo: absintina, anabisintina, artabsina e santonina, ácidos orgânicos: tânico, málico, sucínico, palmítico, e nicotínico, óleo essencial tuiona, tuiol, camasuleno, felandreno e borneol. Substância amarga e clorofila.

## Ações

É benéfica nos problemas gástricos, contra gases intestinais, cólicas, diarreias, hidropisia, menstruação dolorosa, desintoxicante do fígado elimina parasitas intestinais.

## Propriedades

Sua maior propriedade é estimular e melhorar o processo digestivo, desintoxicando o fígado. É usada na má digestão, especialmente quando há deficiência na qualidade e quantidade de suco gástrico. Seu gosto amargo e óleo volátil estimula as secreções, aumentando o apetite e evitando problemas com a alimentação, estimula a secreção estomáquica por excitação da mucosa bucal. Aumenta a secreção biliar e pancreática, aumentando o peristaltismo intestinal.

Os efeitos psicomimétricos do fármaco resultam da interação da tuiona constituinte do óleo essencial, com alguns sítios receptores do cérebro. Em doses baixas estimula o apetite, e em doses altas é psicoestimulante e vermífugo; possui propriedades diuréticas, coleréticas, emenagogas, vermífugas, carminativas, anti-inflamatórias, antimicrobianas, antissépticas, colagogas, antiparasitárias, digestivas e tônicas.

## Indicações

Transtornos biliares, falta de apetite, gastralgias, dispepsia, gases intestinais, hidropisia, cólicas menstruais ou digestivas.

Contraindicada na gravidez e nos dias da menstruação, e também em caso comprovado de gastrite.

## Dosagens

Infuso: 20g de folhas ou flores para um litro de água, tomar uma taça 2 a 3 vezes ao dia, mas só quando for necessário. Nunca passar de duas semanas.

Tintura: 20 gotas até três vezes ao dia, se for necessário.

# Maca peruana

*Brasicasseae / Lipidium mayenii*

## Características

A maca é uma legendária raiz peruana consumida como alimento desde os tempos dos incas. Esse vegetal crucífero cresce nos Andes Peruanos na altitude de 2.000 a 4.000m; produz tubérculos há aproximadamente 2.000 anos. Muito valorizado por suas propriedades, foi sendo domesticado pelos povos andinos, sendo utilizado pelos mesmos.

Especialistas relatam que a maca tem sido importante desde essa época. Por sua capacidade energética foi utilizada como tributo para os incas, e logo após para os líderes das colônias.

Também era utilizada como parte importante da ração alimentar dos guerreiros. A maca é parte integrante da nutrição dos astronautas da Nasa, e foi incluída na lista da FAO como um dos produtos para ajudar no combate de problemas de desnutrição de povos carentes. É uma planta que se assemelha a um nabo e cresce nas montanhas andinas do Peru. A raiz da planta é seca e transformada em pó, sendo utilizada há mais de 2.000 anos como remédio e alimento. É basicamente um alimento muito rico em nutrientes e é vendido como um complemento nutricional que não tem restrições de uso para qualquer idade.

## Constituintes

Essa planta é constituída de um alimento muito nutritivo, não é um medicamento, é um elemento energético e fortificante, recomendado em todos os casos de carência que necessitem de um aporte suplementar de energia e substâncias nutritivas, como na desnutrição, em todos os casos de cansaço fácil, fadiga e astenia. Essa planta aumenta o rendimento físico e mental, revitaliza as células cerebrais favorecendo o intelecto, a concentração e a memória, diminui o estresse e reativa os processos metabólicos celulares.

Favorece a revitalização e a capacidade de recuperação do organismo, atua no sistema endócrino estimulando de modo natural a produção de hormônios, age como estimulante sexual apesar de não agir diretamente no sistema nervoso central (SNC), não contém cafeína. Sua constituição de cultivo é a seguinte: *Umidade*: média a baixa. *Temperatura*: de 0 a 20°C, não tolera clima quente, sendo uma planta de grandes altitudes. *Luz*: sol pleno, sol parcial. O *solo* pode ser qualquer substância que retenha água, tenha boa drenagem e contenha pouca matéria orgânica. Se o seu substrato não tiver muita aeração, deve-se incluir areia, perlita, vermiculita ou turfa. *Irrigação*: regular, não deixando o solo seco por muitos dias. *Germinação*: não é um tratamento especial, apenas enterre no máximo 0,5cm, mantendo-a úmida e afastada do calor. Vale a pena investir no cultivo dessa planta.

## Ações

Aumenta a vitalidade e a energia física e mental, tem ação benéfica na menopausa reduzindo os sintomas, alivia as cólicas menstruais, possui reconhecida ação no SNC, possui 19 aminoácidos essenciais necessários para o bom funcionamento corporal.

## Propriedades

A raiz da maca tem uma longa história em suas propriedades. Não tem problema de toxidade, ao contrário de outras plantas medicinais que podem ter vários efeitos negativos quando usadas indevidamente. Essa raiz não possui toxidade, ela faz parte da dieta diária de muitos peruanos nativos desde antes da chegada dos conquistadores espanhóis. Pesquisadores concluíram que a planta pode ser usada por longo prazo como suplemento alimentar. A raiz da planta é repleta de vitaminas, esteróis, e muitos sais minerais como: cálcio, magnésio, ferro, fósforo, cobre, manganês, selênio e zinco.

Assim como aminoácidos, ácidos graxos essenciais, oleico, linoleico e palmítico, gorduras saudáveis, carboidratos, fibras, e proteínas vegetais. Pode ser consumida por adolescentes, adultos, idosos, e também na gravidez, pois a maca possui nível alto de progesterona e os hormônios em equilíbrio, o que é benéfico para uma mulher grávida principalmente em seu primeiro trimestre de gestação como um ótimo suplemento nutricional; 100% natural, não é tóxica. Pode-se misturar, em uma pequena quantidade, em massas, pães, sopas, leite, suco e iogurte.

## Indicações

Fraqueza, desnutrição, fadiga, menstruação dolorosa, menopausa, falta de vitalidade, astenia, estresse, depressão, desânimo, insônia e cansaço fácil.

## Dosagens

Uma colher de sobremesa diária para pessoas com atividades diárias normais, e duas colheres de sobremesa para pessoas com atividades intensas, física ou intelectual. Pode ser usada em salada de frutas.

# Malva-rosa

*Malvaceae / Malva sylvestris*

## Características

Planta herbácea anual, ereta ou decumbente, possui ramos com casca fibrosa, com altura de 40 a 70cm. Suas folhas são simples, com margens irregularmente serreadas e revestidas de pelos ásperos, de 7 a 15cm de comprimento. Flores vistosas de cor púrpura, dispostas solitariamente nas axilas foliares. Essa planta é apreciada como hortaliça e como remédio desde o século VIII a.C. Dispersa nos continentes europeu, africano e americano, é muito cultivada no sul do Brasil e em todos os países de clima temperado. Pode ser usado o suco para evitar indisposição durante o dia.

Carlos Magno usava essa planta como ornamental nos seus jardins imperiais. A malva é uma planta mucilaginosa e adstringente, citada na literatura etnofarmacológica como medicação capaz de suavizar a irritação dos tecidos e reduzir inflamações. A análise fitoquímica registrou a presença de mucilagem e pequena quantidade de caroteno, vitaminas C e do complexo B. Suas sementes contêm até 25% de proteínas, além de gorduras.

## Constituintes

Planta constituída de mucilagem, pentose, hexoses, ácido galacturônico, ácido fenólico clorogênico, ácido cafeico, ácido p-cumárico, autocianinas malvina e malvidina, flavonoides, taninos, caroteno, vitaminas A, B1, B2 e C, oxalato de cálcio, resinas, aminoácidos lisina e leucina. Devido à riqueza de mucilagens, protege os tecidos inflamados e irritados, favorece a cicatrização e a recuperação de lesões nas mucosas em geral.

Os taninos desenvolvem atividades adstringentes reduzindo secreções e erupções da pele, da boca, da garganta (laringite e faringite). Suas folhas, flores e frutos são empregados como infusão no tratamento de bronquite crônica, tosse, asma, enfisema pulmonar e coqueluche, bem como nos casos de colite e constipação, se usar dose excessiva pode tornar-se laxativa.

## Ações

Anti-inflamatória, alivia a tosse pertinente, elimina o catarro, atua sobre todo o sistema respiratório, elimina a bronquite crônica, falta de ar e dificuldade de respirar, é ótima tanto na constipação intestinal como no caso de colite grave. Neste último caso usa-se o chá fraco e frio, tomar por água durante o dia meia taça de chá, de duas em duas horas, mesmo se estiver tomando algum medicamento, pois ajuda na recuperação da mucosa gastrointestinal.

## Propriedades

Sua principal propriedade é a riqueza da mucilagem que contém essa planta, pela qual dá proteção aos tecidos inflamados, auxiliando na recuperação e cicatrização das lesões mucosas. Possui atividade lenitiva sobre as mucosas brônquicas eliminando a tosse com catarro, através dos taninos que atuam como adstringentes reduzindo as secreções.

Acalma os nervos, eliminando as dores em geral, como do estômago, intestinos, rins, bexiga e ouvidos; é um laxante suave, emoliente e demulcente. Externamente é utilizada contra erupções da pele, picadas de insetos, úlceras, feridas, inchaços dos membros inferiores. Utilizar seu chá (mais forte do que é bebido) e também em compressas quantas vezes for necessário.

## Indicações

Seu uso interno é ótimo para qualquer tipo de inflamação e infecção, como para o sistema bronco-pulmonar e digestivo, estômago, intestinos, pâncreas e fígado. Uso externo em gargarejo nas afecções da boca e garganta, e em compressas nas contusões, abscessos, úlceras, queimaduras e picadas de insetos.

### Dosagens

Infuso: 2 a 5g das folhas para cada xícara de chá, três vezes ao dia, pelo tempo que for necessário.

# Maracujá de suco

*Passifloraceae / Passiflora edulis sims*

## Características

O maracujá é uma planta trepadeira vigorosa, com gavinha, perene, de folhas alternas, trilobadas, com duas pequenas glândulas nectaríferas na base do limbo, próximo à inserção de curto pecíolo, com flores típicas de planta desse gênero. Originária da América Tropical, necessita de temperatura elevada e só se aclimata bem nas regiões temperadas. É amplamente cultivada especialmente no Nordeste do Brasil para fins industriais. É tradicionalmente conhecido no âmbito da medicina popular em quase todos os países ocidentais. Possui um grande efeito ornamental, motivo de em certos estados o chamarem de *flor-da-paixão*. Seus frutos são ovoides, amarelados, de polpa comestível, semente rugosas que servem para preparar bebidas refrescantes, como sucos e sorvetes.

## Constituintes

Planta constituída de alcaloides indólicos (harmana, harmina, harnol, harmalina), flavonoides (vitexina, invitexina, orientina e 0,55g de apigenina), glicosídeos cianogênicos, álcool, ácidos, gomas, resinas, tanino, vitamina, A, B1, B2, B5 e C, e os minerais, cálcio, ferro e potássio. Outro constituinte, cuja presença foi determinada por sua análise fotoquímica, é a cardioespermina, glicogênio, cianogênico, considerado inócuo quanto ao efeito sedante.

Porém, transforma-se em ácido cianídrico tóxico por hidrólise. Portanto, é recomendável ferver demoradamente o chá para eliminar a toxidade, evitar doses altas e tratamento repetido por longos períodos para não correr o risco de intoxicação cianídrica. Várias espécies de maracujá, silvestres ou cultivadas, são muito utilizadas em quase todos os países, mas a recomendação é a mesma: muito cuidado com uso abusivo.

### Ações

A passiflora que essa planta contém é similar à morfina, medicamento de grande valor terapêutico sedativo, que apesar de narcótico não deprime o sistema nervoso central (SNC). Mas enquanto não for comprovada cientificamente sua utilização, só devemos utilizá-la na forma de chá contra nervosismo e insônia, e ainda com muito cuidado. Foi referendada pela comissão alemã a validade dessa planta como medicinal, e continua sendo feito com base na tradição popular em vários países do mundo ocidental.

### Propriedades

As propriedades terapêuticas do maracujá foram incluídas em alguns estudos nas farmacopeias, ou aceitas oficialmente para uso medicinal como *passiflora alata curtis*, no Brasil, e *passiflora incarnata L.*, na América do Norte e na França. Várias outras espécies, tanto silvestres como cultivadas, são também utilizadas popularmente com o mesmo fim. A literatura etnofarmacológica registra o uso das folhas dos diversos maracujás, na forma de chá calmante, suave indutor do sono. A *passiflora edulis* foi selecionada para estudo pelos especialistas brasileiros, por ser cultivada em larga escala.

Os resultados dos ensaios farmacológicos pré-clínicos aplicados ao extrato das folhas demonstraram a existência de propriedades compatíveis com a indicação popular, mas ainda não foi permitida a sua validade como medicação sedativa. Estudos mais antigos sobre essa planta citam o hormônio alcaloide também conhecido pelo nome de passiflora como seu princípio ativo. Novos estudos feitos com outras espécies de passiflora citam a crisina, um flavonoide ativo com propriedade tranquilizante e miorrelaxante semelhante aos benzodiazepínicos como seu princípio ativo. Em outro estudo foram identificados novos flavonoides livres e glicosídeos.

## Indicações

Reumatismo, dispepsia, astenia, esgotamento, dor de cabeça de origem nervosa, depressão, ansiedade, asma, nevralgias, insônia, taquicardia, inapetência, queda de cabelo, histeria, paralisias parciais, impotência sexual, perturbação nervosa da menopausa, doenças espasmolíticas, é analgésico e diurético, calmante, previne hemorroidas, gota e verminoses.

## Dosagens

Decoto: 20g para um litro de água; pó: até 2g diários. O chá deve ser fervido num recipiente descoberto, três ou quatro folhas frescas (= 10g) bem picadas. Tomar até duas vezes ao dia, se necessário. Nunca o uso deverá ser superior a uma semana. Deve-se buscar orientação de um profissional de saúde.

# Maracujá silvestre

*Angiospermas / Passifloraceae / Passiflora incarnata*

## Características

Herbácea, trepadeira perene, lenhosa, pouco vigorosa que floresce na primavera e dá seus frutos no início do verão. Seus frutos ovalados, de cor verde-clara, polpa branca, ricos em vitamina C, agridoces ligeiramente ácidos, de aroma acentuado, substância suculenta e translúcida, que nos fornece um suco saboroso tanto ao natural como industrializado. Flores brancas perfumadas, folhas simples alternas, profundamente trilobadas, pecioladas, serradas e finamente pubescentes, tendo nas axilas estípulas e gavinhas.

Nativa da região compreendida entre o sul dos Estados Unidos até a Argentina. No sul do Brasil existe a espécie *passiflora caerulea L.*, com características mais ou menos semelhantes. As sementes também são industrializadas na forma de óleo alimentício excelente, parecido com azeite de oliva. Sua reprodução é feita por sementes que são plantadas de preferência em cercas e no mínimo dois pés para garantir a frutificação. Esse gênero possui 500 espécies, sendo esta a mais conhecida. Descoberta em 1569, foi introduzida na medicina.

Segundo o *American Journal of Pharmacy*, seu uso na medicina tradicional data da época da colonização das Américas pelos espanhóis, que aprenderam a usá-la com os índios astecas, tornando-se rapidamente conhecida na Europa. Em 1569, um médico espanhol relatou o uso do chá pelos indígenas do Peru. Mas na América do Norte não foi aceita como chá; só foi introduzida em 1840.

## Constituintes

Estudos químicos iniciais, e confirmados por ensaios farmacológicos e clínicos, revelaram como constituinte importante o alcaloide harmano, também conhecido pelo nome de passiflorina, bem como os glicosídeos cianogênicos, etanocardina, tetrafilino e glicocardina. Novos estudos levaram à identificação do flavonoide crescina, que foi considerado como seu princípio ativo, por ser farmacologicamente um ligante dos receptores benzodiazepínicos de ação depressora do sistema nervoso central (SNC) e relaxante muscular.

A *passiflora incarnata* é a mais estudada das espécies. Contém até 2,5% de flavonoides, em particular as C-glicosil-flavonas derivadas da isovitexina, schafotosina, iso-orientina, vicenina e lucenina, especialmente se as plantas forem frequentemente podadas. A passiflorina é similar à morfina, é um medicamento de grande valor terapêutico e sedativo, e apesar de narcótico, não deprime o SNC, ativa a respiração e controla a pressão arterial.

## Ações

Sedativo, tranquilizante, calmante natural, antiespasmódico, analgésico, indicado contra dores de cabeça de origem nervosa, usando o suco das sementes para esse caso, controla a ansiedade, ativa a respiração normal, controla a pressão arterial, atua na musculatura lisa, diminui os incômodos de origem nervosa da menopausa, é diurético, depurativo, anti-inflamatório, antiasmático, antinevrálgico, as sementes atuam como vermífugo.

## Propriedades

Sua maior propriedade é de ação calmante, ótimo no tratamento de manifestação nervosa, inquietação, irritação frequente, insônia; entre diversos usos dessa planta destacam-se os efeitos ansiolíticos e sedativos, que têm sido confirmados em muitos trabalhos farmacológicos. Um estudo americano descobriu que a passiflora possui um efeito similar ao medicamento benzodiazepínico exazepam no tratamento de ansiedade severa, com menos efeito colateral no dia seguinte. Acredita-se hoje que a propriedade neurológica observada com o uso do chá das folhas dessa planta é eficiente. Essa eficiência deve ser devido ao complexo fitoterápico formado pela ação sinérgica de todos os seus componentes, e não a um único desses.

A preparação do chá sedativo deve ser feita fervendo-se bem as folhas em recipiente descoberto, para eliminar o excesso de ácido cianídrico liberado pelos glicosídeos cianogênicos. Para isso põem-se a ferver de seis a dez folhas frescas ou de 3 a 5g de folhas secas, em água suficiente para uma xícara de chá que deve ser bebido de preferência à noite, para induzir o sono tranquilo; como tranquilizante pode tomar o mesmo chá 2 a 3 vezes por dia.

## Indicações

Dores de cabeça de origem nervosa, depressão, melancolia, histeria nervosa, insônia, nevralgias em geral, asma, doenças espasmódicas; acalma os nervos sem prejudicar o organismo, promove um sono tranquilo e sereno, cura hemorroidas e queimaduras. Mas vale uma observação: usar com muito cuidado, não fazer chá muito forte e nem usar diariamente sem necessidade. Altas doses podem causar náuseas, vômitos, taquicardia, convulsões e parada respiratória em pessoas predispostas.

## Dosagens

Chá das folhas frescas: 4 a 6g por xícara, uma a duas vezes ao dia; folhas secas: 3 a 5g por xícara. Esse chá deverá ser tomado somente quando houver necessidade e nas doses corretas; deve-se ter cuidado com pessoas com hipotensão.

# Mastruço

*Brassicaceae / Cornopus dymus*

## Características

Planta herbácea, prostrada, anual, glabra ramificada, caule de 20 a 30cm de comprimento, ereto, ramoso. Folhas não muito grandes, pecioladas, redondas, cor verde-acinzentada com nervuras palmadas, hastes providas de gavinhas, flores pequenas, claras, dispostas em inflorescências racemosas axilares, com numerosas sementes. Nativa da Amazônia e cultivada em todo o Brasil. Multiplica-se exclusivamente por sementes, planta de odor forte e picante.

No Brasil, em 1896, um farmacêutico alemão em seus estudos descobriu o valor do uso dessa planta contra vermes, sendo analgésica, sedativa e germicida. Em outro estudo foi comprovada atividade contra *tripanossoma cruzi* e efeitos antimaláricos. Na década de 1970 a Organização Mundial da Saúde reportou que o decoto de 20g das folhas do mastruço elimina parasitas rapidamente, sem efeitos colaterais em humanos.

Em 1996 o extrato das folhas foi dado a um grupo de crianças e adultos com infecções parasitárias, e após oito dias o tratamento foi aprovado. Em 2002 foi requerida uma patente nos Estados Unidos para uma combinação de ervas chinesas onde uma delas é o mastruço, para tratamento de úlceras pépticas. Essa combinação foi descrita como inibidora da formação de úlceras gástricas induzidas por estresses, agentes químicos e bacterianos.

## Constituintes

As folhas e frutos acumulam óleo essencial rico em ascaridol, princípio ativo responsável pelo efeito vermífugo da planta. O princípio ativo das plantas medicinais e aromáticas é constituído principalmente por metabólitos secundários, responsáveis tanto por efeitos terapêuticos quanto biológicos, vários monoterpenos, alcaloides, saponinas, taninos e glicosídeos, alguns flavonoides na parte aérea e radicular. Essa planta é muito utilizada há séculos, principalmente pelas civilizações indígenas norte-americanas, mexicanas, argentinas e bolivianas.

Os astecas sempre o utilizavam contra disenterias, picadas de insetos e aranhas. Hoje o mastruço é comum entre todos os povos; usado como laxante suave, vermífugo, estomáquico, diurético, tônico, digestivo, cicatrizante, expectorante e anti-inflamatório. Pode-se tomar o chá ou consumi-lo como salada. Além de ser digestivo, atua como medicamento, e por ser adstringente aumenta a transpiração e relaxa os espasmos.

Prepara-se também para uso externo em decocção, para lavar ou fazer cataplasma em feridas, machucados, ferimentos. Também usa-se o chá, que é ótimo para qualquer tipo de machucado. Lavar cuidadosamente dois punhados de folhas do mastruço, colocar pouca água e ferver por uns dois minutos, deixar amornar e fazer compressas com o líquido quantas vezes for necessário. Favorece a cicatrização.

## Ações

Adstringente, anti-inflamatório, diurético, antiescorbútico, cicatrizante, estomáquico e analgésico.

## Propriedades

Suas propriedades são antimicrobianas, depurativas do sangue, vermífuga, cicatrizante, anti-inflamatória, expectorante, antidiabética, antiescorbútica, indicada para as parasitoses intestinais como: ascaridíase e ancilostomose, na bronquite, tosses catarrais, problemas pulmonares, coqueluche, anemias, problemas renais, fraqueza estomacal, falta de apetite, males do fígado, úlceras gástricas, dores musculares, reumáticas, traumatismos e contusões.

Como depurativo do sangue é bom fazer um suco de folhas frescas com 100ml de água; tomar em jejum, sem açúcar, no mínimo por duas semanas; é o suficiente para sentir bom resultado. O mastruço facilita a cura de ossos quebrados porque favorece a absorção da vitamina D.

Essa planta é única. Não confunda com erva-de-santa-maria, que muitos chamam de mastruço. Este é quase rasteiro, dá muito em clima frio, não é tóxico (como o outro), pode ser ingerido como salada e seus efeitos poderosos já foram descritos. Tem alta concentração de iodo; cura hematomas, inchaços musculares, afecções de garganta, órgãos internos, principalmente úlceras gástricas, e não há toxidade.

## Indicações

Males do fígado, estômago, intestinos, reumatismo, asma, dores musculares, tosses, dores de garganta, bronquite, anemia, fraqueza geral.

## Dosagens

O melhor meio de usar essa planta é como salada junto com as refeições. Picar três ou quatro folhas e misturá-las no alimento. Como remédio pode-se usar o chá das folhas ou mesmo da raiz, deixando ferver durante uns 10 minutos. Tomar uma xícara duas vezes ao dia, antes ou depois das refeições. No caso de usar como remédio é necessário tomar diariamente até passar o problema. Se for por prevenção, faça uso da salada sempre que for possível.

# Melissa

*Lamiaceae / Melissa officinalis*

## Características

Herbácea perene de aroma adocicado, ramificada desde a base, ereta ou de ramos ascendentes de 30 a 60cm de altura. Folhas grandes membranáceas, rugosas, ovais ou com bordas picotadas, cor verde intensa na parte superior e verde-claro na inferior, com 3 a 6cm de comprimento. Flores de cor creme, dispostas em racemos axilares. Nativa da Europa e da Ásia, é cultivada no Brasil. É aromatizante de alimentos e tem fins medicinais desde os tempos mais remotos.

Essa planta foi introduzida no Brasil há mais ou menos um século. A melissa sempre foi muito popular desde os tempos da Grécia antiga, onde se julgava planta adequada para ativar o coração e o cérebro, também para dissipar as dores físicas e mentais. Os carmelitas franceses possuíam há séculos a receita da célebre água de melissa, que se encontra à venda até os dias de hoje em farmácias, sendo muito utilizada como calmante antiespasmódico e antiestérico. Também é ótima no tratamento de herpes oral ou genital.

## Constituintes

Seus constituintes fitoterápicos são conhecidos e reconhecidos há séculos, quando era cultivada em praças e jardins privados. Seu cultivo tem bom desenvolvimento em locais de clima temperado e subtropical, porém essa planta não tolera temperatura muito elevada nem muito fria. O excesso de sol forte e a falta de água provocam uma aparência de queimada nas bordas das folhas. O florescimento da melissa ocorre no fim do verão, com o aparecimento de flores pequenas de cor branca, rosa e amarela.

Sua planta exala um perfume cítrico parecido com o do limão. É importante identificá-la, pois existe outra que chamam de melissa, mas na realidade é erva-cidreira. Seus princípios ativos são: substância tânica, óleo essencial, resina, ácido gálico e mucilagem. Exercem sobre o organismo humano uma ação colagoga e antinervina, que se torna verdadeiramente preciosa. Usam-se as folhas e flores, secadas à sombra, em lugar fresco, longe da poeira. Mas as folhas e flores devem ser separadas em recipientes de vidro secos.

## Ações

Descongestionante gástrica e abdominal, sedativa, calmante, analgésica, hipotensora, antialérgica, antidepressiva, anti-hepilética.

## Propriedades

Suas propriedades medicinais são comprovadas através de estudos farmacológicos como: antibacteriana, anti-histamínica, antiespasmódica, antisséptica, antimicrobiana, antivirótica, calmante, carminativa, diaforética, digestiva, emenagoga, febrífuga, colerética, sudorífera, hipotensora, sedativa, tônica estomacal, vulnerária, tônico nervivo e rejuvenecedor, bronquicárdicas, eupéptica e estomáquica. A farmacopeia brasileira indica a melissa contra cólicas abdominais, epilepsia, herpes, hipocondria, dismenorreia, eczemas, ansiedade e insônia.

Mas deve-se ter muito cuidado em sua utilização, sempre com o acompanhamento de um profissional da saúde, porque o que é ótimo para uma pessoa poderá ser ruim ou tóxico para outra. Quem sofre de hipotireoidismo comprovado, e quem tem problemas de hipotensão e gestantes, não pode usar essa planta em excesso sem o devido controle médico, pois poderá diminuir a pulsação e pode até causar entorpecimento.

## Indicações

Tensão nervosa, dor de cabeça, ansiedade, alergia da pele, picadas de insetos, hipertensão, palpitação, epilepsia, vertigens, catapora, caxumba, flatulência e depressão.

### Dosagens

Infuso: duas folhas verdes para uma xícara de água fervente, sempre que for necessário. Folhas secas, uma colher de sopa de folhas picadas também da mesma forma.

# Mirra

*Lamiaceae / Tetradena riparia*

## Características

Arbusto com galhos retorcidos, ramos frágeis com até 3m de altura, pode alcançar porte de árvore. Folhas rendadas, com pecíolo longo, de forma ovalada ou arredondada, de superfície rugosa e glandular pubescente em ambas as faces, margens crenadas ou desdentadas, de odor forte e agradável, de textura flexível e pegajosa ao tato. Flores numerosas, esbranquiçadas ou roxas, suavemente perfumadas e reunidas em panículas terminais e de grande efeito ornamental.

Nativa da África Oriental e da Arábia, tornou-se erva silvestre no norte da Europa. Sua resina é uma massa viscosa marrom-amarelada, com odor balsâmico quente, profundo e picante. A mirra é um ingrediente bem conhecido, utilizada na forma de incenso nas cerimônias religiosas. Também era um dos componentes utilizados em embalsamamento e do perfume egípcio *kyphi*. A sua reputação de agente de cura vem de milhares de anos. Os chineses usam até hoje a mirra bruta para tratar de artrite e problemas menstruais. No Ocidente ela é considerada benéfica e utilizada para problemas respiratórios.

## Constituintes

Conhecida e apreciada por suas ótimas qualidades aromáticas para produzir perfumes e incensos. A mirra não floresce quando cultivada nas regiões tropicais do Brasil, contudo possui florescimento exuberante no Sul. Para fins medicinais deve ser coletada logo antes do uso, pois a secagem é muito difícil e rapidamente adquire cor escura. Precisamos de estudos clínicos desenvolvidos conforme as normas da medicina ocidental. Essa planta contém 1,9% de um óleo essencial, constituído principalmente de alfa-terpineol, fechona, álcool beta-feniletílico, beta-cariofileno e álcool perílico, além de ibozol, alfa-pironas e tetradenolídeo.

O óleo essencial mostrou, em ensaios biológicos, ação repelente de insetos, especialmente *anopheles gambiae*, e ainda foi mostrada atividade antimalárica contra *plasmodium falciparium*. São citadas muitas afinidades, em nível semelhante às da papaverina, nas contrações induzidas experimentalmente em íleo de cobaias e nas contrações induzidas em aorta de coelho. O extrato hidroalcoólico de suas folhas, por sua vez, inibiu o desenvolvimento de cultura de *staphilococus aureos*, *microbacterium amignatis*, *microsporum canis*, *trichoplyton*, *metagroplytes* e *bacilus-subtilis*.

## Ações

Aromática, amarga, suas resinas são adstringentes, cicatrizantes. É excelente colocar a solução da tintura da mirra no banho de pessoas doentes, principalmente quando permanecem acamadas, pois evita a formação de escaras e assaduras.

## Propriedades

Essa planta é conhecida e valorizada pelas propriedades de um antigo remédio popular que age como adstringente, antiespasmódico e estimulante do sistema digestivo, com grande efeito benéfico sobre as membranas mucosas. Uma tintura de mirra, mesmo em preparo caseiro, dissolvendo-se a resina em álcool de cereais, pode ser usada em gargarejo com água morna ou fria (não gelada), cura qualquer problema de rouquidão e inflamações da garganta e cordas vocais, assim como tratamento sintomático de úlceras na boca ou na garganta.

Do tronco da árvore escorre espontaneamente um suco viscoso que endurece em contato com o ar, composto por óleo etéreo, resina e goma. A mirra possui também propriedades terapêuticas tônicas. O extrato fluido e sua tintura são vendidos em casas especializadas de aromas e farmácia de manipulação, sendo usados para vários tipos de doença. Porém, seu uso deve ser orientado por profissional de saúde.

### Indicações

Gargarejo ou bochecho contra problemas de garganta e toda a área bucal, problemas respiratórios, digestivos, diluindo em água a tintura encontrada em farmácia ou em lojas especializadas.

### Dosagens

Infuso: para problemas respiratórios, tosses e resfriado. Mas por via oral só com orientação de um profissional de saúde. Externamente: pode se usar um extrato balsâmico, que pode ser pós-barba, para prevenir irritações, queimaduras de qualquer natureza, até mesmo do sol; usar o chá em compressas que aliviam dores locais, em banhos, também para suavizar e aromatizar ambientes com a planta e com o incenso.

# Mirtilo

*Blueberry / Ericaceae / Vaccinium myrtillus*

## Características

Arbusto de pequeno porte, raiz serpenteante, da qual partem hastes floríferas e ramosas. A altura varia de 20 a 50cm. Folhas de cor verde-pálido, alternas pecioladas, serrilhadas e sulcadas por nervuras finas. Flores pendentes e axilares rosas e brancas, que desabrocham na primavera. Frutos de cor violeta, com uma baga globosa que contém um suco vinhoso, ácido de sabor agradável, que amadurece no verão e outono. Essa é uma pequena fruta nativa da América do Norte: Estados Unidos e Canadá. Logo foi introduzida na Ásia e Europa Central, onde é denominada *blueberry*; também onde se produzem e consomem 90% do mirtilo do mundo.

Fruta exótica de clima temperado, apresenta grande potencial de produção. O alto teor de pigmentos antocianos, substância com alto poder antioxidante, previne doenças degenerativas, seu sabor único e sua cor inconfundível são fatores que atraem diretamente o consumidor. É muito consumido na Europa e América do Norte devido as suas propriedades medicinais. Seu consumo *in natura* ou em forma de suco é o mais recomendado, para que sejam extraídos todos os seus valores, tanto alimentares como medicinais. Fruta de consistência firme, sabor agridoce, muito apreciada por todos que a experimentam.

No mercado internacional são encontrados sucos, geleias, iogurtes, tortas, licores, pratos doces e salgados, e também preparos com cereais. Os benefícios medicinais do mirtilo são obtidos principalmente dos pigmentos antocianos que têm poderes antioxidantes muito elevados, que combatem os radicais livres (RL), que podem provocar várias doenças cardiovasculares, contribuem para o envelhecimento precoce, hemorroidas, varizes, catarata, glaucoma e úlceras pépticas.

## Constituintes

Estudos realizados por universidades norte-americanas colocam essa fruta como de grande poder antioxidante, associando a isso uma série de propriedades nutracêuticas. A partir daí seu consumo como fruta poderosa tem aumentado em todo o mundo. Esse cenário tem levado o mercado norte-americano a oferecer frutas frescas aos consumidores durante todo o ano. Só que essa fruta possui vida curta, de armazenagem menor que outras frutas semelhantes. Assim, todas as que forem destinadas para o mercado *in natura* devem ser colhidas preferencialmente nas horas mais frescas do dia e retiradas o mais rápido possível da exposição solar e temperatura ambiente.

É recomendado o maior cuidado de proteção dessa fruta até o transporte para a refrigeração ou congelamento. A redução da temperatura o mais breve após a colheita é o fator mais importante na armazenagem, a fim de evitar trocas metabólicas como: maturação em excesso e amolecimento da fruta, que poderá haver; desenvolvimento de microrganismos, tornando a fruta imprópria para o consumo, o que seria lamentável, uma vez que seu valor nutritivo é indiscutível, pela importância que ela ocupa na medicina. Seus frutos são tônicos, adstringentes, hipoglicemiantes, regulam a atividade intestinal.

O Chile tem sido o principal produtor de mirtilo, com uma área superior a 2.000ha de cultivo, atingindo um volume de 6.000t. As condições de resfriamento e armazenamento são: resfriar o mais rápido possível, com temperatura de 0,5 a 1°C; a umidade deverá ser mantida entre 90 a 95%, e o tempo de armazenamento deverá ser no máximo de duas a três semanas. As frutas para indústria de produtos podem ser transportadas diretamente do local da colheita, após a inspeção de seu estado.

## Ações

O mirtilo entra na composição das dietas compostas regularmente de frutas, possui importante lugar na medicina tradicional caseira, como hipoglicemiante, anti-inflamatório, antirreumático, antianêmico, protetor do sistema cardiovascular e nervoso.

## Propriedades

O mirtilo, de acordo com as pesquisas que comprovam seu valor, possui uma propriedade indiscutível. É uma fruta conhecida por sua riqueza antioxidante, considerada uma planta medicinal, pela presença das vitaminas: A, do complexo B, B6, B12, C, PP, e os minerais: cálcio, magnésio, manganês, ferro, flúor, cobre, sódio e potássio, açúcares, proteínas, glicídios, lipídeos, fibras, tanino, pectina, antocianinas, polifenóis, ácidos cítrico, málico, tartárico e elágico, resveratrol e enzimas que neutralizam os radicais livres. Previne doenças cardiovasculares, envelhecimento, catarata, Mal de Alzheimer. Regula o trânsito intestinal, previne a inflamação do aparelho digestivo.

Atua contra infecções urinárias e doenças renais, impedindo a fixação e o desenvolvimento de bactérias como a *escherichia coli*, reforça a memória dos idosos, melhora a visão. Por ser anti-inflamatório atua contra a artrite e artrose, é um vasodilatador que melhora a circulação periférica nos casos de varizes. Seu valor nutricional e terapêutico é destacado cada vez mais, tanto o mirtilo como outras frutas vermelhas, como alimentos funcionais e medicinais, capazes de prevenir, controlar, e até se fala em cura de determinadas doenças.

Mas precisamos ter muito cuidado ao ingeri-las sem orientação de um profissional de saúde, uma vez que há frutas vermelhas que, apesar de todo o bem que podem propiciar, pessoas que fazem uso de anticoagulante não poderão utilizá-las. O mirtilo contém 19,3mcg de vitamina K (coagulante), que foi descoberta em 1935 por um pesquisador, o cientista Henrk Dam, que chamou de vitamina da coagulação devido à sua participação na formação de coágulos.

## Indicações

Diabetes, glaucoma, catarata, constipação intestinal, reumatismo, artrite, artrose, problemas renais, cardiovasculares e nervosos.

## Dosagens

Infuso: 25g de folhas para um litro de água. Usar uma xícara antes das refeições, ou 300g do fruto.

# Nogueira

*Juglandaceae / Juglaus regia*

## Características

Árvore alta, frondosa com até 25m de altura, com folhagens caducas. Com folhas alternas imparipinuladas com três a nove folíolos, elipticoavados a lanceolados, acuminados com 6 a 15cm cada, glabros inteiros ou subsinuados, o folíolo terminal é maior e verde em ambas as faces. Flores em amento reunidas em grupos de um a cinco, sobre os ápices dos ramos do mesmo ano, constituídas apenas por um cálice esverdeado e um ovário peludo. Frutos são drupas conhecidas como nozes muito resistentes, com mesocarpo de sabor adstringente, endocarpo, semente comestível. Seu fruto trima com 4 a 5cm de pele verde que se desfaz exteriormente libertando a noz.

Possui tronco de até 2m de diâmetro. Originária da Ásia Ocidental, sudeste da Europa, China e Himalaia. Foí introduzida em várias regiões, inclusive na Região Sul do Brasil. Nasce subespontânea em alguns bosques claros e clareiras soliadas, ou cultivada especialmente pelo interesse comercial por sua madeira e frutos. Tanto as cascas verdes como as folhas da nogueira vêm sendo usadas há séculos como tintura para escurecer cabelos brancos. Até princípio do século XX estas faziam parte dos mais famosos produtos de tingimento capilar.

## Constituintes

Suas folhas possuem naftoquinonas: juglona, alfa e beta-hidroquinona, taninos, flavonoides quercitina, óleo essencial; o córtex contém derivados naftoquinônicos, taninos, aminoácidos, vitamina C com 450 a 1.500%. Óleo na noz são 40 a 60%, aminoácidos, zinco, cobre, glicídeos, carotenos, vitamina B1, B2, B5 e PP. Seu princípio ativo possui taninos, galicose e elágicos, juglona, juglandina, glicose, inusitol, peptídeos, resinas, naftoquinonas. No fruto tem cálcio, vitamina C, caroteno, flavonoides, quercetol, campferol e alguns ácidos. A noz europeia é uma das muitas espécies encontradas em todo o Hemisfério Norte, geralmente nos países montanhosos, sendo ingredientes tradicionais da culinária do Velho Mundo e do Oriente Médio. No Oriente Médio geralmente são vendidas descascadas e embebidas em água gelada para que a película se solte com mais facilidade, ficando mais delicada e deliciosa.

## Ações

Depurativa, antiescorbútica, vermífuga, antisséptica cicatrizante, tônica, antidiarreica, calmante, adstringente, hipoglicemiante, anti-irritante, rubefaciente, colorante, flavorizante, anticaspa e antiqueda de cabelo.

## Propriedades

Propriedades terapêuticas: adstringente, antiparasitária, tônica, antianêmica, hipoglicemiante, antirraquítica, eupéptica, antiasmática, antissifilítica, apática depurativa antirreumática, antibiótica, antiflogística, desinfectante, descongestionante, estomáquica, estimulante do aparelho digestivo, protetora das funções cardiocirculatórias. Os taninos agem como adstringentes e antidiarreicos, retraindo os tecidos e vasos, reduzindo as secreções anormais. Devido à grande quantidade de vitamina C, age como antiescorbútico, fornecendo quantidades necessárias dessa vitamina.

Além de pequena quantidade de vitaminas do complexo B, carotenos, sais minerais, a juglona é uma hidrox-naftoquinona, com ação antifúngica, antisséptica, vesicatória e queratinizante, que causa coloração na pele. É um composto instável que se polimeriza em pigmentos castanhos e negros, de modo que nas folhas mais velhas são pequenas as quantidades de juglona. As folhas de nogueira apresentam leve ação hipotensora e hipoglicemiante. Não foi definido qual o princípio ativo responsável por esta ação.

## Indicações

Tuberculose, raquitismo, anemia, bronquite, gota, reumatismo, diarreias, hemorroidas, artrose, gastroenterite, depurativa do sangue, nutritiva, indicada para convalescentes, eczemas, acne, dermatite e danos produzidos pelo frio.

## Dosagens

Infuso: 20g de folhas picadas para um litro de água fervente, duas a três xícaras ao dia. Externo: decoto de 50g de folhas para um litro de água, ferver uns minutos e coar; fazer banhos contra hemorroidas, eczemas, herpes, feridas, psoríase, leucorreias, em gargarejo nas amigdalites e faringites. Fitocosméticos: xampus, tônico capilar, loções, cremes e géis, bronzeadores, tintura natural, extrato glicólico e óleos.

# Noni

*Rubeaceae / Morinda citrofolia*

## Características

A planta noni é um arbusto ou pequena árvore, com altura de 3 a 6m e tronco reto. Folhas elípticas. Flores brancas, tubulares e ovoides. Frutos amarelos de até 12cm de diâmetro, que possuem um odor e um sabor muito característicos. Muitas pessoas, especialmente quando estão experimentando a fruta fresca nos trópicos, são em princípio afastadas pelo cheiro, mas logo após comemoram-na, e com o tempo passam a adorar o sabor. Os benefícios para a saúde realmente fazem valer a pena em definitivo o uso desse superalimento. Trata-se de uma árvore tropical. Nativa da Polinésia, especialmente do Taiti e do Havaí. Os kabunas ou curandeiros tradicionais usam o noni, suas folhas, caules e raízes em alimentos e bebidas há 2.000 anos.

Essa planta produz uma fruta irregular, grumosa em formato de ovo, quando madura possui um odor acre forte. As sementes flutuam por causa das camadas de ar internas, e podem resistir à exposição prolongada à água salgada. Acredita-se que o noni se espalhou pela Ásia, Áustria e Américas, inicialmente pelas sementes que iam flutuando pelas correntes marítimas, e posteriormente pelos mercadores e colonos da Polinésia. O noni foi a plantação inicial dos grupos nativos que povoaram as ilhas havaianas. Se você vive ou vai visitar uma região tropical como o Havaí, experimente o noni fresco; pode-se misturar a fruta madura inteira com água de coco, prepará-lo e beber imediatamente.

## Constituintes

O suco extraído do fruto do noni vem sendo usado com sucesso pela medicina oriental há milhares de anos. Há cerca de algumas décadas esse suco passou a ser comercializado em muitos países, transformando-se rapidamente em grande negócio. Devido aos ótimos efeitos divulgados na restauração da saúde humana, é submetido a um rigoroso controle de qualidade em todas as etapas, que vão desde o plantio, passando pela colheita, extração do suco, embalagem, armazenamento e transporte, até chegar ao consumidor. Esses mecanismos de ação desempenham um papel vital dando regulamentação estrutural e funcional das proteínas em situações de estresse físico e mental, aumentando o consumo de xeronina nos tecidos, considerando-se a importância das proteínas que protegem e regeneram a estrutura celular.

## Ações

Atua nos resfriados, diabetes tipo 2, câncer, hipertensão, depressão, na aterosclerose, infecções da pele, infecções gastrointestinais, úlcera gástrica, dá proteção aumentando a imunidade, inibe o crescimento de *escherichia coli*, previne ou cura *helio-bacter pylori*.

## Propriedades

O noni possui propriedades antibacterianas, antimicrobianas e antifúngicas, acelera o bem-estar que a serotonina propicia. O pó puro e as folhas contêm a mesma propriedade psicoativa e realçadora da fruta fresca. Os compostos recentemente descobertos nas folhas do noni, provam que ele é rico em flavonoides e também em outros antioxidantes que ajudam a dar proteção às células e tecidos contra os danos por radicais livres (RL). Pesquisas modernas identificaram vários compostos nutricionais e medicinais importantes tanto na fruta como em toda a planta.

Verificaram importantes antioxidantes que protegem a saúde, como o selênio, xerotonina, ácido graxo ômega-3, glicosídeos que possuem defesa contra os RL, escopeletina com propriedades anti-inflamatórias, terpenos, terpina que trabalha na desintoxicação do corpo, limonemo e antraquinonas com propriedades antissépticas e efetivas particularmente em pessoas com sistema imunológico comprometido. Estudos verificaram que essa planta aumenta a eficiência do sistema imunológico, estimulando os glóbulos brancos por meio de energia dos açúcares de cadeia longa (polissacarídeos).

Acredita-se que os polissacarídeos a 6-D-glucopiranose pentacetato, que foram encontrados na fruta aumentam o poder global de eliminação dos glóbulos brancos. O suco do noni é uma bebida enzimática potente, criada durante a fermentação da fruta; considera-se que ele possui mais propriedades saudáveis do que qualquer outra fruta. O noni possui dezessete aminoácidos, sendo, nove essenciais, que nosso corpo não produz, além das vitaminas: A, B1, B2, B3, B5, B6, B9, B12, C e E, biotina e os sais minerais: cálcio, ferro, fósforo, magnésio, manganês, sódio, potássio, cromo, cobre, zinco e molibdênio.

## Indicações

Atua nos resfriados, diabetes, hipertensão, asma, aterosclerose, dores reumáticas, fibromialgia, desordens digestivas, problemas cardíacos, doenças renais, falta de concentração, dor de cabeça, estresse, obesidade, tensão emocional, depressão, infecção da pele, artrite e câncer.

## Dosagens

O suco pode ser usado às refeições, assim como a fruta. O chá de suas folhas é excelente, podendo ser utilizado como qualquer outro chá, tanto como remédio quanto como alimento. Não há contraindicação, é relaxante, não contém cafeína ou estimulante de qualquer tipo.

# Ora-pro-nobis

*Cactaceae / Pereskia Aculiata*

## Características

Essa planta é uma cactácea, nativa da região que vem desde a Flórida até o Brasil. Trata-se de uma trepadeira que apresenta folhas suculentas e comestíveis, cuja forma lembra a ponta de uma lança. Por apresentar ramos repletos de espinhos e crescimento vigoroso, pode ser usada com sucesso como cerca-viva intransponível. Do ponto de vista ornamental, essa planta apresenta uma linda florada entre os meses de janeiro a abril.

O curioso é que, apesar de bela, sua floração dura apenas um dia. Suas flores são muito perfumadas e melíferas. Após a floração, ela produz frutos em forma de pequenas bagas amarelas e redondas, entre os meses de junho e julho, e aqui está o ponto mais importante a ser observado: nem todas as variedades dessa planta são comestíveis; apenas as que possuem flores brancas com miolo alaranjado e folhas pequenas.

Para o consumo utilizam-se as folhas no preparo de massas, pães e pratos quentes. Ela possui de 25 a 45% de proteínas e também vitaminas e minerais. Pelo seu elevado valor proteico há regiões que a chamam de carne de pobre. Por apresentar fácil digestão, as folhas da planta podem ser usadas de diversas formas: trituradas com água no liquidificador e misturadas à massa de pão, ou também enriquecer saladas, refogados, sopas, tortas, omeletes ou mesmo colocar no arroz ou feijão.

## Constituintes

É uma planta que há poucos anos era muito utilizada na culinária mineira, e quase desapareceu, voltando a ser apreciada diante do resultado de pesquisas que demonstram seu valor nutricional e medicinal. Esse vegetal é um cactus trepadeira que, apesar de ainda não constar nas listas oficiais de fitoterápicos, tem despertado a atenção de pesquisadores e da população em geral pela sua eficiência como alimento e remédio popular caseiro, sendo rica em proteína de alta digestibilidade. Ainda possui vitaminas, cálcio, ferro e fósforo, que combatem a anemia e enriquecem a alimentação. É uma trepadeira que atinge até 10m de altura, proveniente de uma planta de regiões quentes e secas das Américas. Possui formação espinhosa, vivendo à sombra ou ao sol; propaga-se por estacas. Além das flores e folhas que são comestíveis, ainda possui frutos que quando imaturos apresentam na parte externa folhas e espinhos. Quando totalmente maduros, as folhas e espinhos caem e a coloração da casca torna-se alaranjado intenso; internamente apresenta a polpa com a mesma cor da casca e cerca de quatro sementes. Ramos e caules são frequentemente verdes e fotossintetizantes. As folhas têm sabor semelhante ao do espinafre e possuem proteína de forma digestível pelo organismo humano.

## Ações

Essa planta é alimento humano, ração animal e remédio, rica em proteína de alto valor biológico, muito usada na cozinha mineira para enriquecer não só a alimentação do adulto, mas também das crianças.

## Propriedades

O Brasil é um país privilegiado por haver uma gigantesca biodiversidade de espécies, onde se encontram plantas com propriedades de nutrientes que podem ser utilizados na alimentação diária. Mas para isso é necessário estudos complementares para sua completa caracterização. – Nosso país é rico de alimentos assim como a ora-pro-nobis, mas infelizmente nosso povo desconhece; por falta de informação, só é conhecido o que vem de fora, de países afamados.

Essa planta pode reduzir problemas cardiovasculares, fortalecer o sistema imunológico; previne o câncer, cura a depressão, anemia das mais graves, alivia processos inflamatórios, recupera a pele ao sofrer queimaduras, ativa o sistema nervoso central (SNC), melhora a frequência cerebral e a memória. Sua maior e melhor propriedade é a proteína de alto valor biológico, glicídios, lipídios, celulose, hemicelulose e leguininas, vitaminas A, B1, B3 e C, e minerais: cálcio, ferro, fósforo, magnésio, manganês, potássio e zinco.

## Indicações

Cura a anemia, protege o sistema cardiovascular e nervoso, processos inflamatórios, depressão e problemas senis.

## Dosagens

Basta ter controle, nada de exagero, mas a fruta poderá ser usada como prevenção. Por exemplo, uma xícara pequena de chá ao dia.

# Papoula

*Papaveraceae / Papaver roeas*

## Características

Herbácea anual, ereta, pubescente, pouco ramificada, lactescente, de 30 a 60cm de altura. Folhas inteiras aveludadas, pecioladas, com margens profundamente partidas, de cor verde-azulada, com 15 a 25cm de comprimento. Flores muito vistosas, grandes e de cor vermelha, dispostas solitariamente no ápice de longas hastes que as dispõem bem acima da folhagem. Frutos são cápsulas ablongas, descentes, contendo numerosas sementes pequenas de cor marrom-escuro.

Nativa nos campos rupestres do Mediterrâneo Oriental (Turquia, Grécia, Palestina, Síria e Iraque). É cultivada no Sul e Sudeste do Brasil como planta ornamental em jardins de pleno sol. O mesmo ocorre em países de clima temperado, sendo considerada planta daninha nas lavouras. É comum na área de origem, a morte de animais por ingestão desta planta encontrada em pastagem. Nas regiões de origem (não no Brasil) é empregada na medicina popular desde os tempos remotos.

Nos países do Mediterrâneo é utilizada como medicação para o sistema respiratório; contudo, desde as épocas remotas ela era utilizada moderadamente para evitar intoxicação. No Brasil, há quem erroneamente faça aplicações medicinais, sendo que só é permitida como planta ornamental, pois da semente de seus frutos se extrai o ópio, com propriedade narcótica e de consumo severamente proibido.

## Constituintes

A constituição narcótica da papoula é velha conhecida de muitas civilizações orientais desde os tempos remotos. Ela causa dependência, sendo responsável pelo crescente e incontrolável número de viciados e traficantes. Seu uso era livre, mas ainda no século XVIII foi proibido, pois em sua composição encontram-se os alcaloides: morfina, narcotina, codeína, papaverina e heroína.

Muitos tipos de papoulas são cultivados até hoje para fins ornamentais. Sendo uma linda planta anual, prolifera em campos de cereais, ao longo de muros e em escombros. Suas flores são leves e esvoaçantes, de um vermelho-intenso e muito bonita. Atualmente, com a racionalização das culturas e o emprego predominante de herbicida seletiva, essa erva linda, mas perigosa, felizmente está desaparecendo.

## Ações

Suas ações, pelo que consta em determinadas obras, são benéficas, quando usada com cautela e respeitando-se as doses recomendadas. Dizem que desde os tempos remotos ela é empregada como condimento, recheio de tortas, doces, geleias, sucos, sorvetes e licores. Os habitantes do Brasil, país tão rico em plantas e frutas medicinais e nutricionais, não precisam da papoula.

## Propriedades

*Papaver* era o nome latino desta planta. O nome da espécie, *soniferum*, significa trazer sono, uma referência às propriedades narcóticas da planta. O termo ópio vem do grego *ópos*, suco de plantas. Os antigos valorizavam a papoula pelo óleo obtido de suas sementes, mas suas propriedades narcóticas e analgésicas já eram bastante conhecidas pelos médicos gregos. O uso do ópio como droga na Europa é consideravelmente mais recente. O óleo da papoula é uma especialidade incomum, sendo produzido em pequenas quantidades. Os fazendeiros de ópio da Europa Oriental têm várias restrições legais à produção da papoula, para evitar que seja produzido o ópio.

As variedades europeias, possuem teores mais baixos de alcaloides do que as espécies cultivadas na Ásia, na maior parte servindo à produção de ópio. O consumo de ópio no Vietnã e na China, introduzido pelos britânicos, teve consequências fatais nesses países, que tradicionalmente não eram consumidores. Antigamente foi muito usada e considerada como remédio contra a pleurisia, permanecendo depois apenas na medicina popular, principalmente para afecções infecciosas ou inflamatórias do sistema respiratório e descongestionamento local.

## Indicações

Sua preparação feita com as pétalas é empregada contra tosses, insônia, dores pouco intensas, distúrbios digestivos de origem nervosa, é sedativa e expectorante.

## Dosagens

Não me arrisco a dar, pois sou contra o uso dessa planta. Quem interessar-se em usar deverá procurar orientação médica.

# Pata-de-vaca

*Fabaceae / Bauhinia fortificata*

## Características

A pata-de-vaca é uma planta arbórea semidecídua de porte médio, de copa aberta, cor clara, de 5 a 9m de altura, folhas simples e coreáceas, dividida até acima do meio com aspecto de uma pata de vaca, de 6 a 12cm de comprimento. Flores brancas dispostas em racemos axilares, os frutos são vagens chatas. Originária da Ásia e aclimatada no Brasil, concentrada em regiões de clima temperado. É comum na Bahia, Minas Gerais, Rio de Janeiro, São Paulo, Paraná, Santa Catarina, assim como na Argentina, Uruguai, Bolívia e Peru.

No Brasil encontra-se muito nas regiões montanhosas do Nordeste. Adaptou-se bem ao clima, sendo comum no Sul, onde ocasionalmente é plantada na arborização urbana. Há outra espécie muito semelhante à *Bauhinia candicans*, conhecida por alguns autores como sinônimo da fortificata, com a mesma propriedade. Porém, há autores que discordam e dizem que só deve ser usada a que possui flores brancas, e não as de flores rosas.

## Constituintes

Os primeiros estudos com *Bauhinia* são datados de 1929. Em um ensaio clínico feito com essa planta concluiu-se a existência de atividade hipoglicemiante em pacientes diabéticos, o que foi confirmado em pesquisas posteriores, publicadas em 1990. Os resultados de análises fitoquímicas de suas folhas e flores registraram a presença de esteróis, glicoproteínas, saponinas, antocianidinas, terpenoides, flavonoides glicosilados, glicosídeos, pinitol, colina, trigonelina, cardiotônicos, ácidos orgânicos e sais minerais, assim como pigmentos, mucilagens, terpenos, triterpenos, alcaloides, cumarina, rutina, quercitina e tanino.

Embora seja ainda pouco estudada quimicamente, sua atividade hipoglicemiante tem sido comprovada através de vários experimentos, que além de baixar a glicose no sangue, diminui também os níveis de colesterol. Em um único estudo químico registrou-se a presença de insulina nos cloroblastos das células foliares dessa planta, sendo que essa substância hormonal reguladora da glicose no sangue anteriormente só era encontrada no pâncreas.

## Ações

As folhas, flores, cascas e ramos são empregados na medicina caseira, principalmente no Sudeste. Tem poder antidiabético, hipocolesteremiante, adstringente, analgésico, diurético, anti-inflamatório, antibacteriano, fungicida e antidermatoses. Consta em certas literaturas que para o controle do diabetes é indicado o chá da casca da árvore, e que as folhas são diuréticas.

## Propriedades

As propriedades dessa planta foram demonstradas em um trabalho realizado no Chile; seu efeito hipoglicemiante em ratos diabéticos foi verificado 3 horas após a administração, o que demonstrou a boa absorção do extrato. Usando ratos sadios não foi observada queda da taxa de açúcar, o que prova que não possui efeitos hipoglicemiantes. Os flavonoides identificados nessa planta são responsáveis pela ação sobre a permeabilidade capilar. Em um estudo feito no ano de 2000 ficou evidenciada a presença de insulina, substância de natureza hormonal, que regula os níveis de glicose no sangue. O amplo emprego dessa planta nas práticas caseiras da medicina popular é motivo suficiente para continuarmos estudando cada vez mais farmacologicamente, visando sua validade em benefício de toda a população brasileira.

## Indicações

Diabetes, permeabilidade capilar, elefantíase; atua contra a cistite, obesidade, diarreias, cálculos renais, parasitose intestinal, constipação intestinal, problemas de estômago, rins, dores generalizadas, estado nervoso, além de reduzir a glicose do sangue e também o colesterol.

## Dosagens

No tratamento do diabetes, assim como para problemas renais, como prevenção de cálculos, é uma planta ótima, mas deverá ser utilizada com orientação de profissional da saúde.

# Pequi

*Caryocaraceae / Caryocar coriaceum*

## Características

Árvore de tronco grosso, ramificado desde quase a base, de 12 a 15m de altura e até 0,5m de diâmetro. Folhas opostas de três folíolos ovais marcados por nervuras pinadas bem visíveis. Flores vistosas amarelas, com muitos estames vermelhos, reunidos em cachos terminais. Fruto do tipo drupa, globoide, com 5 a 8cm de diâmetro, revestido por uma casca verde, espessa, com um mesocarpo amarelo gorduroso e de aroma forte. Originária do cerrado brasileiro.

O pequi é o principal símbolo de estruturação da economia. Tem sido usado por brasileiros como um adicional nutritivo durante anos, na preparação de alimentos e bebidas de sabor muito apreciado. Essa fruta pode ser ingerida crua, ocupando papel importante na cultura e na alimentação dos povos indígenas da região do cerrado do Brasil. Da semente do fruto é extraído o óleo, que pode ser utilizado como óleo de cozinha.

Pode não haver muitos estudos sobre o pequi, mas sabemos que, além de ser uma ótima fruta, possui elevado teor de ácidos graxos monoinsaturados, que são os mesmos compostos encontrados em nozes, azeitonas e compostos orgânicos benéficos que podem ajudar a diminuir os níveis de colesterol mau do sangue e proteger o coração.

## Constituintes

A maior constituição do pequi é principalmente a obtenção de dois tipos de óleo comumente encontrados nos mercados e feiras-livres: o óleo da polpa e o óleo da amêndoa, constituindo-se em boa parte de renda para as famílias do meio rural durante o período da safra. A obtenção do óleo da polpa é feita artesanalmente por fervura dos frutos descorticados. Para se conseguir o da amêndoa, os caroços são triturados e fervidos. É utilizado como material auxiliar de tratamento em fisioterapia e massagens locais de dores reumáticas, musculares e articulares. Usa-se em gotas contra dores de ouvido e de garganta. Também é considerado ótimo óleo de cozinha. Seu emprego em doses corretas garante a cura e evita xeroftalmia. Considerando seu ativo e bem-conceituado uso popular e a escassez de pesquisas divulgadas, fazem-se necessários mais estudos químicos, farmacológicos e clínicos, com vistas ao correto aproveitamento da planta.

Uma vez que é uma fruta brasileira, devemos procurar meios de divulgar e principalmente pesquisar mais sobre suas propriedades medicinais. Chega de propagandear somente coisas importadas. Vamos cuidar da nossa Floresta Amazônica, que está sendo destruída.

## Ações

Anti-inflamatório, antioxidante, antirreumático, antimicrobiano, cicatrizante, protetor cardíaco e vascular, antirradicais-livres e envelhecimento precoce.

## Propriedades

Pelas propriedades da polpa e do óleo de pequi permite-se aconselhar seu uso como nutracêutico ou alimento funcional, especialmente pelo seu alto teor de vitaminas A e E (essas vitaminas são encontradas em quantidade elevada nessa fruta). Como se sabe, o betacaroteno é um dos derivados da vitamina A, e o teor de carotenoides do pequi é muito alto; esses atuam como antioxidantes, especialmente nas células oculares. Isso significa que ao ingerir pequi e outros alimentos ricos em carotenoides, você pode melhorar a sua visão. Pode impedir a degeneração macular e catarata, que muitas vezes são causadas pelos radicais livres.

Além disso, o elevado teor de tocoferol e de vitamina A, dá proteção à pele e ao cabelo. Como a maioria das frutas, o pequi contém uma parte importante, que são os altos níveis de fibras, que ajudam a eliminar o excesso de colesterol, melhoram a saúde cardíaca, reduzem a ocorrência de constipação intestinal, flatulência, cólicas e diarreias. Essa fruta contém ácidos graxos monoinsaturados, como os ácidos oleico, linoleico, palmítico e esteárico. Esses ácidos são responsáveis pela proteção do sistema cardiovascular, previnem aterosclerose, ataques cardíacos, derrames (AVC), doenças cardíacas e coronarianas. Através destes ácidos, menos colesterol se acumula nas paredes das artérias e vasos sanguíneos.

## Indicações

Dores reumáticas, articulares, musculares, dor de ouvido e de garganta; estimula o sistema imunológico, protege contra infecções, atua contra o envelhecimento precoce.

## Dosagens

Como remédio natural para asma ou problemas pulmonares, usam-se de três a cinco gotas do óleo extraído da fruta, junto com o alimento, duas vezes ao dia. Para proteger a saúde, pode ser usada a fruta como qualquer outra fruta.

# Pixirica

*Melatomataceae / Leandra australis*

## Características

Subarbusto, arvoreto de tronco lenhoso e copa aberta, atingindo o solo, com 1 a 3m de altura e 0,80cm de largura. Seus ramos mais velhos têm coloração de cinzenta a chumbo-escuro e são tetrágonos; os ramos mais jovens são dispostos em forma de V e também são tetrágonos e glabros (sem pelos). Folhas simples, opostas, cruzadas, inteiras, curtas, pecioladas, medindo de 15 a 24cm de comprimento e de 7 a 11cm de largura. Com base arredondada e ápice afunilado que se afina gradativamente, com haste e suporte curto de 0,5 a 1cm de comprimento.

Essa espécie pode ser facilmente identificada por ter três nervuras ascendentes, que iniciam na base da folha e terminam no ápice; essas nervuras são chamadas cientificamente de acródromas subrabasais. As flores são brancas e pequenas, surgindo em inflorescências terminais na forma de panículos piramidais. Os frutos são bagas subglobosas de 1cm de diâmetro, com casca fina, massa avermelhada de sabor refrescante envolvendo minúscula semente. Originária do Brasil, é encontrada em terras úmidas das nascentes, brejos e banhados, principalmente no serrado, passando por Goiás, Minas Gerais, São Paulo e Paraná.

## Constituintes

É uma planta subtropical, resiste em solos encharcados, podendo as raízes ficarem submersas por até trinta dias. Também é resistente a geadas de até 1°C, sofrendo com geadas abaixo de 2°C, quando todas as folhas são queimadas, voltando a brotar somente na primavera. Pode ser cultivada em todo o Brasil, em qualquer altitude, adapta-se a qualquer tipo de solo que retenha água constantemente. Pode ser plantada em pleno sol ou na sombra de árvores grandes; no pomar planta-se sempre em solos argilosos ou com boa retenção de água.

As covas são abertas num espaçamento de 4 x 4m, estas devem ter no mínimo 40cm de profundidade, 40cm de largura, com 20cm de terra. Deve-se misturar matéria orgânica bem curtida, cinzas e calcário, deixando curtir por dois meses. O plantio deve ser feito a partir do mês de outubro. Essa planta pode ser cultivada em vasos grandes; por exemplo, 40cm de diâmetro x 50cm de profundidade, perfurados nas laterais,

## Ações

Essa linda fruta possui ações refrescantes, alimentícias e medicinais; sua planta é fácil de preparar, pode ser colocada em água fria, florescendo e frutificando o ano todo.

## Propriedades

Para uma planta tão singela, suas propriedades são excelentes: é antibacteriana, cardiotônica, hipocolesterolêmica, regula o ritmo cardíaco, cura infecções do sistema urinário e genital, cura problemas da pele, baixa o colesterol do sangue. Planta heliófita com propriedades fitoquímicas reconhecidas na medicina popular por todos os cantos do Brasil. As frutas maduras são ricas em antocianinas, que são importantes compostos alimentares.

Suas frutas, além de serem comestíveis, são ótimas para o preparo de geleias, sucos, sorvetes, e licores, e sua polpa pode ser congelada. Floresce e frutifica praticamente o ano todo; é fácil de usar, pois pode-se fazer maceração a frio; é ótima como refresco. Suas sementes são pequenas e difíceis de serem separadas do fruto. Frutifica de julho a setembro. Deve ser consumida quando as frutas estiverem com coloração-vermelho escuro. É muito refrescante.

## Indicações

É indicada para eliminar o colesterol elevado no sangue, regula o ritmo cardíaco, sendo ótimo remédio para o coração. É antibactericida, auxilia na cura de infecções urinárias e genitais, e atua nos problemas da pele.

## Dosagens

Pode-se tomar o chá feito com maceração a frio (10cm da planta); socar bem, colocá-lo num vidro e colocar água de boa qualidade, tampar e aguardar 24 horas. Para começar, usar uma xícara até quatro vezes por dia; tomar dez dias e parar por uma semana. Voltar a tomar na mesma sequência, observando os resultados. Caso não resolva, consulte um médico.

# Psyllium

*Plantaginaceae / Plantago psyllium*

## Características

É uma planta mucilaginosa, que absorve considerável quantidade de água formando um gel que promove saciedade. É uma erva que mede menos de 50cm de altura. Suas folhas crescem em rosetas e são de ovaladas a elípticas, com nervuras paralelas, glabras, e suas extremidades são irregularmente dentadas totalmente. Flores pequenas marrom-esverdeadas, e estão dispostas em longas espículas não ramificadas, de até 25cm, que crescem na base da roseta. Cresce espontaneamente nos solos áridos e arenosos do Mediterrâneo.

Suas sementes são pequenas e ovais, possuem sabor levemente amargo. É polinizada pelo vento. Seu uso foi popularizado com o advento dos árabes e persas na Índia, e começou a ser utilizada pelos europeus no início do século XIX. Na casca das sementes encontra-se grande quantidade de fibras solúveis, com grande capacidade de reter água, formando um gel viscoso. Esse gel é capaz de ligar-se a moléculas, causando saciedade. Em dietas para controle da obesidade há um aumento na viscosidade do alimento quando em contato com as fibras solúveis do psyllium, reduzindo-o a enzimas digestivas. Com isso também ocorre retardamento na absorção de algum substrato, reduz a pressão intramural, diminuindo a possibilidade de formação de divertículos. Retarda o esvaziamento gástrico e a absorção de glicose a partir do intestino delgado; por sua indigestibilidade, as fibras alcançam o cólon praticamente inalteradas, causando aumento no volume do conteúdo colônico com consequente ativação na motilidade compulsora. O psyllium normaliza o tempo de trânsito intestinal, aumentando-o ou diminuindo conforme a necessidade do organismo.

## Constituintes

Seus principais constituintes são: seus óleos, L-arabinose, D-xilose, ácido galacturônico, pequena quantidade de amido, fibra mucilaginosa e oleosa. Seus efeitos ultrapassam o âmbito intestinal. O psyllium retarda o esvaziamento gástrico auxiliado por seus óleos laxativos, que se fazem presentes e promovem o amolecimento das fezes, auxiliando na evacuação em caso de hemorroidas. É um coadjuvante intestinal, o melhor que se pode imaginar. Age como laxante mecânico suave, emoliente e demulcente. Essa planta reduz os níveis de colesterol totais e de LDL, aumentando os níveis de HDL, sendo indicada também nos casos de obstipação crônica. Ingerida antes das refeições, reduz a sensação de fome, uma vez que suas fibras tendem a inchar, criando a sensação de saciedade e moderando o apetite. Nesse caso, torna-se um excelente moderador natural, para quem deseja perder peso sem precisar de tratamento medicamentoso, no qual a perda de peso pode ser por pouco tempo.

Na culinária, as folhas do psyllium podem ser ingeridas em saladas; as sementes podem ser acrescentadas a cereais e iogurtes. O importante é, sempre que usar não só esta planta, mas todo alimento que contém bastante fibra, dobrar a quantidade de água que se costuma ingerir durante o dia, evitando que a fibra venha a prejudicar a dieta para emagrecer com saúde. Uma observação: há muitas plantas ótimas para o controle de peso, só que nenhuma planta faz milagre. É preciso controlar a quantidade na alimentação.

## Ações

Essa planta é ótima, quando associada a uma dieta hipocalórica; ela serve como complemento alimentar, com a vantagem de seus efeitos medicinais, como laxante suave, emoliente; retarda o envelhecimento gástrico, é coadjuvante no pós-operatório e reduz as taxas de colesterol do sangue.

## Propriedades

O tegumento das sementes do psyllium é particularmente rico em polissacarídeo, constituído por ácido galacturônico, galactose, arabinose, glicose e raminose. As sementes e a casca são as partes mais utilizadas da erva, são ricas em componentes químicos como mucilagem que absorve grande quantidade de água auxiliando o intestino, a aucubina, proteínas, enzimas, xilose, ácido oleico, ácido linoleico, ácido palmítico e gomas. Os óleos da planta também favorecem as propriedades laxativas, sendo também utilizados como um emoliente e demulcente na medicina alternativa.

A mucilagem pode ser separada em polímero neutro e ácido. Ensaios clínicos esclarecem a necessidade do aumento da ingestão de água diária, estimulando o peristaltismo tão necessário para o bom funcionamento gastrointestinal, que previne hemorroidas, irritação intestinal, úlceras, e quaisquer infecções gástricas; recomenda-se na gravidez, na convalescença, colite e diverticulite.

## Indicações

Tratamento de obstipação intestinal, hiperlipemias, febres, fissura anal, hemorroidas, controle de peso, insuficiência de fibra, como regulador de doenças que envolvem alternância de episódios de diarreias. Contraindicado em caso de obstrução intestinal, cólicas abdominais de origem desconhecida e estenose intestinal.

## Dosagens

Adulto e criança acima de 12 anos, uma colher de sobremesa do pó em 240ml de água, uma a três vezes ao dia. Colocar o pó, depois a água e agitar bem, bebendo imediatamente.

# Quebra-pedra

*Enphorbiaceae / Phyllantus nururi*

## Características

Planta herbácea, anual, erva ruderal, ereta, de pequeno porte, consistente, mole, alcançando até 50cm de altura. Folhas verdes, compostas alternadamente. Flores esverdeadas e pequenas, possui frutos diminutos nas axilas das folhas. Crescendo principalmente na estação chuvosa em todo o Brasil e nativa das Américas, é considerada planta daninha, sendo muito comum em terrenos úmidos.

Existem dois tipos dessa planta: uma é aérea e a outra é rasteira, que gosta de terrenos pedregosos. Qualquer uma delas tem o mesmo efeito medicinal. Ela é diurética, antibacteriana, colerética, antiespasmódica e hipoglicemiante. A literatura etnofarmacológica é unânime em afirmar que seu uso medicinal popular vem de longa data, sendo o remédio caseiro mais famoso para problemas renais. Ela não só previne, como também elimina cálculos renais.

## Constituintes

Adstringente, analgésica, antisséptica, antiespasmódica, febrífuga, antiblenorrágica, anti-infecciosa, antidepressora, anti-inflamatoria, anti-hepatite, apirética, antitumoral, citostática, antiespasmolítica, anti-hepatotóxica, sudorífera, tônica, anti-hidrópica, antinefritica, antivirotica, relaxante, vermífuga, purgativa, sedativa, desobstruente estomáquica e hepatoprotetora. Indicada nos casos de ácido úrico, afecções urinárias, infecções da pele, da boca, garganta, fígado, próstata, areia e cálculos renais, catarro vesicais, cistite, cólicas renais, contusões, diabetes mellitus, disenteria, edemas, polineuropatia, albuminúria, amenorreia, eliminação de urólitos eméticos, febre palustre, feridas, gangrenas, gota, hemorragias, hepatite-B, hipertensão arterial, icterícia, inapetência, infecções pulmonares, litíase renal, problemas de próstata, úlceras, verrugas, além de ser relaxante muscular e inseticida.

## Ações

Analgésica, antiespasmódica, antibacteriana, anti-inflamatória, diurética, anti-hipertensiva, anti-hepatite-B, hipoglicemiante, colagoga, litolítica, hepatoprotetora.

## Propriedades

Em estudos realizados em cultura de hepatócitos, algumas substâncias como triacontanol e hipofilfntina, flavonoides encontrados principalmente na parte aérea, mostraram ação protetora contra as substâncias citotóxicas. Estudos experimentais usando as folhas e as sementes também demonstraram sua ação hipoglicemiante, antibacteriana e anticancerígena. Em ensaios especiais mostrou-se que é ativa contra o vírus da hepatite B (*in vitro* e *in vivo*). Tem a capacidade de dissolver cálculos renais, impedindo a contração do ureter e promovendo sua desobstrução.

Desenvolve atividade diurética pela elevação da filtração glomerular e excreção urinária do ácido úrico. Atua em infecções do fígado, na hidropisia, icterícia, nos edemas por retenção de urina, cólicas renais e todas as moléstias da bexiga, é um antiespasmódico, analgésico, hepatoprotetor e colagogo. Facilita a descida dos cálculos, geralmente sem sentir dores nem sangramento, aumentando também a filtração glomerular. Esses resultados justificam seu uso popular para tratamento dos cálculos renais (litíase renal) assim como no reumatismo gotoso, que é outra afecção caracterizada por acúmulo de ácido úrico.

### Indicações

Auxilia na eliminação de cálculos renais, ótima na nefrite, cistite, pielonefrite, hepatite B, hidropisia, retenção de urina, edemas e cólicas renais.

### Dosagens

Duas colheres da planta em um litro de água fervente. Tomar durante o dia em pequenas quantidades. Não utilizar por tempo indeterminado, mas somente em caso de necessidade, e mesmo assim tomar durante vinte dias e interromper por uma semana. Doses altas podem provocar desmineralização no organismo. Não deve ser usada por crianças e gestantes, e devido ao potencial de alcaloide, pode ser tóxico se usada exageradamente, sem necessidade.

# Quinoa

*Chenoraceae / Chenopodium*

## Características

A quinoa é um cereal andino considerado o cereal do século XXI. Possui uma concentração muito grande de aminoácidos; dentre os vinte, dez deles são essenciais. Só esse fato já mostra o interesse nutricional que esse cereal está despertando. Supera todas as proteínas de origem animal, por ser um alimento altamente energético, e sua vantagem sobre o trigo está em não possuir glúten. A quinoa é considerada um alimento completo, possui ômega 3 e ômega 6; não há comparação com outros cereais. É rica em sais minerais como cálcio, magnésio, fósforo e potássio, e ainda os aminoácidos essenciais como lisina, leucina, metionina, fenilalanina, treonina, valina, arginina, isoleucina, histidina e triptofano. Contém vitaminas do complexo B, como a B1, B2, B3.

Como alimento funcional, destacamos os benefícios que favorecem o crescimento da criança, evitam a osteoporose e anemia, melhoram o sistema imunológico e cardiovascular. A quinoa previne e ajuda no tratamento do câncer de mama e de próstata. É rica em fibras, e o consumo dessa farinha aumenta a sensação de saciedade durante as refeições, melhora o funcionamento intestinal, controla os níveis de colesterol, triglicerídeos e glicose no sangue. É uma grande aliada para quem quer emagrecer com saúde.

## Constituintes

Grão utilizado há milênios pelas culturas andinas da América do Sul. Hoje é mundialmente reconhecido pelo seu alto valor nutritivo. Na tradicional cultura dos incas, era conhecido como alimento sagrado, consumido durante séculos como base na alimentação diária de pessoas de todas as idades. O solo e as condições climáticas dos Andes, com sua grande altitude e baixa temperatura, propiciam desenvolvimento de sementes de altíssima qualidade, e com a crescente difusão e conhecimento das propriedades nutricionais, o grão passou a ser reconhecido em várias partes do mundo. Hoje sua comercialização e consumo são consagrados em muitos países, incluindo recentemente o Brasil.

Essa aceitação globalizada teve um embasamento científico e experimental, contando com resultados de importantes centros de pesquisas e universidades, órgãos governamentais de vários países, e até recomendações de organizações internacionais como a ONU e a Unicef e o programa mundial de alimentos (WFP). Além disso, a quinoa também foi utilizada pela Nasa como parte da dieta especial da tripulação em missões espaciais de maior duração. É um dos melhores alimentos de origem vegetal, é o mais completo, é o mais prático e de mais fácil preparo.

## Ações

A ação dos aminoácidos metionina e lisina é típica de alimentação de origem animal como a carne e o ovo, que se relacionam ao desenvolvimento da inteligência e à rapidez de reflexos, às funções com a memória e o aprendizado, assim como o triptofano aminoácido ligado à produção de serotonina no cérebro é responsável pela eliminação da fadiga e da depressão. Por ser livre de glúten, pessoas com doença celíaca podem substituir a farinha de trigo ou de outro cereal pela farinha de quinoa no preparo de pães ou biscoitos.

## Propriedades

As propriedades nutricionais da quinoa a tornam um alimento perfeito para ser consumido por atletas antes e depois do exercício físico intenso. Por terem baixo índice glicêmico, os carboidratos da quinoa são metabolizados mais lentamente, garantindo uma reserva de energia necessária durante o esforço físico. E graças aos aminoácidos, ela ajuda a reparar o tecido muscular após o treino, pois não possui contraindicações. É um excelente alimento para crianças que necessitam de um aporte maior de proteínas e carboidratos saudáveis, durante a fase de crescimento.

Polvilhe em sopas, iogurte, salada de frutas, vitaminas com leite... Já são comercializadas barrinhas de cereais com essa farinha, assim como em casas especializadas encontra-se o grão, que pode ser usado como substituto da proteína animal. (Para esse uso o ideal é deixar de molho por algumas horas e colocar para cozinhar em água fervente e fogo baixo por aproximadamente 15 minutos.) É muito saborosa, podendo ser usada em saladas, sopas, risotos ou servir com molhos. Após cozida, pode ser conservada por até três dias na geladeira.

## Indicações

Deficiência vitamínica, estresse, falta de memória, anemia, desnutrição, diabetes, obesidade, problemas nervosos, e em especial para o cilíaco. Não possui glúten.

## Dosagens

Uma a duas colheres de sopa ao dia é suficiente, pois não se trata de medicamento; é um complemento alimentar. Pode ser usada no leite, suco, sopa, salada, junto com qualquer alimento.

# Romanzeira

*Punicaceae / Punica granatum*

## Características

Árvore ou arbusto ramoso, de até 3m de altura. Folhas simples, cartáceas, dispostas em grupo de duas ou três, de 4 a 8cm de comprimento. Flores solitárias, constituídas de corolas vermelho-alaranjadas e um cálice esverdeado, duro e coriáceo. Fruto do tipo baga, globoide, medindo até 12cm, com numerosas sementes envolvidas por um arilo róseo cheio de um líquido adocicado.

Originária da Ásia, é cultivada em toda a região mediterrânea. No Brasil, é muito cultivada e apreciada desde os tempos mais antigos tempos. É empregada em uso doméstico e cultivada em grande quantidade no sul e norte da África. Nos textos do antigo Egito é mencionada como *Schedech-it*, uma espécie de limonada preparada com a polpa da romã, um pouco ácida, mas refrescante.

Segundo cientistas israelenses, a romã possui qualidades terapêuticas e pode ser usada no tratamento de várias doenças. O suco, a polpa e a casca da fruta contêm propriedades que, além de reduzir o colesterol, retardam o envelhecimento e podem levar até a cura do câncer. Essa fruta é um antibiótico natural, e, por ser antioxidante, seu suco previne problemas cardíacos e osteoporose, auxilia no tratamento de pessoas doentes, reforça as defesas imunológicas, protegendo de tumores e doenças degenerativas.

## Constituintes

A romã é uma fruta pouco utilizada no dia a dia, seus valores são pouco divulgados, mas nela existe um alto conteúdo de bioflavonoides, é mineralizante e refrescante, adstringente e emenagoga. Contém proteínas, carboidratos, lipídeos, fibras, glicídeos e sais minerais como: cálcio, magnésio, cóbre, sódio, ferro, e alta taxa de manganês; vitaminas A, C, D, E, B1, B2, B3, B5, B6, B9; é pobre em calorias.

O manganês é um elemento fundamental para a vida, sendo necessário ao organismo humano para formação de diversos fermentos de que ele necessita (de 2 a 3mg por dia). E essa fruta é indicada para todas as alterações do metabolismo dos fermentos, cujos sintomas ainda não foram dectados; mas quando se está deficiente aparecem rapidamente os sintomas carenciais clínicos.

A romã pode suprir essa deficiência. No sul da Europa prepara-se com a fruta um suco de cor avermelhada, agradavelmente ácido, assim como um xarope refrescante, chamado de granadina. O invólucro da raiz e do tronco da árvore ainda hoje é utilizado nas farmacopeias alemã, austríaca e suíça. É usado como energético tenífugo de ação, não só contra vermes vulgares, como também contra *dibothriocephalus latus*. O extrato da casca da romã entra nas chamadas pílulas contra disenterias. Como adstringente, usam-se as flores da romanzeira em infusão contra diarreias e leucorreias. O suco da fruta contém um poderoso antioxidante, um tipo de flavonoide muito eficiente na prevenção de problemas cardíacos, assim como o chá das folhas é ótimo para problemas nos olhos.

## Ações

Anti-inflamatória, diurética, antioxidante, antifebril, antiespasmódica, tenífuga, antibiótica natural e anticolesterolêmica.

## Propriedades

As propriedades medicinais da romã há muito tempo eram conhecidas somente pelos interessados em mitologia ou em medicina caseira chinesa antiga. De acordo com o herbário chinês, o suco dessa fruta aumenta a longevidade; por ser rica em ácidos fenólicos e em flavonoides, está sendo usada como antibiótico natural; é rica em vitaminas A e E, potássio, manganês, ácido fólico e polifenóis, entre os quais se destacam as purnicalaginas, principais responsáveis pelas propriedades antioxidantes.

Ela intervém na redução de processos inflamatórios causadores do envelhecimento celular, surgimento de doenças coronarianas e algum tipo de câncer. Pode auxiliar junto com tratamento médico. Muitos consideram fitomedicamento o óleo e o extrato da romã. Eles são utilizados por mulheres na menopausa como possível alternativa ou suplemento na terapia de reposição hormonal.

Essa fruta tem grande concentração dos estrógenos estradiol, estrona e estriol, apresentando atividade estrogênica. Estudos realizados com essa planta avaliaram que seu extrato pode resolver clínica e efetivamente o estado de depressão e da perda da massa óssea na síndrome da menopausa. Estudos realizados *in vitro* do extrato da casca da fruta avaliaram que ela possui significante atividade antioxidante em vários modelos, e que o efeito hepatoprotetor do extrato – analisando cortes histopatológicos do fígado – restaurou a arquitetura hepática.

## Indicações

Aumenta a longevidade, é ótimo remédio nos problemas de faringite, laringite, gengivite, vaginite, fungos, inflamação em geral, rouquidão, disenteria, problemas de fígado e estômago, como gastrite.

## Dosagens

Usa-se o chá das flores da planta contra diarreias e leucorreias, uma xícara de café após cada evacuação. Não se deve fazer chá da casca da fruta, pois ela contém quatro alcaloides que podem causar paralisia, alteração visual, vertigem e vômitos. Usa-se o suco da fruta, que tem poder de cura comprovado. Ele também poderá ser tomado como qualquer outro suco de fruta. Para disenteria também se indica o extrato de romã em pílula, preparado em farmácia de manipulação.

# Rosélia

Groselha / *Malvaceae* / *Hibiscus sabdariffa*

## Características

Subarbusto anual ou bienal, ereto, ramificado, caule arroxeado. Altura de até 140cm. Folhas alternadas, verde-arroxeadas, com margens denteadas de 5 a 12cm de comprimento. Flores solitárias, axilares, amarelas. Seus frutos são cápsulas revestidas por pelos híspidos. Nativa da África e Ásia Tropical, onde é conhecida como papoula de duas cores ou groselha vermelha. Foi introduzida na Europa no final do século passado. Inicialmente não foi bem aceita devido à sua coloração avermelhada muito intensa. Mas depois de alguns anos passou a ter aceitação, sendo que atualmente se faz presente em formulações da maioria dos chás aromáticos consumidos no continente europeu; seu maior exportador é a Alemanha. Suas folhas, raízes e frutos são amplamente empregados na medicina caseira em quase todo o Brasil, e além do chá que é muito apreciado, ainda é utilizada como planta ornamental em sítios e jardins.

## Constituintes

Os constituintes mais importantes são os ácidos orgânicos: hibiscu, málico, cítrico e tartárico. Esses ácidos possuem efeitos que atenuam os espasmos e cólicas uterinas, gases intestinais, favorecendo as digestões lentas e difíceis; aumenta a diurese. Nela também se encontram: vitamina C, glicosídeos, mucilagem, flavonoides, antocianinas, hibiscina, hibiscetina, grande quantidade de ácido oxálico, oxalato de potássio, carboidratos, proteínas, carotenoides e cálcio, elementos importantes para os ossos.

Devido à alta taxa de concentração de antocianidina, tem ação antioxidante, é anti-inflamatório, proporcionando um efeito calmante nas membranas mucosas que revestem o aparelho respiratório e digestivo. Igualmente tem ação aromatizante e antiespasmódica, é um laxante suave; por ser um vasodilatador periférico, combate a hipertensão, melhora a pressão da parede dos vasos sanguíneos, melhorando a circulação. Facilita a perda de peso.

## Ações

Por sua ação antioxidante, proporciona um efeito vasodilatador periférico e um efeito calmante nas membranas mucosas que revestem o aparelho respiratório; tem ação digestiva, antiespasmódica, diurética, laxante suave, sendo também um corante e aromatizante. Atua sobre os problemas cardiopáticos principalmente na angina, tonifica os meridianos na má circulação. Elimina o ácido úrico excessivo do organismo, a ureia e a amônia do sangue.

## Propriedades

Sua maior propriedade é o ácido hibiscos, e os ácidos orgânicos são importantes para diminuir a pressão das paredes dos vasos sanguíneos, melhorando a circulação periférica. Possui alta taxa de cálcio que, além de ser importante para os ossos, facilita a perda de peso, combate os radicais livres, reduz a ansiedade, atenua espasmos e cólicas uterinas, aumenta a diurese e combate a retenção de líquidos, reduz a absorção de carboidratos e aumenta a eliminação das gorduras.

Favorece a digestão lenta e difícil, regulando o intestino, dando proteção a todo o sistema gastrointestinal.

A grande quantidade de mucilagem com ação antioxidante possui também um efeito calmante nas membranas mucosas que revestem o aparelho respiratório. Suas folhas e raízes são hemolientes, estomáquicas, anti-inflamatórias, diuréticas, e febrífugas. Suas flores possuem um sabor ácido e são ótimas para baixar a febre. Suas sementes são consideradas tônicas e diuréticas. Seus extratos reduzem a taxa plasmática dos lipídios totais, colesterol e triglicerídios. Os fitosteróis estimulam os sistemas enzimáticos do fígado e uma maior eliminação de gordura no nível intestinal.

## Indicações

Indicada contra anemia, cólicas uterinas, menstruação dolorosa, úlceras, gastrites, constipação intestinal, má digestão, estômago, fígado, intestinos, doenças reumáticas, gota, hipertensão, problemas respiratórios e cardíacos.

## Dosagens

Para problemas digestivos gastrointestinais, usa-se o chá por infusão com uma colher de sopa rasa das flores para xícara de água (ferver por 15 minutos). Grávidas e quem tem doença cardíaca grave devem usar o chá com moderação.

# Salsa

*Umbelliferae / Petroselinum crispum*

## Características

Planta herbácea, bienal ou anual, dependendo do cultivo. No primeiro ano forma uma roseta de flores muito delicadas, alcançando de 10 a 25cm de altura; possui talos que podem ultrapassar 60cm. Suas flores são de 1 a 3cm e um tubérculo usado como reserva para o inverno. No segundo ano desenvolve um talo de flor de até 70cm de altura, com folhas esparsas e umbela plana de diâmetro de até 10cm, com várias flores amarelas. Suas sementes são ovoides e muito pequenas. Assim que elas amadurecem, a planta seca. Nativa da região do Mediterrâneo, sul da Itália, Argélia e Tunísia, foi expandida e cultivada em toda a Europa como condimento. Na Idade Média a salsa era considerada planta que dava má sorte. Já na Grécia antiga ela era tida como símbolo da morte, utilizada em rituais, e nunca como condimento ou medicamento. Hoje é um dos principais condimentos no mundo. Quando utilizada diariamente, em conjunto com salada, pode combater muitas doenças. Como se vê, toma-se um ótimo remédio sem gastar quase nada, pois ela é ótima para a saúde do coração, melhora a circulação geral, previne a formação de trombos, além de muitos problemas de saúde. Porém, uma observação: quem faz uso de anticoagulante não pode usar a salsa como remédio. Só poderá fazer uso como condimento, e muito pouco, porque ela contém uma taxa grande de vitamina K e cumarina, que interferem no tratamento.

## Constituintes

Essa planta possui os componentes de tempero mais comuns da mesa do brasileiro, e a maioria desses usuários ignora o poder de sua constituição medicamentosa. Apesar de ainda não estar cientificamente reconhecida como merece, pesquisadores demonstraram a eficiência dessa planta que impede a formação de coágulo no cérebro, prevenindo derrame cerebral (AVC); assim como, na circulação geral, previne a formação de trombos que causam trombose nos membros inferiores. Ela desobstrui as artérias coronárias, prevenindo infarto do miocárdio. Atua com eficiência em todas as doenças cardiovasculares. Também é uma planta que protege os rins; não só previne, como também elimina cálculos renais e as toxinas acumuladas nos rins pela urina, pois trabalha como um diurético suave.

Essa planta contém 166mg de vitamina C, 5mg de ferro, 245mg de cálcio, 27mg de magnésio e ainda potássio e demais minerais. É um remédio natural, fácil de usar: chá, tempero para todos os pratos, suco (pode-se misturar em outros sucos). Suas raízes contêm 0,1% de óleo; as folhas, 0,3%; já a fruta contém a maior porcentagem de óleo, entre 2 a 7%. Sua constituição é bem variada, sendo que o apiol e a miristicina podem ser responsáveis pelo efeito diurético e suave da semente e do óleo. O apiol é um agente antipirético; a miristicina é um estimulante uterino.

A atividade anticancerinogênica foi atribuída a dois compostos diferentes: a 6-acetilapina e o petrosídeo. As atividades estrogênicas desses compostos são muito similares às isoflavonas encontradas nos grãos de soja. Na soja também são encontrados compostos como a fucucina, o bergapteno, a majudina e a heraclina, como também diversas furocumarinas antimicrobianas. Pesquisadores ainda procuram resposta às perguntas: Qual a quantidade necessária de salsa para prevenir doenças cardiocirculatórias? Qual seria a dosagem para funcionar como remédio, assim como para prevenir a trombose?

## Ações

As ações dessa planta são muitas; como diurética ela elimina a ureia e os cálculos renais; também é responsável pela eliminação dos edemas dos membros inferiores, atua na gota e no reumatismo, regula o fluxo menstrual, estimula e combate os gases do intestino e os infartos do fígado e do baço; igualmente são notáveis suas ações sobre o sistema cardiovascular, prevenindo as doenças coronarianas e trombóticas.

## Propriedades

Suas propriedades são: tonificante, vasodilatadora, emenagoga, carminativa, diurética, laxante, anti-inflamatória e antitrombótica; combate a flatulência, estimula a digestão, auxilia na cura de afecções hepáticas, hipertensão e reumatismo. Por ser diurética, ajuda no tratamento dos rins e da bexiga, assim como previne as doenças renais; combate a cistite, hidropisia, inflamação dos rins e da vesícula biliar. Suas propriedades tornam-se valiosas ao metabolismo e ao bom funcionamento das glândulas suprarrenais e da tireoide. Usa-se toda a planta; porém, o componente químico mais importante como medicamento é a raiz, que contém um óleo essencial, açúcares, vitaminas A, C, K, e sais minerais como cálcio, ferro, cobre e magnésio, atuando nos casos da menstruação escassa e dolorosa, suor escasso, edema causado por insuficiência circulatória, cálculos renais, icterícia, dificuldade e dor ao urinar. O óleo essencial contém apionol, miristicina, carotenoides, psoraleno e compostos relativos como a fucusina, bergapteno, majudinar e heraclina; também contém furucumarinas antimicrobianas, glicosídeos estrogênicos de flavona, que são antioxidantes e expectorantes. Suas folhas são ricas em vitaminas A, B1, B2, C, D, K e sais minerais, se forem consumidas cruas, já que o cozimento elimina boa parte de seus componentes vitamínicos.

## Indicações

Retenção de líquidos, celulite, insuficiência cardíaca, insuficiência renal, urina escassa, inapetência, anemia, esgotamento físico, dismenorreias, estimulante e fortificante; na gravidez só deve ser usada como tempero, e não como medicamento. Poderá ter uso externo nos seguintes casos: abcessos, chagas, feridas, úlceras e picada de inseto.

## Dosagens

O chá deve ser fraco e uma ou duas xícaras ao dia. Suco: o ideal é misturar em outro chá, de preferência verde, como a couve e o espinafre. Dois copos ao dia é o suficiente. Como tempero poderá ser consumida à vontade.

# Sálvia-comum

*Lamiaceae / Salvia officinalis*

## Características

Planta herbácea perene, fortemente aromática, ereta ou decumbente, ramificada na base, com aspecto de touceira. Atinge no máximo 1m de altura, com folhas ovais, lanceoladas, de cor cinza-prateado, pubescentes na superfície superior, mas ásperas e rugosas na inferior. Flores providas de pedúnculo curto, que se reúnem em glomérulos axilares de três a quatro florzinhas com cálice tubuloso, ou campanulado de cor vermelho-violeta. Nativa da costa do norte do Mediterrâneo, é encontrada nas montanhas da Dalmácia e cultivada como planta ornamental, devido às suas folhas aveludadas e prateadas.

Possui substâncias gomosas, resinosas, tânicas, ácidos orgânicos, óleo essencial e outros princípios ativos que a incluíram na medicina tradicional caseira. A introdução dessa planta na culinária europeia não tem data precisa. Os antigos romanos a utilizavam para fins medicinais, mas não na culinária, embora seguramente fosse bastante conhecida em toda a Europa desde o século XVI. Há relatos de que a sálvia silvestre desidratada e o mel de flores de sálvia são importantes especiarias e produtos de exportação da Iugoslávia. Ela é uma das poucas plantas que não acompanharam o declínio do emprego de ervas na culinária inglesa.

## Constituintes

Há uma grande variedade de sálvia, que se difere pelo sabor. As literaturas farmacológicas fornecem vários nomes, mas para fins culinários aconselham-se as de folhas estreitas. Já as de folhas largas são muito aromáticas e também podem ser usadas como tempero, tanto frescas como secas. As flores variam de branco-azuladas a brancas, como brácteas, brancas, arroxeadas, azuladas e amarelas. Desenvolvem-se a partir de semente em local quente e solo razoavelmente leve. Ao escolher as plantas para cultivo, dê preferência ao sabor; só que o solo e o clima interferem no aroma, e o melhor aroma é obtido um pouco antes da floração. Mas é preciso conhecer bem a planta para se obter um ótimo alimento ou remédio caseiro. Existem muitas plantas parecidas, mais com propriedades completamente opostas. A sálvia verdadeira é constituída de terpenos, ácido ursólico, óleo essencial, cincol, tuiona, cânfora, ácidos orgânicos, emolientes, glicosídeos, alfa e beta-amirina, betulina, flavonoides, tanino, resina, substância amarga picrosalvina, substâncias estrogênicas, ácidos clorogênico e labiático, saponina e mucilagem.

## Ações

Ação hipoglicemiante, tônica, digestiva, adstringente, emoliente, emenagoga, antidiarreica, diurética, antiespasmódica, estimulante, antioxidante, antissudorífica, dermopurificante e aromática.

## Propriedades

Dermopurificante, desodorizante, antiperspirante, possui capacidade de fechar os poros dilatados, reduzindo o excesso de oleosidade. Devido à presença de flavonoides ela torna-se sedativa sob o calor; sua emoliência é dada pela mucilagem, que tem a capacidade de reter água; a secreção láctea e salivar também são diminuídas. Atua na tuberculose, menopausa, febres, problemas nervosos; auxilia no tratamento da gota, dispepsia, diabetes, astenia e bronquite crônica.

A *salvia officinalis* possui amplo uso medicinal no Brasil. Também é utilizada como chá, na culinária e como licor. Possui propriedade anti-inflamatória, descongestionante das vias respiratórias, cicatrizante e antisséptica.

É ótima para os casos de esgotamento do sistema nervoso central, é antioxidante, combate o estresse, a depressão, as inflamações gastrointestinais e da garganta. Externamente, é ótima contra picada de inseto e infecções da pele. Na sua composição externa destaca-se a presença de óleos essenciais ricos em terpenos: 50% de tuiona, 15% de cineol, cânfora, borneol, tanino, glicosídeos terpênicos, flavonoides, ácido rosmarínico e substância amarga. Também é útil como fitocosmético: fixador na composição de perfumes; compõe produtos estimulantes do crescimento capilar, cremes e loções para peles oleosas e com acne, produtos para banhos e tratamentos de rugas.

### Indicações

Afecções da pele, problemas estomacais, cólicas menstruais, micoses, gripes e resfriados, tosses e tuberculoses.

### Dosagens

Infuso: três ou quatro folhas por xícara de água até três vezes ao dia. Para problemas de garganta, tomar o chá com mel e fazer gargarejo.

# Silimarina

*Asteraceae / Sininbus*

## Características

Silimarina é o nome genérico de um grupo de compostos naturais: silibina, silidianina e silicristina, extraídos do fruto da planta medicinal *Sylibum marianum*. Essa planta contém flavonoides, taxifolina, quercitina, apigenina, naringina e kampferon (o conjunto é chamado de silimarina). Seu efeito na prevenção da destruição do fígado e ampliação de sua função está relacionado à sua capacidade de inibir os fatores responsáveis pelo dano hepático, como radicais livres (RL) e leucotrienos. A silimarina estimula a atividade da superoxidodismutase (SOD), aumenta a concentração da glutationa no sangue em 35% em seres humanos saudáveis.

Essa excelente planta monta guarda nos sítios receptores externos das células, impedindo que as toxinas quebrem as membranas celulares adiposas e penetrem nas células, assim como estimula a síntese de proteína hepática através dos componentes do silibo sobre o fígado; esse componente propicia a produção de novas células hepáticas, em substituição às células danificadas, exercendo efeito protetor e restaurador do fígado. Ela neutraliza as substâncias tóxicas que conseguem penetrar nas células.

## Constituintes

O efeito terapêutico da silimarina é baseado em sua influência sobre a permeabilidade e a função excretora das células hepáticas, assim como a sua eficiência metabólica. É um potente estabilizador das membranas dos hepatóxitos, atua conservando a sua integridade e a função fisiológica do fígado. Estudos demonstram que a silimarina protege as células do fígado da influência nociva de substâncias endógenas e exógenas, assim como as substâncias venenosas ativas podem ser eliminadas pela silimarina. Uma vez que depois da ingestão de produtos tóxicos alguns venenos levam algumas horas para serem absorvidos e chegarem ao fígado, a silimarina pode atrasar a assimilação desses venenos, permitindo ao organismo eliminar as toxinas antes de chegarem ao fígado.

O maior efeito terapêutico sobre o uso da silimarina é que ela estimula várias funções preventivas e até curativas com a proliferação celular, a síntese proteica e a assimilação de oxigênio. Esta planta possui uma forte ação antioxidante hepática contra a peroxidação lipídica de membrana celular e de organelas dos hepatóxitos. Dessa forma, age aumentando a síntese de RNA mensageiro como síntese proteica. Ela é utilizada no tratamento de hepatopatias crônicas, cirrose hepática, esteatose, produzindo rápida melhora dos sintomas clínicos, como cefaleia, anorexia, astenia, distúrbios digestivos e peso epigástrico.

## Ações

Previne a destruição das células do fígado, elimina os radicais livres e leucotrienos, possui ação cloropéptica e amarga, é anti-inflamatória, anticancerinogênica e hepatoprotetora do fígado.

## Propriedades

A silimarina é reconhecida por suas propriedades anti-hepatóxicas, protege o fígado contra as mais severas necroses hepáticas, tais como as provocadas pelo tetracloreto de carbono; atua em lesões tóxicas do fígado ocasionadas pelas toxinas de cogumelos venenosos, que podem levar à morte. A silimarina e a silibinina são substâncias com propriedades hepatoprotetoras, anti-inflamatórias e anticarcinogênicas, que agem como antioxidantes varredores de radicais livres e reguladores do conteúdo intracelular de glutationa. Estabilizadoras da membrana celular, inibem a transformação de hepatóxitos estrelados em miofibroblastos, um processo responsável pelo depósito de fibras do colágeno que conduz à cirrose.

Peroxidação lipídica é o resultado de uma interação entre radicais livres de origem diversas, e ácidos graxos não saturados nos lipídios. Foi demonstrado que todos os componentes da silimarina inibem a peroxidação catalisada do ácido linoleico pela lipoxigenase. A silimarina protege a mitocôndria e microssomos hepáticos. Atua na migração neutrófitos, inibição de células de Kupffer, inibição marcada da síntese de leucotrienos e formação de prostaglandina. Reduz os danos hepáticos provocados por psicofármacos como os butirofenonas e fenotiazinas. A exposição a solventes orgânicos como o tolueno e o xileno tem seu efeito tóxico reduzido com doses adequadas.

## Indicações

Bronquites, cálculos renais, úlceras gástricas e duodenais, hepatite viral, hepatopatias crônicas, esteatose, cólicas, alergias e inflamações.

## Dosagens

Uma cápsula de 140mg até três vezes ao dia durante cinco ou seis semanas, ou conforme orientação profissional e a necessidade.

# Sucupira

*Fabaceae / Pterodon emarginatus*

## Características

Árvore majestosa, de copa piramidal e rala, de 8 a 12m de altura, e de 40 a 60cm de diâmetro do tronco, o qual é revestido por casca lisa, branco-amarelada. É uma árvore brasileira que ocorre no serrado e sua transição para a floresta semidecídua da Mata Atlântica, nos Estados de Minas Gerais, Mato Grosso, Tocantins, São Paulo, Goiás, Piauí e Mato Grosso do Sul. Folhas alternas compostas, pinadas, com trinta a trinta e seis folíolos geralmente glabros abovados, com ápice de truncado a fortemente emarginado, de raquis glabras ou glabrescentes.

Flores de cor rosada, com botões que apresentam forma abovada, apis bem arredondado e mais largo que a base. Nas raízes podem se formar expansões ou tuberas denominadas batata-de--sucupira, que é muito usada para o diabetes e também para dor de garganta; é um ótimo depurativo e fortificante. Estudos fitoquímicos revelaram a presença de alcaloides na casca, isoflavonas e alguns triterpenos, e no caule foram encontrados diterpenos e isoflavona. No óleo das sementes, um estudo de espectrometria de massa mostrou, oito sesquiterpenos; entre eles, o cariofileno, gama-muruleno e biciclogermacreno.

## Constituintes

O uso dessa planta ocorre mais no norte do Brasil. Seus frutos são vagens tipo sâmara, arredondadas, indeiscentes e aladas, contendo uma única semente, fortemente protegida dentro de uma cápsula fibro-lenhosa e envolvida externamente por uma substância oleosa, numa estrutura esponjosa como favos de mel. Essa árvore é decídua não pioneira, heliófita, nativa de terrenos secos e arenosos. Apresenta uma dispersão descontínua muitas vezes com populações puras.

Floresce em setembro/outubro e os frutos amadurecem em junho e julho, mas ficam mais tempo na árvore. É difícil retirar as sementes do fruto, assim podem ser plantados inteiros, pois a taxa de germinação é muito baixa. Essa planta é muito apreciada na medicina popular em todas as regiões de sua ocorrência natural. A casca produz um óleo volátil e aromático muito eficiente no tratamento de reumatismo e dores ósseas em geral. Possível ser o mesmo óleo encontrado nos alvéolos da semente.

## Ações

Sua ação, como já foi explicitado, é poderosa em todos os tipos de doenças ósseas, coluna vertebral, artrite, artrose, dando alívio e restabelecendo suas estruturas ósseas.

## Propriedades

Essa árvore, por ter uma madeira muito dura, é usada com muito êxito na construção civil. Na medicina popular, seu óleo aromático e volátil, produzido pela casca e pela semente, é muito utilizado contra o reumatismo e demais problemas ósseos. Os nós da raiz, chamada de batata-de-sucupira, são usados para o controle do diabetes. Estudos etnofarmacológicos demonstraram que o óleo dos frutos inibe a penetração pela pele de cercárea de esquistossomose, e aconselham o uso na prevenção dessa endemia. A farmacopeia brasileira de 1929 já se referia ao uso da casca dessa planta, em forma de extrato fluido e tintura.

Só é preciso observar que se trata da chamada sucupira branca, não a preta. O chá da sucupira, conforme os estudos farmacológicos é um remédio excelente para tratar dores ósseas em geral, como reumatismo, dor da hérnia de disco, bico de papagaio, artrite, artrose, ácido úrico e ainda é anticancerígeno. Essa planta controla a dor e tem efeito anti-inflamatório, além de ser ótimo analgésico. Procure orientação de um profissional de saúde que tenha conhecimento dessa planta.

### Indicações

Reumatismo, gota, artrose, dores na coluna, hérnia de disco, inflamações e articulações, analgésico, controla a dor com eficiência, restabelecendo a saúde.

### Dosagens

Socam-se doze sementes de sucupira até sua resina interna ficar à mostra. Após, ferva três litros de água e coloque as sementes por mais dois minutos; tampe a vasilha e deixe esfriar. Tome até meio litro do chá por dia.

# Tâmara

*Arecaceae / Phoenix dactylifera*

## Características

A tâmara é um fruto altamente nutritivo produzido por uma palmeira chamada tamareira, que tem entre 15 a 25m de altura. É composta por folhagens que nada mais são do que ramos divididos em pinas. Suas folhas chegam a atingir 3m de comprimento.

A tâmara é uma fruta altamente energética que pode ser considerada um alimento, sendo muito doce, rica em proteínas, açúcares complexos, sais minerais, fibras, elevado teor de hidratos de carbonos simples e complexos, e revelam a presença de tiramina.

Pessoas hipertensas devem ter cuidado, pois esse produto pode elevar mais a pressão arterial. Originária do Oriente Médio, essa fruta, quando madura, apresenta coloração avermelhada, textura fibrosa, sabor agridoce suave; a quantidade de água presente nela varia de acordo com sua maturação e características. Quando atinge o ápice da maturação, mais de 75% de sua composição são açúcares, solúveis como a frutose, glicose, sacarose e outros.

São possuidoras de várias qualidades medicinais, com propriedades calmantes, que se originam do ácido pantotênico (B5). Também são ideais contra insônia, pois o triptofano é uma substância que incentiva a constituição do metabolismo, proporcionando um bom sono. Essa fruta pode ser usada antes de dormir, uma a três unidades, pois a melatonina também ativa o triptofano.

## Constituintes

A tâmara é um cultivo de subsistência de extrema importância em quase todas as regiões desérticas. Para milhões de pessoas constitui um importante elemento nutricional que contribui na segurança alimentar. Países asiáticos e africanos, principalmente

Egito, República Islâmica do Irã, Arábia Saudita, Paquistão, Iraque, e os países vizinhos, produzem aproximadamente 98% das tâmaras do mundo. Estados Unidos, Espanha e México produzem o restante. No Brasil, as tâmaras são comercializadas durante o ano todo e geralmente procedem da Tunísia, onde são cultivadas por empresas espanholas ou do sul da Califórnia.

Para muitos desses países é a principal fonte de divisas e suas explorações interessam aos diversos setores da economia, principalmente ao da alimentação. O Brasil não produz tâmaras, mas é um grande importador do produto. No entanto, a tâmara foi introduzida por aqui há muitos anos; o primeiro registro foi em 1928, mas não foram feitos estudos sistemáticos de sua cultura. A tamareira começa a dar frutos (tâmaras) entre os 6 e 8 anos, atingindo o auge em torno dos 30 anos e eventualmente, pode frutificar até 100 anos ou mais.

De modo geral elas são ovais, possuem caroço longo e medem entre 2,5 a 7,5cm. Variam muito no tamanho, no aspecto e na cor, marrom ou preta, conforme a variedade e a região de onde procedem, e normalmente são exportadas secas. Da tamareira tudo se aproveita: a fruta, além de consumida pura ou em alimentos processados, é utilizada pela indústria na fabricação de farinha, açúcar, vinagre e vinho; o tronco e a folha são usados para produzir combustíveis, móveis, cestos e cordas; seu tronco é revestido de bases folhosas duras e sobrepostas, que apontam para cima; esses cotos são remanescentes de folhas antigas das árvores.

## Ações

As tâmaras secas apresentam maior teor de nutrientes pela baixa concentração de água, além disso, podem durar mais tempo com a mesma concentração. O sabor delas secas também é mais intenso, inclusive a sua doçura e muitas calorias.

## Propriedades

Muitas das virtudes curativas das tâmaras já eram conhecidas e utilizadas com muito sucesso na Antiguidade. Hoje essas propriedades estão sendo confirmadas e sabe-se que grande parte delas se deve à riqueza dessa fruta em celulose e frutose, além dos demais elementos que a compõem, como as vitaminas A e C, assim como as do complexo B, niacina riboflarina, folatos e B5. E os minerais, cálcio, magnésio, cobre, potássio e selênio, que são importantes e fundamentais no nosso organismo. Seus componentes ajudam a manter o equilíbrio de fluidos, controlam a contração muscular, transportam oxigênio para os músculos regulando o metabolismo energético do indivíduo.

Estudos comprovam que as tâmaras através das vitaminas A, B e C que possuem, fortalecem naturalmente o organismo, tornando-se eficientes defensoras contra gripe, virose e outras infecções, tanto do sistema respiratório como urinário. Essa fruta estimula o apetite, atuando nas disfunções intestinais e estomacais associadas a inapetências. Por sua riqueza em ferro, é indicada nas alterações hepáticas e anêmicas. O cálcio é necessário para a formação óssea desde a gestação até se chegar à terceira idade; o potássio é um mineral importante para preservar nossos ossos, pois ele ajuda a manter a estrutura óssea, regulando também a pressão sanguínea.

O selênio atua como antioxidante, contribuindo para a defesa imunológica. As fibras são recomendadas nas situações de mau funcionamento da flora intestinal, atua como laxante suave em casos de constipação intestinal, melhora a circulação sanguínea em geral. Esportistas, adolescentes, crianças e gestantes que sofrem um gasto energético diário maior, são beneficiados com o uso dessa fruta, pelo seu alto valor energético.

## Indicações

É indicada para todas as pessoas de bom gosto que gostam de se alimentar muito bem. No caso de problemas de saúde, é ótima para a conservação da massa óssea e antioxidante, regula a circulação sanguínea baixa, o colesterol, ótima contra anemia, fraqueza geral, insônia, problemas gástricos, constipação intestinal.

## Dosagens

Por se tratar de um alimento, o que podemos dizer é que se ingerirmos três tâmaras diariamente estamos aumentando as substâncias para uma longa vida. Podemos comer de uma até três ao dia. Nada de exageros para quem tem boa saúde.

# Tamarindo

*Tabaceae / Tamarindus indica*

## Características

Árvore decorativa, de copa densa arredondada, composta, pinada, chegando de 12 a 18m de altura. As folhas são compostas pinadas, com folíolos opostos que dão um efeito esvoaçante ao vento. Sensível ao frio, com 10 a 15 pares de folíolos oblongos arredondados de 15 a 25mm de comprimento. As flores hermafroditas amareladas ou levemente avermelhadas, com pequenos racemos terminais. O fruto é uma vagem alongada com 5 a 15cm de comprimento com casca parda escura, lenhosa e quebradiça; sua polpa é carnívora, contendo várias sementes achatadas de cor parda. É muito conhecida por seus frutos saborosos, ao mesmo tempo muito azedos e levemente adocicados.

Natural da África tropical e naturalizada nas Américas, inclusive no Brasil, e cultivada na Europa e nos países asiáticos. A polpa dos frutos é amplamente empregada para o preparo de refrescos caseiros e em culinária como agente acidificante que substitui o limão ou vinagre nos pratos doce-salgados e em molhos. A literatura etnobotânica recomenda a polpa de seus frutos como laxante e o chá das folhas é ótimo no caso de sarampo, gripes, febre, cálculos renais, dores em geral e icterícia. O refresco preparado na concentração de 1 a 10% serve para mitigar a sede e é um laxante leve.

## Constituintes

Essa árvore produz frutos comestíveis que são utilizados em cozinhas de todo o mundo. Ela é muito cultivada na África tropical, particularmente no Sudão, onde continua a crescer selvagemente; em Camarões, Nigéria e na Tanzânia, cresce nas encostas. Chegou ao sul da Ásia provavelmente através do transporte humano e cultivo de milhares de anos antes. Amplamente distribuída em todo o tropicalcinto da África do Sul, da Ásia, norte da Austrália, em toda a Oceania, sudeste da Ásia, Taiwan e China. No século XIV foi amplamente introduzida no México e, em menor grau, na América do Sul, por espanhóis e portugueses colonizadores, na medida em que se tornou um ingrediente básico na cultura da região.

Hoje a Índia é o maior produtor de tamarindo. O consumo dessa fruta é generalizado devido ao seu papel central nas cozinhas do subcontinente indiano, Sudeste Asiático e América do Sul, especialmente no México. Nos Estados Unidos é uma cultura de grande escala, introduzida para uso comercial.

### Ações

Anti-inflamatório, hidratantes, laxante suave, antioxidante, antimicrobiano, fungicida.

### Propriedades

Cientificamente, essa fruta é reconhecida e adotada pelas farmacopeias de quase todo o mundo. A análise fitoquímica da polpa do fruto registrou que contém cerca de 10% de ácido tartárico livre, 8% de tartarato ácido de potássio e 25 a 40% de frutose ou açúcar invertido, pectina e substâncias aromáticas. Os resultados de várias pesquisas farmacológicas registram as propriedades do extrato da polpa do fruto as atividades antioxidantes, antimicrobianas, que atuam contra fungos e bactérias causadoras de dermatoses e infecções intestinais como a *Escherichia coli* e *Vibrio clorela*. O extrato aquoso das folhas também mostrou atividade antimicrobiana, inclusive contra *Schistosoma mansoni* e vários fungos causadores de dermatoses no homem e no cão.

O importante da fruta tamarindo é que podemos guardar sua polpa até a safra seguinte, fazendo uma conserva dos frutos da seguinte maneira: para o preparo das frutas deve-se colocá-las descascadas e de preferência sem as sementes dentro de um recipiente de madeira (ex.: gamela) até enchê-lo; em seguida completam-se os espaços vazios. Derrame sobre os espaços vazios, xarope de açúcar concentrado quente, que é para evitar o crescimento de bactérias e fungos. Além de servir às farmácias como matéria-prima. A polpa dessa fruta possui propriedades de evitar a formação de cristais de oxalato de cálcio na urina.

## Indicações

Constipação intestinal, febres, problemas renais. Na época de muito calor seu suco hidrata o organismo nas doenças inflamatórias e estados febris.

## Dosagens

Em casos de doenças inflamatórias ou outros casos usam-se doses de 30g, em duas ou três colheres de sopa diluídas em um copo de água. Como refrigerante pode-se usar de 90 a 120g.

# Tanchagem

*Plantaginaceae / Plantago major*

## Características

Pequena erva bienal ou perene, ereta, acaule, com 20 a 30cm de altura, é uma planta vivaz que se caracteriza pelas rosetas basais de folhas largas lineares, com pecíolo e lâmina membranácea, com nervuras bem destacadas de 15 a 25cm de comprimento. Flores muito pequenas, dispostas em inflorescências espigadas, ereta sobre haste floral, de 20 a 30cm, de corola cinza-avermelhado, em espigas compridas e cilíndricas sustentadas por uma haste solitária.

Essas espigas transformam-se em frutos (sementes), que são facilmente colhidos raspando-se entre os dedos toda a inflorescência. Originária da Europa é naturalizada no Brasil. É uma planta muito utilizada na medicina popular, crescendo espontaneamente em terrenos baldios, lavoura e pomares perenes. Essa planta possui também um alto valor para uso veterinário, apesar de ter sido considerada planta daninha.

As folhas da tanchagem, além de comestíveis, são ligeiramente aromáticas. Suas sementes encerram 10% de um óleo denso, amarelo e de sabor agradável, lembrando o sabor da nogueira, também utilizada na alimentação. Para uso terapêutico, a planta deve ser coletada depois de bem desenvolvida em meados do verão. Secá-la à sombra e em local arejado, protegida de poeira.

## Constituintes

Sua constituição é rica em polissacarídeos de 10 a 30% do tipo xilano, formados por ácidos galacturônico, galactose, arabinose, glicose, ramnose, mucilagem, taninos com 5,7%, ácidos orgânicos, ácido ursólico, ácido clorogênico, ácido silícico, glicosídeos, aucubina, óleo essencial, alcaloides, plantagonina, indicaína, resina, alantoina, hetereosídeo (entre eles a aucubigenina), enzimas emulsina e invertina, colina, sais de potássio, vitamina C, proteínas, açúcares, demais vitaminas e minerais. Nas sementes contém antraquinonas, as mucilagens podem ser separadas em polímeros neutros e ácidos. As partes aéreas e raízes contêm iridoide avembina e catapol.

As sementes dessa planta são classificadas como laxativas, e seu efeito foi confirmado por estudos clínicos, baseado no aumento do volume fecal, por absorção de água estimulando o peristaltismo. Somente são contraindicadas em caso de obstrução intestinal e quando houver dificuldade de ajuste da administração da insulina no caso do diabetes. Provavelmente nesse caso diminua a absorção de alguns minerais, como sais de lítio, vitamina B12, glicosídeos cardíacos e derivados de cumarinas e carbamazepina. Nos países do Caribe usam essa planta contra hipertensão e inflamações em geral.

## Ações

Expectorante, adstringente, emoliente, diurética, anti-inflamatória, bactericida, antidiarreica, cicatrizante, depurativa.

## Propriedades

Sua maior propriedade está nas mucilagens de suas folhas, que exercem uma ação protetora das mucosas inflamadas e das vias respiratórias, impedindo atividade de substâncias irritantes e promovendo diminuição do processo inflamatório. Age sobre as vias respiratórias superiores, protegendo a mucosa e auxiliando a expectoração. Tem a propriedade de destruir um grande número de micro-organismos e estimular a epitelização. Os taninos conferem a propriedade adstringente, formando revestimentos protetores, atenuando a sensibilidade e dificultando infecções, promovendo uma ação hemostática cicatrizante, emoliente, antidiarreica, laxante e depurativa.

Possui ação terapêutica nas inflamações bucofaringeanas, dérmicas, gastrointestinais, gengivite, parotidite e urinária. Deve ser usada administrando-se por via oral, nos casos de ardor no estômago, diarreia, disenteria e inflamações crônicas dos rins. Suas flores e sementes são usadas contra conjuntivite e irritação ocular. Como laxante usa-se uma colher de sopa de semente; adiciona-se água fervente, deixando macerar durante a noite. Tomar uma xícara em jejum. Além de laxante, é depurativa do sangue, contra infecções da pele, acne e espinhas.

## Indicações

Problemas das vias respiratórias, bronquite, gripe, febres, asma, tosses, disenterias, diarreias, hemorragia pós-parto, inflamações na boca, garganta, amígdalas, úlceras varicosas, feridas, irritação e inflamação em geral.

## Dosagens

Infuso: 30g de folhas para um litro de água fervente. Tomar três ou quatro xícaras ao dia. Também pode ser usada em tintura e gotas, mas sempre sob indicação de profissional da saúde. Para queimaduras e picadas de insetos, socar bem as folhas da planta, misturar glicerina, espalhar sobre uma gase e aplicar no ferimento como cataplasma.

# Uva-ursi

*Ericaceae / Arctostaphyos*

## Características

Planta pequena, arbústica, ericácea, provida de ramos eretos ou rastejantes muito flexíveis e pubescentes, com o máximo 50cm de altura. Folhas pequenas, ovais, alternadas, brilhantes, verde-escuras, provida de pecíolo curto, com propriedades medicamentosas. Flores cor-de-rosa com corola em forma de guizo, reunidas em cachos terminais, contendo pequenas bagas vermelhas e ovoides, cada uma contendo uma dezena de sementes. A planta prefere locais pedregosos e áridos, os campos, os caminhos cobertos de seixos. Originária das regiões montanhosas da Europa, Ásia e América do Norte.

Os conhecimentos sobre a eficácia das folhas da uva-ursi procedem do norte da Europa. Na Inglaterra já era utilizada desde o século XIII e na Alemanha seu uso foi aceito pelos médicos a partir do século XVIII. É uma planta sempre verde e sempre apetitosa. Sabe-se que as abelhas visitam as suas flores melíferas em mais de trinta países. Houve uma nota provada pelas farmacopeias do Brasil afirmando que a uva-ursi encontrada no comércio brasileiro é importada da Europa, visto que essa valiosa planta não se adaptou nos diversos climas da América do Sul.

## Constituintes

Essa planta é constituída de ácidos fenólicos, ácido gálico, ácido elágico, arbutina, metilarbutina, triterpenoides, ácido ursólico, flavonoides, isoquercitina, tanonos, uvalol. As folhas secas dessa planta são usadas há centenas de anos como remédio popular, aplicado principalmente para tratamento das infecções do trato urinário inferior, bexiga e uretra, e é um leve diurético. A reação de liberação da hidroquinona pela arbutina se processa em meio alcalino, desta forma não se deve administrar concominante a substâncias ácidas como suco de fruta e também as frutas ácidas.

Aconselha-se a manter uma dieta rica em vegetais que contribuem para produzir uma urina levemente básica, ou então, administrar juntamente o bicarbonato de sódio para facilitar a liberação da hidroquinona, pela ação do pH. Pode-se também administrar junto o tartarato de potássio ou sódio, para favorecer a diurese, e assim aumentar o seu efeito antisséptico urinário. Associação com menta pode suavizar a ação irritante dos taninos na mucosa estomacal. As altas doses ou uso prolongado dessa planta, devido à hidroquinona podem causar efeitos adversos incluindo náuseas, vômitos, zumbido no ouvido ou delírio.

Não deve ser usada em crianças porque pode causar danos hepáticos; nem em gestantes, porque podem ocorrer contrações uterinas anormais. É uma planta ótima, mas como sempre recomendo, assim como o fitoterápico pode auxiliar na cura de diversas doenças, o mau uso ou exagero nas doses ou muito tempo usando sem necessidade pode tornar-se tóxica, motivo por que sempre aconselho que o uso de fitoterápico deve ser orientado por pessoas que tenham conhecimento das plantas, como profissional de saúde, e, conforme a planta, só com supervisão médica.

## Ações

Antisséptica, adstringente, urinária, anti-inflamatória, diurética, anti-infecciosa.

## Propriedades

Adstringente, anti-inflamatória, descongestionante e diurética. Mas a principal indicação é contra as doenças infecciosas e inflamatórias do aparelho geniturinário. Essa planta aumenta a diurese, é ótimo remédio contra a gota, a litíase renal; contém arbutina, que é um excelente fator anti-infeccioso urinário. Deve ser usada nos casos dos elementos infecciosos superpostos nas afecções da bexiga, no adenoma prostático, nas uretrites não gonocócicas. Secundariamente, é adstringente intestinal, portanto um poderoso antidiarreico, porque contém muito tanino. Pessoas com doenças renais como nefropatia grave ou comprometimento do aparelho urinário alto comprovado, não podem fazer uso dessa planta.

A ação antisséptica da uva-ursi se dá devido à presença da hidroquinona livre, a qual é liberada da seguinte forma: a arbutina é um beta-glucosídeo da hidroquinona, nesta ela é completamente inativa. No organismo a arbutina é desdobrada e libera glicona provida de propriedades antibacterianas; eficaz contra estafilococos e *Echerichia-coli*. Segundo alguns autores, a excelente ação antisséptica dessa planta não se dá somente através da hidroquinoa, mas também devido à ação concomitante de um fito complexo com propriedades antibióticas, assim como a ação adstringente acontece pela grande presença de taninos em sua composição.

## Indicações

Cistite aguda, inflamações renais crônicas, hipertrofia da próstata, uretrite, litíase renal, diarreia aguda, inflamações no trato urinário.

## Dosagens

Infuso: 10 a 15g de folhas por litro de água fervente, duas ou três xícaras ao dia. Pode ser usada em cápsula, pó seco ou tintura preparada em farmácia de manipulação; as doses com orientação do profissional de saúde.

# Uva / videira / parreira

*Vitaceae / Vitis vinifera*

## Características

Arbusto perene decíduo de tronco lenhoso, com mais de 10m de comprimento, com ramos escadentes e trepadores através de gavinhas. Folhas simples-tomentosas na inferior, de 7 a 14cm de comprimento. Flores creme-esverdeadas, pequenas, reunidas em inflorescência paniculiforme. Os frutos são bagas globosas de cor verde-clara ou roxa-escura, multiplicam-se por estacas. Nativas da Ásia Menor, foram inicialmente cultivadas aproximadamente há 7.000 anos pelos egípcios; novas variedades capazes de resistir a um clima mais frio foram desenvolvidas pelos gregos e romanos, e em seguida introduzidas na Europa.

No mundo inteiro, inclusive na Região Sul do Brasil, mais de dez milhões de equitares são dedicados ao cultivo de mais de 60 espécies de uva. Quase todas são usadas para a produção de vinhos, e são ainda nossos tipos mais populares de uva de mesa. As folhas da videira são tônicas, adstringentes, de sabor ácido. Também são usadas na alimentação como condimentos, porém na medicina caseira seu emprego é mais conhecido como remédio no preparo de chás.

Em suas folhas foram encontrados compostos procianidinas, antocianidinas, flavonoides, ácido fólico, vitamina C, e carotenoides que elevam o HDL que previne contra a hipercolesterolemia e arteriosclerose, é antiagregante plaquetário, estabiliza o colágeno, protege o endotélio vascular, reduz a permeabilidade capilar e envelhecimento da pele, é um regenerador enzimático, previne a insuficiência venosa crônica, protege contra a hemorragia uterina, diarreia resultante de disfunção intestinal.

## Constituintes

O fruto da videira é constituído de componentes antioxidantes e anticancerígenos (falo da uva vermelha e não da verde ou da branca). Ela possui um alto teor do antioxidante quercitina e na sua casca contém o resveratrol, que comprovadamente inibe a formação de coágulos e derrame cerebral (AVC), consequentemente protege contra agrupamento de plaquetas, aumenta o colesterol HDL, assim como o óleo da semente de uva roxa é um ótimo medicamento. A uva verde também possui poderes antibacteriano e antiviral. Na Segunda Guerra Mundial, os franceses usavam o vinho para purificar a água poluída. No final do século XIX, o vinho salvou incontáveis vidas durante a epidemia de cólera em Paris.

Um médico francês começou a observar a imunidade dos consumidores de vinho, e como a epidemia era muito grande, aconselhou as pessoas a misturar vinho à água como medida de proteção. Testes realizados por médicos do Exército Austríaco confirmaram que a cólera e os germes tifoides são rapidamente destruídos em 15 minutos quando expostos a vinho tinto puro ou misturado com água. Testes posteriores mostraram que o vinho tinto cura inúmeras intoxicações alimentares provocadas por bactérias, inclusive salmonela, estafilococos e *escherichia coli.*

Dr. Creasy revelou altas concentrações da substância resveratrol no vinho tinto, e dá suas explicações: durante o processo de produção do vinho tinto, as uvas amassadas são colocadas para descansar e fermentar com as cascas ricas dessa substância, e o vinho branco é feito sem as cascas (estas são jogadas fora). Diz ele que analisou trinta tipos de vinho. Segundo R. Curtis Ellison, médico-chefe do Departamento de Medicina Preventiva e Epidemiologia da Escola de Medicina da Universidade de Boston, o vinho tinto reduz as doenças cardiovasculares com grande eficiência.

O Dr. Alun Evans, da Queens University em Belfast, diz que o vinho tinto age como anticoagulante, e que as autoridades de saúde devem sugerir o consumo do vinho tinto junto com comida gordurosa, só observando a quantidade, pois mais de dois copos de vinho ao dia, pode causar danos ao coração, ao fígado e ao cérebro, devido ao álcool que contêm. Mas tomando com moderação, um a dois copos ao dia, beneficia o sistema cardiovascular, protege o coração, afasta o perigo de embolia pulmonar e de doenças circulatórias periféricas como a trombose, aumenta os níveis de estrógenos, mata as bactérias, inibe os vírus e desestimula os cálculos biliares.

## Ações

No século XIX, uma praga ameaçou destruir a indústria vinícola europeia, mas ela foi revitalizada com enxertos de variedades saudáveis de plantas americanas. Pesquisadores japoneses descobriram que toda vez que a uva é atacada por fungos, defende-se da infecção liberando um pesticida natural à semelhança dos seres humanos, que produzem anticorpos para combater infecções. Esse pesticida é também um glorioso medicamento contra a formação de coágulos. Segundo pesquisadores japoneses, na uva roxa existe um composto que é o principal ingrediente ativo de um antigo medicamento da medicina tradicional japonesa e chinesa, usado há séculos para tratar doenças do sangue.

Na verdade, os japoneses concentraram esse composto da casca da uva roxa que foi chamado de resveratrol, em uma droga em teste, e descobriram que ele impede o acúmulo de plaquetas e reduz as gorduras do fígado, que levam à formação de coágulos; reduz os depósitos de gordura no sangue. Por incrível que pareça, há séculos já era considerado medicamento para os japoneses e chineses, e aqui no Brasil ultimamente fomos fomos acordados para as verdades sobre esse produto.

## Propriedades

Essa fruta tem propriedades adstringente, anti-hemorrágica, depurativa, diurética, laxativa, vasoconstritora, tônica e estimulante cerebral, antianêmica, antisséptica, cicatrizante, hipocolesterolemiante; inibe a peroxidação lipídica, estabilizador do colágeno, antiagregante plaquetária, protege o endotélio vascular, regenadora enzimática, alcalinizante.

Na sua composição, destaca-se a presença, nos frutos, de vitamina C, ferro, potássio, açúcares, tanino, sais minerais, flavonoides, pigmentos antociânicos, ácidos complexos, tais como: ácido cítrico, ácido tartárico e ácido málico.

Assim como fermentos, albumina, celulose, glicose, lecitina, enzimas, oligoelementos, quercitina, potente composto antioxidante e anticancerígeno. Possui clorofila, que se transforma através da energia solar em açúcares, que se acumula em abundância no organismo, sendo facilmente assimilável, fortalecendo o cérebro e os músculos. Nas folhas e gavinhas também observou-se tanino, flavonoides e pigmentos. Observa-se principalmente potássio, que ativa os rins aumentando a diurese, e por suas substâncias péticas e seus tartaratos, que beneficia os intestinos; seu açúcar estimula o fígado.

Por suas múltiplas virtudes, tornam-se tanto a planta como a fruta e seus derivados mais medicinais em nosso meio; ela é refrescante, peitoral, antiescorbútica, fluidifica o sangue, enriquece e regulariza a circulação e a respiração. Os frutos secos são recomendados como laxante suave e refrescante intestinal; existe também uma pasta de seus frutos frescos, como creme nutritivo para a pele seca; agente recuperador de cicatrizes profundas, protege a pele e previne estrias.

## Indicações

Cistite aguda, inflamações renais crônicas, hipertrofia da próstata, uretrite, litíase renal, inflamações gerais do trato urinário, diarreia aguda, hemorragia uterina, disfunções intestinais e estomacais, fragilidade capilar.

## Dosagens

Infuso: 10 a 15g de folhas por litro de água. Tomar três xícaras ao dia. Existem em farmácia, o pó, a tintura, o extrato fluido e o extrato seco. O uso do vinho deve ser um copo ao dia. Porém, em lugar do vinho sugiro o suco integral da uva preta diariamente nas refeições.

# Unha-de-gato

*Rubiaceae / Uncaria*

## Características

Arbusto vigoroso e robusto, pouco ramificado, perenifólia de ramos escandescentes ou trepadeiras com um espinho em forma de gancho em cada axila foliar, de 30m de comprimento (quando cresce isolado fora da meta forma uma pequena touceira de hastes mais ou menos verticais de até 5m de altura), a unha-de-gato é uma planta milenarmente conhecida pela medicina tradicional peruana no tratamento do câncer, artrite, gastroenterite e certas doenças epidemiológicas. Originária da Floresta Amazônica. No Brasil, atualmente é utilizada como um valioso recurso reparador do sistema imunológico.

Nos Estados Unidos essa planta é conhecida com o nome de *cat's sclaw*, e é indicada como auxiliar para os casos de desequilíbrios orgânicos que provocam a redução da capacidade de defesa do organismo, como a gripe, viroses e alergias em geral, assim como as doenças inflamatórias de "autoagressão" como artrite reumatoide, herpes simples e herpes zoster. A unha-de-gato é uma das plantas medicinais peruanas de maior importância. No 1º Congresso Internacional dessa espécie patrocinado pela Organização Mundial da Saúde, catalogou-se o descobrimento dessa planta amazônica como a mais importante descoberta desde a quinina, árvore peruana descoberta no século XVII.

## Constituintes

Segundo as curandeiras da Amazônia, os povos incas foram os primeiros a tirar benefícios dos princípios ativos da unha-de-gato, e com o passar do tempo passaram seus conhecimentos para os índios, que continuaram com o tratamento das propriedades terapêuticas dessa planta, para tratar desde asma até diabetes, artrite e câncer. Mas a maior atenção dispensada a essa planta até hoje é relativa à presença em suas raízes e cascas, de alcaloides oxidólicos, com vários estudos relatados, mostrando o poder de estimular o sistema imunológico em até 50%, motivo que conduz em todo o mundo o seu complexo uso como adjuvante no tratamento da Aids, do câncer e de tantas outras doenças que afetam o sistema imunológico.

Novos extratos constituídos dessa planta têm sido produzidos desde 1999 até os dias atuais, e os estudos clínicos publicados financiados pelos produtores desses extratos, mostram que esse produto continua promovendo a mesma estimulação imunológica benéfica conforme documentos datados há mais de 20 anos. Essa planta indígena da Floresta Amazônica também é cultivada em outras áreas tropicais da América do Sul e Central, incluindo Peru, Colômbia, Equador, Guiana, Trinidad, Venezuela, Suriname, Costa Rica, Guatemala e Panamá. Conhecida na América do Norte como erva-milagrosa da floresta tropical e trepadeira-da-vida peruana.

## Ações

Anti-inflamatória, antimutagênica, analgésica, antioxidante, antiproliferativa, antitumoral, antiviral, citoprotetora, citostática, citotóxica, depurativa, diurética, hipotensora, imunoestimulante e imunomoduladora.

## Propriedades

Na década de 1960 houve o primeiro registro sobre as propriedades medicinais da unha-de-gato. Em 1994, durante uma conferência realizada na Suíça, essa planta recebeu reconhecimento oficial da Organização Mundial da Saúde como planta medicinal. Nas últimas décadas, ela vem sendo alvo de pesquisas e estudos científicos em várias partes do mundo, como na Alemanha, onde foram realizados importantes estudos pelo Ministério da Saúde. Nos Estados Unidos, está sendo utilizada para melhorar as defesas imunológicas e, consequentemente, no combate às doenças infecciosas, virais e bacterianas como Aids, câncer, herpes simples e zoster.

Uma das grandes propriedades dessa planta que vem merecendo ampla atenção dos cientistas atualmente é a anti-inflamatória, principalmente pelos glicosídeos do ácido quinóvico, considerados os mais potentes anti-inflamatórios encontrados em plantas, capazes de inibir inflamações em até 69%, assim como os fitosteróis B-sitosteróis, compesterol, polifenóis e proceamidinas. Os alcaloides derivados da unha-de-gato induzem a produção de fatores de proliferação linfocitária em células endoteliais humanas.

Os extratos também mostram o efeito protetor celular contra o estresse oxidativo em vários estudos. Essa planta tem sido documentada clinicamente com efeitos imunoestimulantes, com princípios ativos possivelmente redutores da agregação plaquetária. Mas tendo em vista que todos os bons medicamentos não servem para todas as pessoas, então vai um alerta sobre essa planta milagrosa, para uns, mas não para todos. Quem precisa de transplante de qualquer órgão ou de medula óssea, ou ainda enxerto de pele, inclusive o receptor de transplante de medula óssea, não poderá usar essa planta nem antes nem após o transplante.

Assim também, portadores de doenças autoimunes, como esclerose múltipla e tuberculose. Quem faz uso de anticoagulante jamais pode usar essa planta, pois ela pode causar hemorragia. Pacientes com história de úlcera péptica ou cálculos biliares devem ter cautela em usá-la, pois essa planta estimula a secreção ácida do estômago.

Essa planta não deve ser usada por mais de dois meses (isso em tratamentos), pois os níveis séricos de estradiol e progesterona podem baixar se usar por muito tempo.

## Indicações

Candidíase, herpes simples e zoster, artrite reumática, rinite, virose, asma, mioma, gonorreia, inflamação nas articulações, bursite, problemas de pele, hipertensão.

## Dosagens

20g de casca ou raízes em 1l de água por 10 minutos; abafar por 10 minutos, tomar uma xícara de café de 8 em 8 horas, entre as refeições. Mas o melhor é ter orientação do profissional de saúde tanto nas doses quanto no tempo de uso.

# Valeriana

*Valeriaceae / Valeriana officinalis*

## Características

Planta vivaz, perene, caule ereto, robusto, com haste fistuosa, oca, canelada, pouco ramificada na região superior, com cerca de 1m de altura. Folhas opostas imparinuladas, compostas por numerosos folíolos peciolados, pinatisectos. Flores (rosas ou brancas) muito perfumadas, reúnem-se em umbelas terminais. Os frutos são aquênios, providos de pequenas cápsulas esféricas, coroados por um papilo plumoso, rizoma curto ramoso, com cheiro desagradável intenso. Originária da Europa e do oeste da Ásia.

Era recomendada especialmente pelos médicos árabes, e sua tintura foi utilizada durante a Primeira Guerra Mundial, para tratar neuroses da guerra. A diversidade de seus efeitos terapêuticos é conhecida desde o tempo do Renascimento. Essa planta utilizada como remédio é tão antiga quanto à própria humanidade. O ilustre Hipócrates, na Antiguidade, já aconselhava que usassem medicamentos vegetais. Hoje, no mercado é comum exibirem em seus rótulos "produto natural".

Mas não devemos utilizar as ervas desconhecendo a sua procedência. Ervas compradas nas ruas são expostas à poluição, podendo conter metais como chumbo, zinco e alumínio; devemos ter cuidado. A fitoterapia faz parte da medicina tradicional, produz ótimo efeito no organismo humano, mas se soubermos nos tratar corretamente com dosagens exatas. O chá é ótimo, mas muitas vezes é preferível ser preparado em farmácia de manipulação e orientado por profissional competente.

## Constituintes

Hidrocarbonetos monoterpênicos e sesquiterpênicos, alfa-pineno, fencheno, beta-bisabolol, óleo essencial, ácido valeriânico, ácido propiônico, ácido málico, ácido tânico, ácido acético e fórmico, ácido cafeico, ácido clorogênico, ácido aromático, esteres terpênicos, isovalerianato de borneol, açúcares, alcaloides: valerina, chantinina, aldeído terpênicos, valerinal, hestereosídios, taninos e matéria resinosa, álcoois terpênicos, ácido acetilvalerênico, amido, resina, limonina, pinene, alcaloides, fermentos, flavonas, terpenoides e fitosteróis.

Estudos clínicos mais recentes procuraram identificar qual é o mecanismo de ação dessa planta. Supõe-se que o efeito sedativo e relaxante se deve a alguns compostos do óleo essencial, como o valerenal e o ácido valerênico, porque eles aumentam a concentração de um neurotransmissor que diminui as atividades do sistema nervoso central (SNC), e isso dá à valeriana efeitos analgésicos, antidepressivos, ansiolíticos e anticonvulsivos.

A planta já está comprovada como remédio para insônia, mas o resultado não é imediato. Ela é ótima, mas o bom resultado se dá de duas a quatro semanas para se obter uma significativa melhora. Mas os benefícios naturais da valeriana – ao contrário dos fármacos geralmente receitados para depressão e insônia – são que ela não causa dependência nem provoca excessiva sonolência matinal. Depois que comprovar sua eficácia, ao sentir que não necessita mais usá-la, pode parar a hora que quiser, sem dependência.

Essa planta cresce espontaneamente nos locais úmidos, nos bosques e pastagens sombreadas, próximo ao curso de água, e raramente é cultivada em jardins. Porém, são mais eficazes do ponto de vista terapêutico as que crescem em locais altos e média montanha; quanto mais velha, melhor (que tenha pelo menos 2 anos). Arrancam-se as raízes, limpam-se e lavam-se rapidamente, sem pelar ou raspar, cortam-se brevemente e põem-se a secar à sombra.

## Ações

Antiespasmódica, anticonvulsiva, vulnerária, vermífuga, sedativa, hipotensora, relaxante, espasmolítica, antidepressiva.

## Propriedades

Em suas propriedades, os monoterpenos decompõem-se em presença da enzima oxidase em ácido valeriânico e metilcetona; o primeiro possui ação antiespasmódica e o segundo, ligeiramente anestésico. A atividade sedativa da valeriana é devido ao valeropotriato do óleo essencial, que atua como depressor do sistema nervoso, atenua a irritabilidade nervosa, melhora a coordenação e reduz a ansiedade. A essência elimina-se pelos rins, de modo que a urina pode adquirir o cheiro característico da valeriana. Ela contribui para a cicatrização das feridas, bem como para o tratamento das contusões, quando empregada externamente.

Os valepotriatos, ao contrário dos benzodiazepínicos, restauram o equilíbrio anatomofisiológico, sem exercer efeito direto sobre o córtex cerebral e o sistema límbico. A raiz dessa planta é usada como remédio popular para vários problemas, como insônia, ansiedade, histeria, palpitação, nervosismo, problemas menstruais, como sedativo para o estômago e sistema nervoso em geral. Além disso, alguns programas de reabilitação de drogados hoje estão usando o chá da raiz da valeriana para ajudar no tratamento de desintoxicação da droga, feita pelos médicos; essa planta dá tranquilidade a essas pessoas.

É importante que os estudiosos desses assuntos, de seus valores, possam dar continuidade às pesquisas sobre essas substâncias, a fim de determinar mais benefícios e sua segurança. As pessoas em tratamento para problemas renais ou hepáticos só devem tomar a valeriana sob supervisão e receita médicas, e preparada em farmácia, pois a planta pode interagir com álcool e certos anti-histamínicos, relaxantes musculares, drogas psicotrópicas e narcóticas.

## Indicações

Hiperexcitabilidade, histeria, taquicardia, insônia, fadiga, cefaleia de origem nervosa, espasmos gastrointestinais, cólicas, parasitoses, contusões, dermatose, estresse, eczema e acne.

## Dosagens

Decoto: pode ser usada a raiz, o rizoma, o pó e o extrato fluido preparado em farmácia sob orientação do profissional. Não se pode usar no chimarrão. Uso externo: em forma de compressa do chá 3 a 4 vezes ao dia, alivia as dores, contusões e cicatriza feridas. As raízes fibrosas devem ser usadas frescas; pode-se usar as secas, mas elas perdem grande parte de suas propriedades.

# Yacon

*Ipomeae / Smallanthus sarchifoolius*

## Características

O yacon é uma raiz tuberosa originária dos Andes, que atualmente já é considerada um alimento nutracêutico. É uma raiz cultivada e consumida desde os tempos pré-incas, desenvolve-se desde a Colômbia e Venezuela até o noroeste da Argentina, em altitudes que vão de 2.000 a 3.000m. Até meados dos anos de 1980, yacon era uma planta praticamente desconhecida no Brasil. Com aparência de batata-doce, textura e sabor semelhantes aos da pera, começou a ganhar notoriedade quando foram descobertas peculiaridades em sua composição química, que poderiam ser benéficas à saúde humana.

Essa raiz apresenta elevado teor de água, poucas calorias e, ao contrário da maioria das espécies tuberosas que armazenam energia na forma de amido, yacon tem como principal carboidrato os frutooligossacarídeos, que estimulam o crescimento das bifidobactérias no intestino, que protegem contra efeito de bactérias invasivas e patogênicas. Yacon pode ser cozido e entrar no preparo das refeições como batata, pode ser usada a folha como chá de sabor agradável, com uma colher de folhas picadas para um litro de água fervente; por ser antioxidante, é ótimo para reduzir o colesterol, controle de diabetes e melhora a flora intestinal.

## Constituintes

Planta rústica e resistente à seca, sua raiz ou batata tuberosa possui sabor semelhante ao de frutas como o melão e a pera, sua polpa levemente amarelada crocante e aquosa. Quando colhidas, as raízes tendem a apresentar sabor amiláceo; para corrigir o sabor, elas são expostas à luz solar por muitos dias após a colheita, a fim de intensificar seu gosto doce. As raízes são consumidas geralmente cruas e descascadas, uma vez que a casca possui sabor resinoso.

Podem ser consumidas fritas, ou cozidas no vapor ou em água. Entre seis a dez meses após o plantio, quando a parte aérea está totalmente seca, é realizada a colheita das raízes tuberosas para consumo, e as partes que serão utilizadas como material de propagação para o próximo plantio. O yacon possui em suas folhas dois sistemas de defesa, uma trama de pelos que dificulta o acesso dos insetos, permitindo seu cultivo sem a utilização de agrotóxicos.

## Ações

Diz-se que foi descoberto o chá das folhas de yacon para tratamento do diabetes quando estava muito alta; a glicose no sangue, portanto é necessário que o uso dessas folhas para o diabético deva ser orientado por profissional de saúde. Estudos relatam que o uso prolongado de qualquer tipo de chá pode levar a sérios problemas renais.

## Propriedades

Pode ser considerado em sua propriedade um ótimo alimento funcional, pelo seu alto teor de frutooligossacarídeos e insulina. Estes não são digeríveis pelo aparelho digestivo, tendo o mesmo efeito de fibra alimentar. Motivo pelo qual pode ser utilizado com grande vantagem por portadores de diabetes tipo 2, uma vez que além de controlar a glicemia, ainda é um alimento saudável; ao contrário de outros carboidratos simples, os da yacon devido ao tamanho de sua molécula são digeridos e absorvidos lentamente, ocasionando um pequeno e gradual aumento da glicemia.

Traz grande benefício para a saúde do organismo de toda a família, pois tem baixas calorias; dá sensação de saciedade, aumenta a imunidade, regula o intestino, reduz o colesterol, e ácidos graxos no sangue, aumenta a absorção dos minerais como o cálcio, magnésio, ferro potássio; ajuda a melhorar o funcionamento intestinal por estimular o crescimento e atividade de bactérias do colo.

### Indicações

Pode ser utilizado como substituto de pequenas refeições como lanches da tarde ou mesmo junto com as refeições.

### Dosagens

O yacon é considerado mais um alimento do que um medicamento, faz parte de uma refeição saudável que protege o organismo. Se for possível, faça bom uso sempre que puder. As quantidades ficam a critério de cada pessoa.

# Conclusão

Ao concluir este livro, quero esclarecer que, com todas as informações prescritas nele, não estou substituindo ou dispensando o tratamento médico. Elas podem auxiliar o próprio tratamento, dependendo da situação do enfermo. Mas, afirmar que as plantas curam todas as doenças seria um exagero perigoso. É preciso ter em mente que cada pessoa é única e o que pode curar alguns pode matar muitos.

Existem plantas utilizadas no preparo de remédios alopáticos, mas elas mesmas são venenosas. Há muitas ervas que todos conhecem e são ótimas, que sempre foram usadas até para crianças que muitas vezes não necessitam de um tratamento médico.

Não tenho a pretensão de dizer que conheço tudo sobre fitoterápicos; demonstro, por meio de muita pesquisa. Utilizo e gosto muito das plantas. Espero que os pesquisadores da nossa flora continuem explorando cada vez mais essas plantas, chegando a conclusões científicas de seus valores medicinais.

# Glossário

**Adstringente:** que diminui ou impede a secreção e a absorção.
**Analgésico:** acalma e impede a dor.
**Anestésico:** abranda ou tolhe a dor.
**Antídoto:** que neutraliza a ação do veneno.
**Antiemético:** que previne o vômito.
**Antiespasmódico:** remédio contra espasmos e dores agudas.
**Antisséptico:** remédio que age contra infecções.

**Cardiotônico:** que aumenta o tônus muscular cardíaco.
**Carminativo:** que favorece e provoca a expulsão dos gases.
**Catártico:** laxante pouco violento.
**Colagogo:** que provoca e favorece a expulsão da bile.

**Diaforético:** que provoca e favorece a sudorese.
**Drupa:** fruto provido de uma parte externa fina, de uma parte média carnosa e de uma interna lenhosa (ex.: cereja azeitona etc.).

**Folículo:** fruto constituído por um invólucro longo que se abre espontaneamente.

**Gineceu:** complexo de pistilo da flor.

**Hermafrodita:** flor que acumula em si os estames e os pistilos, isto é, os órgãos reprodutores masculino e feminino da flor.

**Indeiscente:** fruto que ao atingir a maturação não se abre espontaneamente.
**Inflorescência:** conjunto de flores agrupadas de modo a formar uma só.

**Lacínia:** flor que possui as bordas franjadas.

**Monoica:** planta que, sobre um mesmo ramo, reúne flores masculinas e femininas.

**Monopétala:** corola formada por uma única pétala.

**Nectário:** parte glandular de uma flor, que secreta o néctar e atrai os insetos para a polinização.

**Pubescente:** nome dado às partes das plantas recobertas por lamuge.

**Risoma:** haste subterrânea mais ou menos alongada no sentido horizontal, oblíquo ou vertical, que porta inferiormente as raízes e lança para fora da terra os ramos e folhas.

**Sépala:** nome dado a cada uma das folhas verdes externas que formam o cálice da flor e a protegem.

**Subarbusto:** planta cujo fuste é lenhoso somente na base, sendo herbáceo superiormente.

**Tormentosa:** folha coberta por uma lamugem suave, branca ou preta.

**Tuberosa:** raiz que possui ramificações engrossadas.

**Umbela:** inflorescência composta de pedúnculos florais dispostos em raios, como um guarda-chuva.

**Verticilo:** conjunto de dois ou mais órgãos que crescem sobre um mesmo plano.

# Referências


BALBACH, A. *A flora nacional na medicina doméstica.* Vol. II. São Paulo: Edificação do Lar, 1972.

BALMÉ, F. *Plantas medicinais.* 5. ed. São Paulo: Hemus, 2004.

BOARIM, D.S.F. *Nutrição, saúde, naturismo*. 2. ed. Itaquaquecetuba: Vida Plena, 1988.

CHATONET, J. *As plantas medicinais*: preparo e utilização. São Paulo: Martins Fortes, 1983.

CORRÊA, A.D.; SIQUEIRA-BATISTA, R. & QUINTAS, L.E.M. *Plantas Medicinais*: do cultivo à terapêutica. 2. ed. Petrópolis: Vozes, 1998.

DUCKE, A. "Estudos botânicos no Ceará". *Anais da Academia Brasileira de Ciências*, vol. 31, n. 2, 1959, p. 211-308. Rio de Janeiro.

LORENZI, H.E.; MATOS, F.J.A. *Plantas medicinais no Brasil*: nativas e exóticas. 2. ed. Nova Odessa: Instituto Plantarum, 2002.

LORENZI, H. & SOUZA, H.M. *Plantas ornamentais no Brasil*: arbustivas, herbáceas e trepadeiras. Nova Odessa: Instituto Plantarum, 2008.

MATOS, F.J.A. *Farmácias vivas*. Fortaleza. Imprensa Universitária da UFC, 1991.

PANIZZA, S. *Plantas que curam (cheiro de mato)*. 23. ed. São Paulo: Ibrasa, 1997.

SIMÕES, C.M.O. (org.). *Farmacognosia: da planta ao medicamento.* 6. ed. Porto Alegre/Florianópolis: UFRGS/UFSC, 2007.

SOUSA, M.P. et al. *Constituintes químicos de plantas medicinais brasileiras.* Fortaleza. Imprensa Universitária da UFC, 1991.